FORTSCHRITTE DER SOWJETISCHEN GEOLOGIE

FORTSCHRITTE DER SOWJETISCHEN GEOLOGIE

HERAUSGEGEBEN
VOM GEOTEKTONISCHEN INSTITUT
DER DEUTSCHEN AKADEMIE DER WISSENSCHAFTEN
ZU BERLIN

HEFT 3

AKADEMIE-VERLAG · BERLIN
1961

G. M. SARIDSE, G. D. AFANASSJEW, N. W. FROLOWA,
W. S. KOPTEW-DWORNIKOW, W. W. LJACHOWITSCH,
I. S. USSENKO, I. M. ISSAMUCHAMEDOW, D. S. KORSHINSKI,
W. A. MASSLENIKOW

BEITRÄGE ZUM GRANITPROBLEM

Mit 27 Abbildungen und 29 Tabellen

AKADEMIE-VERLAG · BERLIN
1961

Übersetzt aus dem Russischen von E. Scheitz, Berlin
Wissenschaftliche Redaktion Dr. W. Neumann, Berlin

Mit der Herausgabe der Schriftenreihe beauftragt
Dipl.-Geol. H.-J. Teschke, Berlin

Erschienen im Akademie-Verlag GmbH, Berlin W 8, Leipziger Straße 3—4

Lizenz-Nr. 202 · 100/700/61
Gesamtherstellung: VEB Druckerei „Thomas Müntzer" Bad Langensalza
Bestellnummer: 2089/3
Printed in Germany
ES 18 F 2

GELEITWORT

Seit dem Wiederaufleben der transformistischen Betrachtungsweise in der Frage der Entstehung von Graniten sind die Diskussionen darüber neu und mitunter etwas zu lebhaft entfacht worden.

Mit diesem Heft werden 9 sowjetische Granitarbeiten aus den Jahren 1952 bis 1958 vorgelegt, die als historisches und gegenwärtiges Echo zu diesem Thema und als Beitrag im Meinungsstreit zu werten sind. Selbstverständlich stellen sie nur einen Ausschnitt der Forderungen und Methoden dar, nach denen in der Sowjetunion dieser Frage nachgegangen wird.

Zu Beginn gibt G. D. Afanassjew eine Kritik der Polemik. Er bedauert, daß die Arbeiten führender sowjetischer Geologen, wie z. B. die von Lewinson-Lessing, zu wenig berücksichtigt wurden. Es folgen größere Arbeiten über Hybridisation, über Vorgänge im Endokontakt eines Granits und über Assimilation.

Gegenüber den beiden vorangegangenen Bänden unserer Schriftenreihe, in denen ein großer geologischer Überblick über das Gebiet der Sowjetunion gegeben wurde, hat dieses Heft den Leitgedanken des Granitproblems, den mehrere Autoren mit Beiträgen aus zeitlich wie räumlich auseinanderliegenden geologischen Formationen verfolgen. Die nächsten Bände werden wieder vorwiegend regionale Themen zum Inhalt haben.

W. Neumann

INHALTSVERZEICHNIS

ORIGINALARBEITEN

Заридзе, Г. М.: О проблеме генезиса гранитов. — Москва 1952.

Афанасьев, Г. Д.: Материалы к проблеме произхождения гранитов в свете данных по гранитоидам некоторых областей СССР.-Ленинград 1953.

Фролова, Н. В.: О происхождении гранитов архея Восточной Сибири.-Москва 1953.

Коптев-Дворников, В. С.: Явления гибридизации на примерах некоторых гранитных интрузий палеозоя Центрального Казахстана. — Ленинград 1953.

Ляхович, В. В.: Эндоморфное изменение молодых гранитов Баксана в контакте с известняками. — Ленинград 1953.

Усенко, И. С.: О генезисе древних гранитоидов Украинского кристаллического щита. — Москва 1955.

Исамухамедов, И. М.: Роль ассимиляционных процессов в петрогенезисе. — Ташкент 1958.

Коржинский, Д. С.: Кислотность-щелочность как главнейший фактор магматических и послемагматических процессов. — Ташкент 1958.

Маслеников В. А.: Физико-химические особенности процесса кристаллизации гранитов. — Ташкент 1958.

G. M. Saridse

Über das Problem der Granitgenese

(Diskussionsbeitrag)

Iswestija Akademii nauk SSSR, Serija geologitscheskaja, Nr. 3, str. 139—140, Moskwa 1952

Ein Grundproblem der modernen Geologie und Petrographie ist die Granitgenese. Das erklärt sich daraus, daß mit dem Granitproblem Fragen verbunden sind, die eine entscheidende Bedeutung für die Entwicklung einiger Zweige der Geologie haben. In erster Linie betrifft das die Petrologie, die im Magmenproblem eine eigenartige Krise durchmacht.

Ursache hierfür ist bekanntlich, daß man sich die Bildung des Granitmagmas durch Differentiation eines Basaltmagmas schwer vorstellen kann. Diese Schwierigkeit wird noch größer, da viele Beobachtungen auf ein noch leukokrateres Magma hindeuten, als es bei dem schon gebildeten Granit der Fall ist. Viele Forscher haben eine Einwanderung hauptsächlich von Si, K und Na, entweder getrennt oder gemeinsam, in das Nebengestein der Granitintrusionen nachgewiesen. Eine ernsthafte Schwierigkeit entsteht, wenn man das Erscheinen von Alkalien und von Silizium aus den Tiefen der Erde erklären will.

Die Annahme eines eigenen Stammagmas für den Granit neben dem Basaltmagma ist nicht überzeugend. Doch ich will hier nicht auf die Kritik einer solchen Vorstellung eingehen.

Das Granitproblem muß und kann durch geologisches Tatsachenmaterial gelöst werden, zu dem die überall festgestellte enge Verflechtung zwischen den Bewegungen der Erdrinde und dem Magmatismus gehört.

Das Bild einer zeitlichen Veränderung der Zusammensetzung des Magmas ergibt sich aus einer Analyse der magmatischen Zyklen geosynklinaler Gebiete auf dem Territorium Grusiniens.

Ein Magmenzyklus beginnt stets mit der effusiven Phase, also dem Erguß des basischen Basalt- oder sogar Peridotitmagmas. Zu Anfang überwiegen deszendente Bewegungen der Geosynklinale. Granitoidintrusionen sind mit der folgenden Faltungsphase verknüpft. Sie folgt der Periode der Sedimentansammlung und der effusiven Tätigkeit und disloziert die vulkanogen-sedimentäre Schichtfolge.

Das während der geosynklinalen Entwicklung eruptive Magma simatischer Zusammensetzung tritt während der Faltung vor dem Magma sialischer Zusammensetzung zurück.

Bei der Lösung des Problems ist die Zusammensetzung des eindringenden Granitmagmas von Interesse. Hierzu haben wir reichhaltiges Material aus dem Gebiet der kristallinen Dsirula-, Loksk- und Chrami-Massive sowie vom Nordhang des Kaukasus-Hauptrückens und vom Oberlauf der Flüsse Kuban, Teberda und Bolschoi Selentschuk gefunden.

In den drei erstgenannten Massiven erfolgten im Kambrium während der geosynklinalen Sedimentation von späteren Phylliten Eruptionen basischen Magmas. Im Dsirula-Massiv drang zuerst Peridotitmagma auf, aus welchem die Serpentinite entstanden, später dann basisches Magma, welches die Gabbro-Diabasporphyrite ergeben hat, die sowohl Gänge als auch Lager in der Phyllit-Schichtfolge bilden. Im Zusammenhang mit der tektonischen Phase, welche die Phyllit-Schichtfolge dislozierte, wird die Aktivität des basischen Magmas durch Intrusion des leukokraten Granitmagmas abgelöst.

Das leukokrate Granitmagma ändert beim Eindringen in die Phyllit-Schichtfolge und die in ihnen liegenden Gabbro-Diabasporphyrite seine Zusammensetzung. Gleichzeitig verändert sich auch das Nebengestein.

In Proben verschiedener Gesteine der genannten Massive finden wir alle Übergänge von Gabbro-Diabasporphyriten bis zu den mit dunkelfarbigen Mineralen stark angereicherten Granitoiden, normalen Granitoiden und Alaskiten.

Der Chemismus der normalen Granitoide ist also schon durch den Einfluß der basischen Magmatite des Nebengesteins bedingt. Die intensive Metasomatose beruht auf chemischen Reaktionen. Es werden in der Hauptsache Si, K und Na aus den Injektionen mit dem Material des basischen Nebengesteins ausgetauscht.

Bei kleinen Mengen herangeführter Stoffe behält das Gestein sowohl megaskopisch als auch mikroskopisch fast vollständig sein ursprüngliches Aussehen. Bei einer kräftigen Metasomatose bilden sich Granitoide mit hypidiomorphkörnigem Gefüge.

Sie enthalten als dunkelfarbige Minerale gewöhnlich Biotite. Sie gehen aus Hornblenden hervor, die sich wiederum aus der Reaktion des zugeführten Stoffes mit monoklinem Pyroxen herleiten lassen. Bei noch stärkerer Metasomatose werden die Biotite mehr und mehr idiomorph. Sie sehen dann wie die Kristallisate einer magmatischen Schmelze aus.

Von Änderungen der magmatischen Bedingungen in der Erdrinde im Verlauf ihrer geologischen Entwicklung zeugt also einmal die Berührung der unter geosynklinalen Verhältnissen eruptierten basischen Gesteine mit den Graniten, die später in die dislozierten Räume eindrangen; davon zeugt aber auch der vollkommen leukokrate Charakter der Magmas, dessen gewöhnlich granitoide Zusammensetzung auf einer Reaktion mit dem basischen Nebengestein beruht.

Die Klärung der Zusammenhänge zwischen Magmatismus und Tektonik bereitet große Schwierigkeiten. Sie erfordert eine weitere vertiefte Bearbeitung.

G. D. AFANASSJEW

Ein Beitrag zum Problem der Granitgenese auf Grund von Unterlagen über die Granitoide einiger Gebiete der UdSSR

Trudy instituta geologitscheskych nauk, wyp. 148, geol. serija (Nr. 44), str. 7—49, Moskwa 1953

INHALT

EINFÜHRUNG

Das Problem der Granitgenese ist sehr kompliziert. Nur gemeinsame Untersuchungen der Petrographen und Geologen im großen Maßstab können zu einer befriedigenden Lösung führen. Dabei sind unbedingt auch die physikalisch-chemischen Gesetzmäßigkeiten zu berücksichtigen, welche die Stoffmigration in der Erdrinde regulieren.

In den letzten Jahrzehnten gab es lebhafte Diskussionen über die Entstehung der Granite. Man kann sie in der Hauptsache in der Frage zusammenfassen, ob die Granite auf magmatischem oder auf nichtmagmatischem Wege entstanden sind.

Bei der nichtmagmatischen Deutung werden bereits vorhandene feste Gesteine verschiedener Zusammensetzung, einschließlich der Sedimentgesteine, durch granitisierende Agenzien substituiert, ohne daß die Ausgangsgesteine einen schmelzflüssigen Zustand durchlaufen.

Die Frage der Granitgenese gehört zweifellos zu den wichtigsten Problemen nicht nur der Petrographie, sondern auch der Geologie. Wir können das an der reichhaltigen Literatur ermessen, die den Diskussionen über die Granite gewidmet ist. Die Bedeutung dieses Problems für die Petrographie als einer Wissenschaft von den Gesteinen steht außer Zweifel. Unklare Vorstellungen oder gar Unkenntnis der Hauptprozesse, die zur Bildung eines der am weitesten auf der Erdoberfläche verbreiteten Gesteine führen, lassen Zweifel über die Leistungsfähigkeit der Petrographie aufkommen. Diese wissenschaftliche Disziplin beschreibt und registriert ja nicht nur die Naturvorgänge, sondern erklärt auch ihre Ursachen und deckt ihre Gesetzmäßigkeiten auf, um sie für die Bedürfnisse der Wissenschaft und der Praxis bewußt ausnutzen zu können.

Die Frage der Granitgenese ist gleichsam ein Brennpunkt für die wichtigsten ungelösten Probleme sowohl der Petrographen und Tektoniker als auch der Spezialisten für Erzlagerstätten. Zweifellos hat sie auch für Geochemiker und Sedimentpetrographen ihre Bedeutung. Ohne die Lösung dieses Problems kann man die Entwicklung der Erdrinde nicht vollständig erfassen.

Die theoretischen Ansichten über die Granitgenese hat F. J. LEWINSON-LESSING kurz, jedoch vollständig in einer seiner letzten Arbeiten „Probleme des Magmas" (1939) dargelegt. Später hat B. M. KUPLETSKI (1942) die dem Problem der Granitgenese gewidmete Literatur ausführlich und kritisch betrachtet. Die in der ersten Hälfte des 19. Jahrhunderts existierenden Vorstellungen über die Entstehung der Granite wurden von P. I. LEBEDEW (1946b) behandelt.

In anderen Ländern haben im letzten Jahrzehnt nahmhafteste Vertreter der Petrologie, so P. NIGGLI (1937), N. L. BOWEN (1948), H. H. READ (1948), H. G. BACKLUND (1953) und andere, zusammenfassende Arbeiten veröffentlicht. Sie gehen auf den gegenwärtigen Stand des Granitproblems, und darüber hinaus auf das Magmenproblem insgesamt, ein. In den einzelnen Arbeiten werden Erfahrungen vorwiegend ausländischer Petrographen ausgewertet. Die Deutungen sind aber je nach den wissenschaftlich-theoretischen Positionen des betreffenden Autors verschieden.

Ich habe 1951 einen Bericht veröffentlicht, der den Stand der Erforschung des Granitproblems in der Sowjetunion und im Ausland kurz umreißt (AFANASSJEW 1951b).

Weiter unten wird der gegenwärtige Stand der Erforschung der Granitgenese genauer behandelt, wie sie namhafte Petrographen in der letzten Zeit in zusammenfassenden Arbeiten dargelegt haben. Ich darf gleich hier erwähnen, daß die Diskussionsbeiträge, u. a. die in der Sowjetunion 1949 und 1950 unter dem Titel „Probleme der Granitgenese" herausgegebenen Sammelbände von Übersetzungen, in der Hauptsache mit Tatsachen operieren, welche die Petrographen schon längst beschäftigen und als Material für die klassischen Untersuchungen am Ende des vergangenen und zu Beginn unseres Jahrhunderts dienten. Eigene neue Tatsachen, welche die entgegengesetzten Anschauungen erschüttern könnten, werden von den Opponenten nicht angeführt. Die konsequenten Anhänger der Granitisationstheorie benutzen neben den Ideen der französischen (MICHEL-LÉVY,

LACROIX, FOURNET u. a.) sowie der skandinavischen Schule (in der Hauptsache SEDERHOLM) die aus den dreißiger Jahren stammenden Beobachtungen der amerikanischen (ANDERSON u. a.) und englischen Petrographen (REYNOLDS), welche die Rolle der Metasomatose, der Diffusion und anderer Faktoren bei der Bildung von Gesteinen granitischer Zusammensetzung diskutieren. Die Anhänger der magmatischen Entstehung der Granite appellieren wiederum in der Hauptsache an die allgemeinen Grundlagen und Schlußfolgerungen, die von den Petrographen seit HUTTON bis zu den Arbeiten N. L. BOWENS formuliert wurden.

Im ersten Abschnitt der vorliegenden Arbeit ist zu klären, welche konkreten Fragen zu dem sehr weiten Kreis komplizierter, manchmal auch bewußt kompliziert gemachter Naturerscheinungen gehören, die man als das „Granitproblem" bezeichnet, und welchen Stand jetzt die Lösung dieser Fragen erreicht hat.

Im folgenden Abschnitt wird das beim Verfasser dieser Arbeit vorliegende Material angeführt und diskutiert, das wir bei der Untersuchung der Granitoide einiger geosynklinaler Gebiete der Sowjetunion gefunden haben. Das soll dazu dienen, die Antwort auf einige mit der Lösung des Problems der Granitgenese verbundene Fragen zu finden und die Richtungen zu klären, auf welche die Anstrengungen der Petrographen zur erfolgreichen Lösung dieser überaus schwierigen Aufgabe gerichtet sein müssen.

I. Der Stand des Problems der Granitgenese

Den gegenwärtigen Stand des Granitproblems habe ich kurz in meiner Monographie über die Petrographie der paläozoischen Granitoidformationenen des Nordwestkaukasus erörtert (AFANASSJEW 1950). Auch habe ich darüber auf der Tagung der Abteilung Geographie und Geologie der Akademie der Wissenschaften der UdSSR im Jahre 1951 berichtet. Unter Berücksichtigung der Arbeiten von F. J. LEWINSON-LESSING (1939), P. I. LEBEDEW (1946b), B. M. KUPLETSKI (1942), P. NIGGLI (1937), N. L. BOWEN (1948), H. H. READ (1948) und H. G. BACKLUND sowie anderer Autoren, in denen die Geschichte dieses Problems erschöpfend wiedergegeben ist, wollen wir in unserer Darlegung nur einige Kernpunkte des Problems berühren, die für das Verständnis der Granitgenese besonders wichtig sind.

Während des Streites zwischen den Neptunisten und Vulkanisten waren die Vorstellungen über die Entstehung der Granite eindeutig entgegengesetzt.

Bis zum Jahre 1937 haben die vielen Arbeiten der französischen und skandinavischen Schule die Vorstellungen über die Rolle der magmatischen Granite erweitert. Sie sind die Ursachen für die Migmatisation und Imbibition. Noch überwiegt in den Arbeiten die magmatische Auffassung von der Entstehung der Granite, bevor man der Migmatisation und Imbibition größere Bedeutung bei der Umwandlung des Nebengesteins in granitähnliche Gesteine zugeschrieben hat.

So zeichnete sich eine gewisse Annäherung des nichtmagmatischen und des magmatischen Standpunktes ab. Gleichzeitig fällt in diese Periode die Anerkennung der Theorie über die Kristallisationsdifferentiation des Magmas, die angeblich durch experimentelle Arbeiten bestätigt wurde.

Alle namhaften Petrographen dieser Periode, wie F. J. Lewinson-Lessing, R. A. Daly, N. L. Bowen und viele andere, waren konsequente Anhänger und Theoretiker der magmatischen Entstehung (d. h. der Kristallisation aus einer Schmelze. D. wiss. Red.).

F. J. Lewinson-Lessing hat z. B. schon im vergangenen Jahrhundert den Begriff der Syntexis (Einschmelzung des Nebengesteins durch intrudierendes Magma) in die Petrographie eingeführt. Er erkannte auch in vollem Maße die Bedeutung magmatischer Prozesse für Erscheinungen der Injektionsmetamorphose, der Feldspatisation und anderer Vorgänge (Assimilation, Hybridisation) an. Er blieb jedoch trotz allem ein überzeugter Anhänger der Existenz eines ursprünglichen (juvenilen) Magmas zweier Typen, des basischen und des sauren. Dieser Standpunkt wurde von vielen anderen namhaften Petrographen (Bowen) nicht geteilt. Sie nahmen an, daß nur ein ursprüngliches Magma basischer Zusammensetzung vorhanden ist, aus dem durch Kristallisationsdifferentiation auch die Granite entstehen.

Seit 1937 leben nun die Ideen der französischen und der skandinavischen Schule über die Vorgänge der Feldspatisation, der Imbibition und der Migmatisation wieder auf. Sie entwickelten sich zur Hypothese der Granitisierung, also der nichtmagmatischen Entstehung aller Granite. Im Zusammenhang hiermit ist es angebracht, den Ausspruch des konsequenten „Granitisators" Read anzuführen, daß „die in den Werken der finnisch-skandinavischen Geologen Sederholm, Holmquist und anderer enthaltenen Samen in den Arbeiten von Wegmann, Kranck und Backlund aufgeblüht sind, obgleich es durchaus sein kann, daß viele der späteren Blüten ihren Gärtnern als exotisch, manche sogar als verwachsen erscheinen werden" (Read 1948).

Die wichtigsten Streitfragen der Granitgenese geben die Arbeiten von P. Niggli, N. L. Bowen, H. H. Read, H. G. Backlund (1953), R. Rastall (1947), A. F. Buddington (1948), D. L. Reynolds (1947) u. a. wieder. Sie sind in den beiden Bänden „Probleme der Granitgenese" zusammengefaßt. Wir wollen die Autoritäten der ausländischen Petrographie im Folgenden als „Magmatiker" und „Granitisatoren" auseinanderhalten.

Zur weiteren Konkretisierung des Standes, den das Problem der Granitgenese erreicht hat, und unter Berücksichtigung des außerordentlich großen Umfangs der Naturerscheinungen, die von den gegenwärtigen Vorstellungen über die Petrogenese eruptiver und metamorpher Gesteine erfaßt werden, muß hier eine Begrenzung auf das Grundsätzliche erfolgen, was nun wirklich die beiden Hypothesen von der magmatischen Entstehung der Granite und von der Granitisierung unterscheidet.

Von diesem Standpunkt scheint mir die Erweiterung des Begriffs der Granitisierung falsch, die der Redakteur eines der Sammelbände der in der Sowjetunion übersetzten Arbeiten „Probleme der Granitgenese" (1950), A. P. Lebedew, im Vorwort macht, indem er in den Begriff der Granitisierung (S. 6) auch die Entstehung der Granite durch Umschmelzen von Sedimentgesteinen in der Tiefe aufnimmt. In meiner kürzlich erschienenen Arbeit (Afanassjew 1950, S. 160) habe ich schon auf die von MAC GREGOR und WILSON vorgenommene zu starke Erweiterung des Begriffs der Granitisierung hingewiesen, die in ihrer Formulierung grundsätzlich verschiedene Verfahren bei der Bildung granitoider Gesteine vereinigen, und zwar 1) durch Kristallisation aus magmatischer Schmelze und 2) durch metasomatische Veränderungen verschiedener, darunter auch sedimentärer Gesteine durch Fluide, deren Herkunft manchmal unbekannt ist.

Deshalb halte ich den Versuch von READ für richtig, den Umfang des Granitisierungsbegriffs zu begrenzen und diesen Begriff als „einen Prozeß zu betrachten, in dessen Ergebnis feste Gesteine zu Gesteinen granitischer Art verwandelt werden, ohne ein magmatisches Stadium durchlaufen zu haben“ (READ 1949). Natürlich ist auch eine solche Definition immer noch zu weit gefaßt. Sie unterscheidet jedoch grundlegend zwei Arten der Entstehung vollkristalliner Gesteine. Die magmatische Richtung nimmt eine Kristallisation des Granits aus einer verhältnismäßig homogenen Schmelze, dem Magma, an. Bei der Granitisierung wandelt sich ein heterogenes System fester Gesteine auf komplizierte Weise, hauptsächlich durch metasomatische Vorgänge, in Granit um, ohne dabei den Zustand einer homogenen, relativ flüssigen Masse (Magmaphase) zu durchlaufen.

Welches sind nun die wichtigsten Probleme der Granitgenese, die die namhaftesten Geologen über hundert Jahre streiten ließen? Die Hauptmomente dieses Streites kann man gegenwärtig mit einer gewissen Schematisierung in folgende Diskussionsfragen zusammenfassen:

1. Warum herrschen unter den Gesteinen, die gewöhnlich zu den Eruptivgesteinen gezählt werden, in ihren effusiven Vorkommen basische Gesteine, z. B. Basalte und Andesite, vor, während unter den Intrusivgesteinen solche der Granitgruppe überwiegen?

2. Warum lassen sie sich trotz ihrer Vielfalt doch in einige Typen einordnen, die überall verbreitet sind?

3. Wie ist es zu erklären, daß die Granite riesige Räume in der Erdrinde (das sogenannte Raumproblem) ausfüllen?

4. Wie ist die häufige Paragenese von Graniten und Gneisen sowie der manchmal unmerkliche (allmähliche) Übergang von den Graniten zu metamorphen Gesteinen zu erklären? Etwa als Folge der Feldspatisierung, Imbibition und Migmatisation?

5. Welches sind die Ursachen der Mißerfolge, die Entstehung der in der Erdrinde überwiegenden granitoidischen Massen durch magmatische Differentiation (komplexe Differentiation, in der Hauptsache Kristallisationsdifferentiation nach NIGGLI) eines juvenilen einheitlichen Magmas vom Basalttyp erklären zu wollen? Diese Versuche haben die Anhänger des Magmatismus verleitet, sogar mehrere Typen juveniler Magmen anzunehmen.

Zu diesen allgemeinen Streitfragen im Rahmen unseres Problems kommen noch die beiden folgenden Überlegungen:

1. Außer Zweifel steht die magmatische Entstehung der Effusivgesteine, insbesondere, wie es LEWINSON-LESSING (1937) betont, der Masseneruptionen von

Basalt. Saure Laven granitischer Zusammensetzung (Rhyolithe, Liparite) sind gleichfalls gut bekannt, doch stehen sie quantitativ freilich hinter dem Auftreten von Basalt- und Andesitlaven zurück. Deshalb stellt Lewinson-Lessing die Frage, ob das effusive Magma nicht dafür spreche, daß auch ein intrusives Magma existiere.

2. H. H. Read, der besonders ausführlich die an eine Ursache gebundene und gleichzeitige Bildung von Einsprenglingen (Porphyroblasten) des Feldspats 1) in Graniten, 2) in den Xenolithen der Sedimentgesteine innerhalb dieser Granite und 3) in den Schiefern als Nebengestein dieser Granite behandelt, ist andererseits der Ansicht: „. . . da die feldspathaltigen Einschlüsse sedimentären Ursprungs sind, ist auch das Gestein, welches die Xenolithe und solche Feldspäte enthält, gleichfalls sedimentär entstanden. Porphyrartige Granite haben sich aus Sedimentgesteinen bei verstärkter Feldspatisierung gebildet". Zur Begründung schreibt Read: „Nur der, der wie die Bourbonen nichts vergessen und nichts hinzugelernt hat, kann die Tatsache einer Umwandlung festen Gesteins in ein granitähnliches Gestein ohne Passieren des magmatischen Stadiums leugnen" (Read, 1949).

Diese zweite Überlegung stellt nach H. H. Read einen ganz überzeugenden Beweis für die Bildung der meisten Granitgesteine durch Granitisierung dar. Ich werde sie weiter unten auf Grund des uns vorliegenden und des in der Literatur beschriebenen Materials ausführlich behandeln. Dort gehe ich auch kurz auf die Gedanken sowie die Tatsachen zur Begründung dieser Überlegungen ein, welche die führenden sowjetischen Petrographen sowie die Autoritäten der ausländischen Petrographie über dieses Problem anführen.

Zunächst zu den Schlußfolgerungen ausländischer Petrographen. Sie berücksichtigen kaum die Arbeiten, die in der Sowjetunion im Rahmen des Granitproblems allgemein sowie im Rahmen der mit diesem Problem in Zusammenhang stehenden Teilfragen ausgeführt wurden, obgleich sie von großer grundsätzlicher Bedeutung sind.

P. Niggli beginnt seine im ersten Sammelband veröffentlichte Arbeit mit der Aufgliederung des Problems in eine Reihe von Abschnitten, so in Neptunismus und Plutonismus, Metamorphose, Magmatismus usw.

Eine historische Übersicht der Argumente, die von den Anhängern der sedimentären Entstehung der Granite gegen die Plutonisten vorgebracht wurden, wertet er mit seinen anderen Betrachtungen und Überlegungen zur Geschichte dieser Frage so aus, daß der Streit trotzdem zugunsten der Plutonisten geendet hat. Zu diesen Argumenten gegen die Plutonisten gehört z. B., daß die Ausscheidungsfolge der einzelnen Minerale im Granit (Quarz u. a.) einer Kristallisation des Granits aus einer Schmelze widerspräche. Die vulkanische Tätigkeit sei eine untergeordnete Erscheinung, obgleich in Wirklichkeit von einem „Überallsein" des Magmas gesprochen werden könne usw.

Weiter schreibt er, daß an Stelle der Hypothese über die sedimentäre Entstehung der Granite seit Mitte des 19. Jahrhunderts eine neue Hypothese aufgekommen ist, die Hypothese von der Entstehung der Granite durch Metamorphose.

In diesem Abschnitt protestiert NIGGLI zunächst gegen die Erweiterung des Begriffs Metamorphose und weist darauf hin, daß ein Eruptivgestein, das durch Verwitterung, Transport und Ablagerung zu Sedimentgestein verwandelt wurde, trotzdem nur ein Sedimentgestein, in keinem Falle aber ein metamorphes Gestein sein wird. In gleicher Weise wird ein vollkommen aufgeschmolzenes und danach neu gebildetes Gestein (mit oder ohne Ortsveränderung) stets ein Gestein magmatischen Ursprungs sein.

Der Begriff der Metamorphose ist seiner Meinung nach nur dann anwendbar, wenn das Gestein bei allen Veränderungen seinen festen Zustand bewahrt.

Außerdem hält NIGGLI auch eine „Ultrametamorphose" für möglich und betrachtet nochmals in historischer Sicht eine Granitbildung auf metomorphem Wege.

Gegen diese Art der Entstehung führt er alte Argumente an, die auch heute noch in Kraft sind.

Zu der Bildung großer Granitmassive durch Metamorphose von Sedimenten an der Stätte ihrer Lagerung, besonders im Zusammenhang mit den Ansichten VAN BEMMELENS stellt er u. a. folgende Fragen: 1) Weshalb steigen die Emanationen, welche die Metamorphose fördern, aufwärts, und 2) welche Ursache führt stets zur Bildung eines granodioritisch-granitischen Endprodukts, in welchem unabhängig von der Vielfalt der Sedimente die ursprüngliche Schichtung vollkommen verschwindet?

Weiterhin geht NIGGLI auf eine Reihe Irrtümer ein, die über die Bedeutung von Gefügemerkmalen bei der Klärung der Entstehungsbedingungen magmatischer Gesteine bestehen:

1. Das erste Vorurteil ist die Vorstellung, daß die Erstarrung der geschmolzenen Masse ein einheitlicher kurzfristiger Akt ist. NIGGLI führt aus, daß „gerade bei der plutonischen Bildung von Gesteinen die zum mineralogisch-strukturell definierbaren Endprodukt führende Gesamtheit der Prozesse sich auf einen ähnlichen Zeitraum verteilt, wie er bei metamorpher Bildung der Gesteine unter den Bedingungen der Kata- und Mesozonen üblich ist". Zur Dauer der plutonischen Bildung der Gesteine kommen noch hinzu die relativ hohe Temperatur, die Durchsetzung des schon gebildeten festen Stoffes mit den restlichen Porenlösungen und später mit pneumatolytischen und hydrothermalen Lösungen, was häufig zur Autometamorphose oder zur thermischen Umwandlung der ursprünglich gebildeten Gesteine führt.

2. Grundsätzlich falsch ist die bestehende Meinung, daß Reaktionsserien, peritektische Umwandlungen, Resorptionen und sekundäre Ausfällungen, Substitutionen und syntektische Reaktionsformen der Vorstellung von der Kristallisation aus der Schmelze widersprechen.

3. Die Ansicht, daß man Versuche mit trockenen Schmelzen nicht auf die natürlichen Bedingungen übertragen kann, lehnt NIGGLI mit der Begründung ab, daß man zum Beweis des Gegenteiles kein einziges Experiment ausgeführt hat.

Später, nach Hinweisen auf die Aussprüche SEDERHOLMS und WEGMANNS im Zusammenhang mit der genaueren Definition der Termini Migmatit, Migmatisierung und Granitisierung, kommentiert Niggli den der Metamorphose und dem Magmatismus gewidmeten Abschnitt und kommt zu dem Ergebnis, daß die Granite und Granodiorite in ihren üblichen chemischen und mineralogischen Merkmalen sowie in ihrem Gefüge den typischen Charakter magmatischer Gesteine zeigen. Was jedoch die allgemeinen Grundprinzipien betrifft, auf denen eine Vorstellung über die magmatische Genese der Granite begründet werden kann, so formuliert Niggli seine Schlußfolgerungen nicht eindeutig, schreibt jedoch die größte Bedeutung der magmatischen Differentiation zu und ist offenbar auch mit der Existenz palingener Granite einverstanden. Die Vielfalt eruptiver Gesteine irgendeines geologischen Komplexes erklärt Niggli durch magmatische Differentiation. Sie sind in erster Linie durch Prozesse bedingt, welche dem Eindringen des Magmas folgen und von der Zustandsänderung des Magmas selbst ausgehen. Einfluß hat auch die Assimilation, jedoch gibt es innere Faktoren, welche die Gesamtheit der beobachteten Übergänge bestimmen.

Niggli führt also im allgemeinen zu den früher bekannten keine neuen Argumente zu Gunsten der magmatischen Entstehung der Granite an. Wertvoll ist sein Hinweis auf Erscheinungen, die in der allmählich sich bildenden intrusiven Masse vor sich gehen, zu denen auch die autometamorphen Prozesse und die durch Hydrothermen hervorgerufenen Veränderungen gehören.

N. L. Bowen beginnt seine zusammenfassende Arbeit sehr pessimistisch: „Schön wäre es, wenn ich hier gleich alles über die Magmen sagen könnte. Selbstverständlich ist das nicht möglich. Doch könnte man natürlich wohl erwarten, daß ein Mensch, der den besten Teil seines recht langen Lebens mit der Untersuchung des Magmas verbracht hat, das summieren und zusammenfassen könnte, was darüber bekannt ist. Leider ist es jedoch für uns bald leichter zu sagen, was wir von den Magmen nicht wissen, als was über sie bekannt ist".

Der führende amerikanische Petrograph, auf dessen Stimme viele Petrographen hören und den die Anhänger der Theorie der Kristallisationsdifferentiation eigentlich als ihren ideellen Führer und Inspirator ansahen, geht nach diesem Geständnis auf die Polemik mit Read über die Frage der Entstehung der Diorite ein. Die Behauptung Reads, daß die Diorite bei einer Durchtränkung fester Gesteine entstehen, pariert er mit dem Hinweis auf die Existenz effusiver Andesite als Analogien der Diorite, die erhebliche Mengen von Dioritmagma in den Tiefen der Erde anzeigen würden.

In einem umfangreichen Abschnitt erörtert Bowen seine Vorstellungen über die Magmaquellen vom Standpunkt kosmogonischer Hypothesen.

Bei Behandlung der Granitisierung, Migmatisierung und Palingenese unterstreicht Bowen die Möglichkeit einer Bildung des Granitmagmas durch Umschmelzen der Granite oder durch selektives Umschmelzen geosynklinaler Sedimente. Auf eine Reihe von Fragen, so z. B. für das „Raumproblem", kann es vorläufig keine eindeutige Antwort geben.

Allgemein meint er, daß sogar die endgültige Anerkennung der Konzeption über die Entstehung eines Granitmagmas als Derivat des Umschmelzens der

Granitschicht durchaus noch nicht ausreicht, die Granite von ihrer unbedingten Verbindung mit dem Basaltmagma als Vorfahr zu „befreien". Er bleibt ganz davon überzeugt, daß die Erdrinde in der Hauptsache aus mafischem Material besteht. Das Material der Granitschicht mußte letzten Endes gerade aus diesem Grundmaterial hervorgegangen sein. Wenn man jetzt die genetische Verbindung der Granite mit dem Basaltmagma nicht anerkennt, sondern auf der Bildung des Granitmagmas durch Umschmelzen (alter) Granite besteht, so wird damit das gesamte Problem nur in eine nebelhafte Vergangenheit verlegt.

Bowen erörtert die Natur des primären Basaltmagmas und anderer primärer Magmen sowie der Magmaderivate. Am Ende jedes Abschnitts geht er auf die Differenzen in den verschiedenen Meinungen ein. Hierdurch wird veranschaulicht, wie unbefriedigend der Stand der vorhandenen Kenntnisse ist. Von den Arbeiten Bowens ist man nicht befriedigt, weil er weder überzeugende, genau formulierte Argumente zugunsten der magmatischen Entstehung der Granite noch gegen die Granitisierungstheorie anführt. So ergibt sich eine Unsicherheit der Positionen der konsequenten Magmatiker und der Verteidiger der Theorie der Fraktionskristallisation. Der Naturvorgang ist kompliziert und kann nicht in eine enge, obgleich durch die universelle Bedeutung erleichterte Hypothese (Petrogenese durch Kristallisationsdifferentiation eines einheitlichen Basaltmagmas) hineingepreßt werden.

H. H. Read führt im ersten Teil seiner Arbeit eine Reihe von Definitionen für Granit, Magma und Migma an und erläutert seinen Standpunkt über den Aufbau der Erdrinde, die aus einer festen Sialschale und aus einer in ihrem oberen Teil festen Simazone besteht. Danach führt er kennzeichnende, allgemein bekannte Tatsachen an: Granite überwiegen quantitativ bei den Instrusivgesteinen, Basalte bei den vulkanischen und effusiven Typen.

Weiter kritisiert er die Hypothese von der Bildung des Granitmagmas durch Kristallisationsdifferentiation. Er führt jedoch keine neuen Daten an im Vergleich zu F. J. Lewinson-Lessing, der schon viel früher nachweisen konnte, daß eine Bildung der Gesamtmasse der Granite aus Basaltmagma unmöglich ist, da bei einer angenommenen Differentiation eine ihrer Zusammensetzung nach an die Granite herankommende Restschmelze nicht in Mengen über 5 bis 10% vom Volumen des Basaltmagmas entstehen kann.

Im zweiten Teil seiner umfangreichen Arbeit führt Read seine von uns weiter oben dargelegte Definition der Granitisierung an und gibt dann die Charakteristik und die Bewertung der Arbeiten verschiedener petrographischer Schulen in historischer Sicht. Besonders hoch werden von ihm die Erfolge der französischen Schule des vergangenen Jahrhunderts eingeschätzt, deren Vertreter beginnend mit Sainte-Claire-Deville (1842) die Idee von den Mineralisatoren und der Imbibition nach Virlet d'Aoust hervorgebracht hat. Viel Aufmerksamkeit wendet er den Ansichten E. de Beaumonts und Fournets zu, die einigen modernen Vorstellungen über die Granitisierung (Injektion und kapillare Durchtränkung) nahekommen.

Abschließend behandelt Read die Arbeiten aus dem letzten Viertel des 19. Jahrhunderts von Michel-Lévy, Lacroix und Duparc als eine Neuentwicklung der Granitisierungsideen der französischen Schule.

Die Arbeiten der Petrographen der finnisch-skandinavischen Schule, so von Sederholm, Goldschmidt, Holmquist, später von Wegmann und Kranck, bezeichnet Read als äußerst interessant. Eine Ablehnung ihrer Schlußfolgerungen müßte schon mit sehr schwerwiegenden Argumenten begründet werden.

Bei der Behandlung dieses Teils der Arbeit Reads ergibt sich ähnlich wie bei der Arbeit von Niggli der Eindruck, daß die Autoren, nachdem sie keine genügend überzeugenden neuen Argumente gefunden haben, eine Stärkung ihrer Ansichten in den Erfolgen der Klassiker der Petrographie des vergangenen Jahrhunderts suchen.

Im nächsten Abschnitt werden das Rapakiwi-Problem und die Besonderheiten einiger porphyrartiger Granite ausführlich behandelt, um anhand dieses konkreten und im allgemeinen neuen Materials ihre nichtmagmatische Entstehung zu beweisen.

Bei der Diskussion der Ansichten Sederholms über den Rapakiwigranit vermerkt Read, daß die gleichen Ovoide aus Kalifeldspat im Rapakiwi und auch im Nebengestein (Read 1948), vorkommen, was Sederholm damit erklärt, daß „das schiefrige Gestein mit Granitmagma durchtränkt war“.

Dann erläutert Read kurz, wie die Magmatiker, so Holmquist, B. A. Popow, Voigt, Harker und Vaal die Entstehung dieser Ovoide erklären. Er betont dabei stets, daß die gleichen Ovoide auch im Nebengestein vorkommen. Er betrachtet dann ähnliche Erscheinungen im Zusammenhang mit anderen Graniten. Dieser äußerst wichtigen Frage widmet er einen ganzen selbständigen Abschnitt.

In diesem Abschnitt ist von der Feldspatisierung die Rede. Er führt wiederum die Ansichten der Petrographen der französischen Schule sowie die Ansichten Harkers und Goldschmidts an und bringt neue Daten von Anderson (Inyo Range), Reynolds (Niuri), Fernando (Schottland), Spencer (Ship- und Kluff-Granite) über die Bildung von Porphyroblasten (und Einsprenglingen) des Kalifeldspates in Graniten, in Xenolithen innerhalb dieser Granite und auch im Schiefer des Nebengesteins. Er stellt die Frage, die ihm die Grundfrage der Granitisierung zu sein scheint: „Müssen wir annehmen, wie es durch die Bildung der Rapakiwi-Struktur veranschaulicht wird, daß der komplizierte physikalisch-chemische Vorgang im Nebengestein genau in gleicher Weise wie unter magmatischen Verhältnissen abläuft?“ Mit Magmatismus kann man also diese klaren, in der Natur zu beobachtenden Tatsachen nicht erklären. Wenn die sedimentäre Entstehung der Einschlüsse (Xenolithe) bewiesen werden kann, so wird niemand imstande sein, den porphyrartigen Graniten als Wirtsgestein der Einschlüsse eine magmatische Genese zuzusprechen (Read 1948).

An gleicher Stelle gibt er auch seine Schlußfolgerung darüber, die von uns weiter oben als Zitat angeführt wurde.

Ich darf erwähnen, daß die sowjetischen Petrographen ebenfalls die Bildung von Einschlüssen des Kalifeldspats in porphyrartigen Graniten, in Xenolithen innerhalb dieser Granite und in den Kontaktzonen der Schiefer erkannt haben. So wies D. S. Beljankin 1914 bei der Untersuchung der Granite des Kaukasus und bei ihrem Vergleich mit dem Rapakiwi darauf hin, daß diese „Einsprenglinge" ihren Merkmalen nach eher Porphyroblasten sind. A. N. Sawarizki hat bei der Untersuchung der Berdjausch-Granite das Auftreten von Einsprenglingen des KNa-Feldspats in Xenolithen festgestellt und zu erklären versucht.

Hierüber sind auch viele Angaben in den Arbeiten von B. M. Kupletski (1942), I. W. Below (1942), A. P. Lebedew (1946) und J. I. Polowinkina angeführt.

Auch ich habe einen Artikel (Afanassjew 1949) über die Mikroklinisation in kaukasischen Granitoiden sowie eine andere Arbeit (1951a) über einige Besonderheiten der KNa-Feldspäte aus verschiedenen petrographischen Formationen veröffentlicht.

Alles zusammen läßt erkennen, wie kompliziert das Problem ist. Die Ansichten Reads und seine vorbehaltlosen Folgerungen über die ausschließlich sedimentäre Entstehung der Hauptmasse der Granite sind jedoch noch verfrüht.

In der Frage über eine mögliche Intrusion bei der Granitisierung beruft sich Read auf Wegmann und auf dessen Ideen über die intergranulare Flüssigkeit. Er ist der Ansicht, daß die granitisierte Masse beweglich werden kann, wenn sich diese Flüssigkeit in genügender Menge bildet. Er hält also eine gewisse Verflüssigung festen Gesteins durch Zirkulieren eines Porenmagmas, durch das Eindringen von Fluiden sowie durch Temperaturerhöhung und Drucksteigerung für möglich.

Nun führen aber alle diese Bedingungen, wenn sie nicht auf bestimmte Bereiche begrenzt sind, in der Tat zur Anatexis, d. h. zum Umschmelzen von früher festen Gesteinen. Das würde also schon der von Read gegebenen Definition des Begriffs der Granitisierung widersprechen.

Bei Erörterung des „Raumproblems" ist Read der Meinung, daß sich große Granitmassen nur durch Substitution und Granitisierung bilden konnten, während bei kleinen Granitkörpern auch ein magmatischer Ursprung denkbar ist.

Sehr bezeichnend ist der Schlußteil dieses Abschnitts. Die im ersten Teil der Arbeit gegebenen Beschreibungen des Magmas und des Granits werden als Definitionen aus Standardlehrbüchern beurteilt, mit denen er selbst nicht einverstanden ist. Er stellt ihnen die vorzügliche, im „Neuen Englischen Lexikon" gegebene Definition des Granits gegenüber. Hier wird der Granit definiert als „ein kristallines körniges Gestein, vorwiegend aus Quarz, Orthoklas und Glimmer bestehend, das vielfach im Bauwesen verwendet wird".

Dieses Ergebnis seiner Überlegungen über den Granit, zwar „scharfsinnig" in der Form, überrascht doch gleichzeitig, da er in einer umfangreichen Arbeit die vielfältigen Tatsachen und logischen Überlegungen für und wider Magmatismus sowie Granitisierung behandelt hat. Read führt den seiner Meinung nach sehr überzeugenden Beweis für die sedimentäre Herkunft der Hauptmasse der

Granite an, d. i. die gleichzeitige Bildung von Einsprenglingen in Graniten und ihrem schiefrigen Nebengestein. Offensichtlich ist er aber bei seinen Untersuchungen auf zahlreiche Tatsachen anderer Art gestoßen, weil er die Granitisierung nur allgemein begründet und nur allgemeine Argumente anführt, wie sie schon die Petrographen des 19. Jahrhunderts in ihren Arbeiten benutzen. Read mußte, wie auch Bowen von den Magmen gestehen, daß von den Graniten leichter das zu sagen ist, „was wir nicht wissen . . ., als das, was wir von ihnen wissen".

R. Rastall stellt die Ansichten der französischen Petrographen über die Feldspatisierung, die er als eine vollkommen gesetzmäßige Naturerscheinung ansieht, neben die Vorstellung über die „Granitisierung". Die Bildung von Anorthositen, die zur Hauptsache aus Feldspat bestehen, läßt sich eigentlich ohne große Schwierigkeit durch Feldspatisierung erklären. Viele von ihnen sind jedoch so sehr mit basischen Gesteinen (Gabbros, Noriten) verknüpft, daß schwer zu entscheiden ist, „wo die feurigen ‚Granitisatoren' haltmachen müssen" (Rastall 1947).

Das Bild von riesigen Granitmassen (Batholithen) als von Körpern, die sich nach unten hin allmählich verbreitern und in der Tiefe in das Sial übergehen, hält er allein für verständlich. Zur Granitisierung führt auch, wenn neues Material längs der geschwächten Spaltflächen lagenweise injiziert wird und die Minerale auf rein chemischem Wege substituiert werden. Für den letzten Fall betont er die aktive Rolle des Wassers oberhalb der kritischen Temperatur. Dazu führt er aus der modernen Literatur viele Beispiele mit Analysen und Berechnungen an, welche die Stoffzufuhr und gleichzeitige Wegnahme anderer Bestandteile bei Molekularsubstitution kennzeichnen. Unklar bleibt eigentlich, weshalb solche Prozesse fast immer zu Granit führen.

Rastall weist darauf hin, daß die eruptive und metamorphe Tätigkeit im Archäikum gegenüber späteren Zeitabschnitten verstärkt war. Er meint, daß man in der Anwendung des Aktualitätsprinzips weiter gegangen ist, als nötig gewesen wäre.

Im Gegensatz zu Read ist Rastall der Ansicht, daß der Lister-Granit sowie der Granit von der Insel Man (Skiddavian) durch Einschmelzen der Sohle der altpaläozoischen Geosynklinale Englands entstanden ist, was unter Teilnahme der von unten heraufkommenden Emanationen vor sich ging.

Weiterhin hebt Rastall die äußerst regellose Verteilung der mit den Graniten verbundenen Erzlagerstätten hervor und schreibt sehr bestimmt, daß er nicht verstehe, weshalb die Metallogenese mit den Graniten sporadisch und ohne jede Ordnung verknüpft sei.

Gegen die Meinung einer Bildung der Granite aus Basaltmagma führt er das Beispiel der malaiischen Granite an und stellt fest, daß diese Vorstellung nicht mit den beobachteten Naturerscheinungen übereinstimmt. Deshalb lehnt er den Lärm ab, der um die Differentiationsfrage gemacht wurde. Seiner Meinung nach ist jedermann mit der Existenz von Sial und Sima einverstanden, die sich schon in sehr frühen Tagen der Erdgeschichte getrennt haben müssen, bevor sich etwas ähnliches wie eine Rinde gebildet hat. Von diesem Standpunkt aus sind sowohl Granit als auch Basalt Differentiate aus einer gemeinsamen Quelle, jedoch ist es nicht das Gleiche, wie die Differentiation des Granits aus dem Basalt.

Als Ergebnis der ganzen Betrachtung nimmt Rastall an, daß es „Granite“ und „Granite“, d. h. Granite verschiedenen Ursprungs gibt, die er in drei Gruppen einteilt.

1. Riesige, gewöhnlich vergneiste Granitmassen der archäischen Schilder und der alten Kontinentblöcke. Für sie erhebt sich mit aller Eindringlichkeit das Raumproblem. Er ist der Ansicht, daß diese Granite sich nicht in einem Zustand befanden, den man flüssig nennen könnte und sich nicht durch Intrusion und Kristallisation eines Magmas entsprechender Zusammensetzung gebildet haben.

2. Granitische Kernbatholithe in Faltengebirgen späterer revolutionärer Zeitabschnitte. Hier ist das Raumproblem gleichfalls kompliziert. Für diese Granite gibt er ein Einschmelzen oder eine andere Form der Aktivierung am Boden der Geosynklinale zu, die zu einer Granitisierung gewöhnlichen Typs führte. Vermutlich hat die Faltung den Aufstieg granitisierender Agenzien begünstigt.

3. Kleine Granitintrusionen einschließlich der Gänge und Adern beliebigen Alters. Sie sind nach Rastall magmatisch entstanden, während das für Granitmassen, die eine Zwischengröße haben, nicht immer klar ist.

Die Arbeit Rastalls hat zwar eine sachliche Fragestellung innerhalb des Problems der Granitbildung, doch vermißt man in der Formulierung der Schlußfolgerungen oder der Wege zur möglichen Lösung dieser Fragen die erforderliche Deutlichkeit. Unklar bleibt, ob er die Batholithe der Faltengebirge als magmatische oder als metamorphe Bildungen ansieht und ob eine palingene Schmelze granitischer Zusammensetzung noch als Granitmagma zu zählen ist. Das Verdienst Rastalls im Vergleich zu den anderen Autoren des hier besprochenen Sammelbandes ist, daß er den Zusammenhang der Erzlagerstätten mit den Graniten aufgedeckt hat.

Die letzte Arbeit des Sammelbandes stammt von H. G. Backlund, der die von Rastall gestellten Fragen beantwortet und hierbei die Position eines hundertprozentigen „Granitisators“ auch noch für kleine Granitintrusionen einnimmt. Außerdem verteidigt er das Aktualitätsprinzip und ist der Ansicht, daß die geologischen Prozesse sowohl im Archäikum als auch in den folgenden Zeitaltern in gleicher Weise verlaufen sind. Neue gewichtige Argumente neben den allgemeinen Überlegungen führt Backlund zur Bestätigung seines Standpunktes nicht an.

Der zweite Sammelband der übersetzten Arbeiten über das Problem der Granitgenese enthält Publikationen von H. H. Read, N. L. Bowen und P. Niggli, die zu ihren im ersten Band geäußerten Ansichten praktisch nichts Neues hinzufügen. Die Schlußfolgerungen und Untersuchungsmethoden von R. Perrin & M. Roubault (1945) sowie von P. Lapadu-Hargues (1945) habe ich in einer besonderen Abhandlung (Afanassjew 1951 b) kritisch erörtert.

Nach D. L. Reynolds verläuft die Granitisierung in zwei Abschnitten. Im ersten Abschnitt erfolgt eine Desilifikation oder eine Basifikation, im zweiten Abschnitt werden die basifizierten Gesteine unter Zufuhr von Alkalien sowie von SiO_2 und Al_2O_3 granitisiert. Einerseits reichern sich nämlich im kontaktnahen Nebengestein des Granits häufig Mg, Fe, Mn und Ti an, während andererseits einige Xenolithe zonar gebaut sind, wobei ihr innerer Teil basifiziert ist (im Vergleich zu den unveränderten Gesteinen, aus denen sie hervorgegangen sind!). Das angeführte Tatsachenmaterial stützt diese Folgerungen jedoch nicht ganz, da vor allem die Identität des Ausgangsgesteins der Einschlüsse mit dem Nebengestein nicht bewiesen ist.

Alle Veränderungen der Xenolithe und des Nebengesteins sind eigentlich nur unter der Voraussetzung zu erklären, daß ein Magma granitischer oder ähnlicher Zusammensetzung mit aufgelösten flüchtigen Komponenten eindrang, die dann auch mit dem Nebengestein reagierten.

Andere Autoren des Sammelbandes, so F. F. Grout und A. F. Buddington (1948) gehen von konkretem, von ihnen persönlich erforschtem Tatsachenmaterial aus. Ihre Ansichten sind interessant für das Granitproblem. Allerdings vergessen diese Autoren, die Erscheinungen des Magmatismus im erdgeschichtlichen Ablauf zu erörtern. Sie werfen keine grundsätzlichen Fragen über die Entwicklung und Veränderung der Prozesse auf, die in der Erdrinde während ihrer geologischen Geschichte vor sich gingen.

Wir wollen uns bei der Besprechung der ausländischen Literatur über die Granitgenese auf Arbeiten von Niggli, Bowen, Read und anderen beschränken, da ich einige Werke (Anderson und Nockolds) in einer Monographie (Afanassjew 1950) behandelt habe und da weiter die durchgeführten Beobachtungen und die Ergebnisse dieser Forscher in der eben erfolgten Analyse verwendet wurden. Was jedoch die Schrift O. H. Erdmannsdörffers (1949) über „Magmatische und metasomatische Prozesse in Graniten, insbesondere Zweiglimmergraniten" betrifft, so bringt sie für die Stellung und Lösung des Problems der Granitgenese — im Vergleich zu den Schlußfolgerungen der schon behandelten Abhandlungen — nichts grundsätzlich Neues. Das Gleiche gilt für die Arbeit der beiden indischen Geologen N. L. Sarma und I. K. Agrawal über die Rapakiwi-Struktur im Epidiorit und den Intrusionsgneis des Raumes Dhanbad (Sarma & Agrawal 1950). Sie erklären in Übereinstimmung mit H. H. Read die Rapakiwi-Struktur durch Granitisierung.

Aus den Publikationen führender ausländischer Petrographen geht folgendes hervor. Mit der Granitgenese sind eine Reihe komplizierter Fragen wie das Raumproblem oder der Ursprung und die Bewegungsart des Granitstoffes in der Erdrinde verknüpft. Sie umfaßt Naturerscheinungen, die man nicht unmittelbar beobachten kann. Gleichzeitig berührt aber auch das „Granitproblem" solche der Beobachtung zugänglichen Ereignisse, wie einerseits die Ergüsse von glutflüssig geschmolzenen Laven granitischer Zusammensetzung und andererseits die Feldspatisierung fester Sedimentgesteine ohne ihre Umschmelzung, die zu Granit nahestehenden Gesteinen führt.

Während in einer Reihe konkreter Fragen, so über die Rolle der Strukturen und der Heterogenität der Prozesse bei der Bildung der Intrusionen bei P. Niggli, F. F. Grout und A. F. Buddington, oder über Erscheinungen der Feldspatisierung bei H. H. Read und R. Rastall wertvolle Überlegungen vorliegen, kann uns die Bedeutung der behandelten Werke für die Lösung des Granitproblems im ganzen nicht befriedigen. Allgemein bringen die Autoren nicht genügend durch genaue Beobachtungen und Tatsachen argumentierte Überlegungen vor, oder es stellt sich schließlich heraus, daß solche Fragen gegenwärtig nicht gelöst werden können. Wie ich schon früher ausgeführt habe (Afanassjew 1951 b) neigen einige führende ausländische Petrographen in ihren Ansichten zum Agnostizismus (z. B. Bowen und Read). Die meisten ausländischen Autoren berücksichtigen nicht die gerichtete Entwicklung der in der Erdrinde ablaufenden Prozesse, darunter auch der Prozesse des Magmatismus, und die veränderliche Rolle des Mediums in seiner Wechselwirkung mit verschiedenen magmatischen Massen.

Die Ansicht der sowjetischen Petrographen über die Frage der Granitgenese ist vor allem und am vollständigsten in den Arbeiten F. J. Lewinson-Lessings wiedergegeben.

Lewinson-Lessing weist in einer seiner letzten Arbeiten (1939) im Abschnitt „Krise des Magmas“ darauf hin, daß die metamorphen Prozesse (Injektionsmetamorphose) und die Assimilation die Existenz eines intrusiven Magmas in Frage stellen. Hierbei erläutert Lewinson-Lessing, daß die Prozesse des doppelten Austausches verwirklicht werden erstens über die flüssige Phase, d. h. durch Auflösung, begleitet vom Austausch der Bestandteile zwischen dem Magma und dem festen Körper, wie es Johnston-Lewis und Bowen nachgewiesen haben und zweitens durch Migration und Diffusion der verschiedenen Bestandteile im festen Zustand. Durch diese Prozesse können Gesteine entstehen, die in allgemeinen Zügen mit diesen oder jenen Magmatiten identisch sind. Nach Lewinson-Lessing handelt es sich jedoch um Konvergenzen der Petrogenese.

Zur Verteidigung des von ihm vorgetragenen Standpunktes legt Lewinson-Lessing folgende wichtige Überlegungen vor:

1. Vermutlich kann man „paraintrusive“ und „orthointrusive“ Gesteine zumindest in ihren Gefügen auseinanderhalten.

2. Wenn man alle magmatischen Prozesse mit der Metamorphose sedimentärer (sogar alter) Gesteine erklären will, woher sind dann die letzteren gekommen? Sie stellen doch Zerstörungsprodukte magmatischer Gesteine dar!

3. Wie sind die verschiedenen Erscheinungen der Endomorphose mit der metamorphen Entstehung in Zusammenhang zu bringen?

Und dann stellt er die Frage, ob das effusive Magma nicht schon für die Existenz auch eines intrusiven Magmas spreche.

Auf dieser Grundlage nimmt Lewinson-Lessing (1939) an, daß Fälle einer metamorphen Entstehung von Gesteinen magmatischen Aussehens nur Merkmale der Heterogenese darstellen (S. 199).

Mit der Untersuchung von Kalifeldspatporphyroblasten in Graniten, in Xenolithen und im Nebengestein befaßten sich A. N. Sawarizki (1946), B. M. Kufletski (1942), A. P. Lebedew (1946) und einige andere sowjetische Petrographen.

Wie bereits oben erwähnt, hat D. S. Beljankin schon 1914 auf die später als die Minerale der Hauptmasse gebildeten KNa-Feldspatporphyroblasten in kaukasischen Graniten und im Rapawiki der Ukraine und Finnlands hingewiesen, d. h. auf eine Erscheinung, die Read als einen der wichtigsten Beweise für die nichtmagmatische Entstehung der Granite angesehen hat.

D. S. Beljankin schrieb dem fluidisch-pegmatitischen Derivat eines Tiefenmagmas eine große Bedeutung bei der Umwandlung der Gesteine des Ilmen-Naturschutzgebietes zu. Er folgerte, daß es „im Ilmen-Gebirge keine normalen Eruptivgesteine sondern nur Gneise und Pegmatite gibt" (Beljankin 1926, S. 56).

Bei der Untersuchung der Kontakte des in Granit eingedrungenen Onega-Diabases konnte Beljankin Fälle eines Umschmelzens von Graniten zu Apliten beobachten. im Zusammenhang mit den Ijolithintrusionen von Turji Mys beschrieb er eine Syenitisierung älterer Sandsteine und Granite (Beljankin & Turzew 1925).

Alle diese von Beljankin untersuchten und erläuterten Tatsachen haben eine wesentliche Bedeutung für das von uns behandelte Problem.

D. S. Korshinski studierte in einigen Arbeiten die Kontakterscheinungen. Er kam zu dem Ergebnis, daß bei der Kristallisation der Tiefengesteine die Alkalien beweglich sind (Korshinski 1946). In einer seiner letzten Schriften (1950) empfiehlt er, die metasomatische Veränderung eines Gesteins auf den Stoffaustausch seiner Minerale mit einer flüssigen oder gasförmigen Porenlösung zu begrenzen. Das Volumen dieser Poren ist im Vergleich zum Volumen des Gesteins winzig klein. Deshalb ist zu jedem Zeitpunkt nur ein winzig kleiner Teil des gesamten Gesteinsstoffes in der Porenlösung aufgelöst. Die Bildung und Ausfüllung von Hohlräumen sowie die teilweise Einschmelzung oder die Durchtränkung mit magmatischer Schmelze gehören nicht zu den metasomatischen Erscheinungen.

Eine solche Begrenzung der Metasomatose ergibt bestimmte Schwierigkeiten, wenn man die Bildung großer Granitmassen auf metasomatischem Wege erklären will. Es ist selbstverständlich, daß zur eindeutigen Lösung der Frage über die Bedeutung der Metasomatose eine außerordentlich schwierige experimentelle Überprüfung des Verlaufs dieses Prozesses unter Bedingungen nötig ist, die in einem bestimmten Maße an die des Naturvorganges herankommen.

Abschließend möchte ich nochmals erwähnen, daß F. J. Lewinson-Lessing Hinweise gibt, wie Intrusiva orthomagmatischer Herkunft von paramagmatischen Gesteinen zu unterscheiden sind. Lewinson-Lessing schreibt, wenn man einen Zusammenhang zwischen Effusionen und Intrusionen feststellen kann, so spreche das deutlich von der Existenz eines Magmas (eines Granitmagmas, sofern von sauren Intrusionen und Effusiven die Rede ist). In den meisten Fällen gelingt es allerdings nicht, einen solchen Zusammenhang zu finden. Man kann dann „nur von den chemischen Identität effusiver und entsprechender intrusiver Gesteine sprechen und hierin einen Entwicklungsbeweis für die Existenz entsprechender Magmen sehen“ (LEWINSON-LESSING 1939). LEWINSON-LESSING (1938) bemerkt noch, daß die Andesite apomagmatische Effusiva darstellen, d. h. sie haben keine intrusiven Analoga. Es sind neutrale mit SiO_2 gesättigte Gesteine und Derivate eines basischen Magmas. Hierin unterscheiden sie sich von den Basalten, die das Produkt einer unmittelbaren Kristallisation basischen Magmas sind und nicht das Produkt irgendeiner Metamorphose dieses Magmas (Assimilation? Differentiation?). Die Andesite sind zwar sehr verbreitet, bilden jedoch keine Massenergüsse in Spalten, sondern stellen nur Effusionen aus zentralen Vulkanherden dar.

Einzelne sowjetische Geologen (so z. B. SUDOWIKOW 1950) fassen die Granitisierung (im Sinne einer nichtmagmatischen Entstehung der Granite) ohne genügende Begründung als den Hauptprozeß bei der Bildung kristalliner Granitgesteine auf. Ich habe solche Vorstellungen in der vorangegangenen Arbeit (AFANASSJEW 1951b) kritisiert.

Zum Abschluß unserer unvollständigen Betrachtung der sowjetischen Literatur über einige Fragen der Petrogenese kann vermerkt werden, daß die sowjetischen Forscher den Begriff der Granitisierung ohne weite unbegründete Extrapolation anwenden. Viele untersuchte Tatsachen und Beobachtungen der Naturerscheinungen führten, wie es weiter oben dargestellt wurde, zu begründeten Folgerungen, die eine große Bedeutung für die Petrogenese haben.

II. Der Magmatismus im Nordwestkaukasus und in anderen Gebieten der Sowjetunion sowie seine Bedeutung für das Verständnis der Granitisierung

Ich habe schon früher betont, daß man eine genügend begründete Theorie der Entwicklung des Magmatismus in der Erdrinde nur aufbauen kann, wenn man die natürlichen Assoziationen von Eruptivgesteinen mit ihren intrusiven und effusiven Komplexen in ihrer Wechselwirkung mit dem umgebenden Medium und miteinander unter Berücksichtigung der geostrukturellen Situation allseitig untersucht.

Das bedeutet natürlich nicht, daß wir die äußerst wichtigen Untersuchungen auf dem Gebiet der experimentellen Petrographie in den Hintergrund rücken wollen. Im Gegenteil ist das Experiment so weit wie möglich auszubauen und der natürlichen Situation anzunähern. Es gilt, die komplizierte und einen großen Arbeitsaufwand erfordernde Tätigkeit des Experimentators in jeder Hinsicht zu fördern und zu entwickeln.

Die Aufgaben der nächsten Zukunft fordern vom Petrographen, die Naturvorgänge so zu erkennen, wie es durch eingehende geologische Untersuchung unter Anwendung der neuesten Errungenschaften der allgemeinen Geologie, der Geophysik, der Tektonik, der Mineralogie und der Geochemie möglich ist.

In der praktischen Arbeit der sowjetischen Petrographen bleiben die quantitativen (im Idealfall die voluminösen) Beziehungen der einzelnen Formationen und Gesteinstypen wenig untersucht.

Die vorliegende Arbeit behandelt Fragen des Magmatismus, die im Zusammenhang zum gestellten Problem stehen, am Beispiel der Faltungsgebiete des Kaukasus, des Altai, Transbaikaliens und des Fernen Ostens.

In meinen in den letzten Jahren veröffentlichten Arbeiten habe ich die wichtigsten Gesetzmäßigkeiten des paläozoischen Magmatismus der oben erwähnten Faltungsgebiete aufgezeigt, die man wie folgt zusammenfassen kann:

Die magmatische Tätigkeit im Bereich des Nordkaukasus, des Altai-Gebirges, Transbaikaliens und des Kleinen Chingans verlief im Paläozoikum in mehreren selbständigen Zyklen. Diese magmatischen Zyklen sind an eine bestimmte strukturelle Situation und an ein bestimmtes geologisches Alter gebunden. In allgemeinen Zügen erwiesen sich die stofflichen Zusammensetzungen und die Gesteinstypen altersmäßig nahe beieinander liegender Formationen sehr ähnlich, obgleich diese in weit voneinander entfernten Gebieten liegen.

Um in dieser Arbeit ein möglichst vollständiges und klares Bild von den Unterschieden des Magmatismus in den einzelnen Orogenesen des Nordkaukasus sowie des Altai-Gebirges zu geben, wollen wir einige schon früher veröffentlichte Unterlagen benutzen.

Einer der besonders kennzeichnenden Unterschiede zwischen Eruptivgesteinsverbänden verschiedenen Alters ist das Verhältnis der Alkalien. Es regelt zugleich auch die Mineralführung der entsprechenden Komplexe. Auf sie gehe ich in meiner Arbeit über die Gegenüberstellung intrusiver Komplexe aus verschiedenen Gebieten der UdSSR ein (AFANASSJEW 1949). Bei den Eruptivgesteinen handelt es sich einerseits um Verbände, die ultrabasische Glieder als einzelne Phasen enthalten (altpaläozoischer Magmatismus), und andererseits um Verbände, in denen sich basische Gesteine nur durch Basifizierung der Randgebiete der Intrusionen entwickeln (mittel- und jungpaläozoischer Magmatismus).

Um eine Vorstellung von den Unterschieden und Ähnlichkeiten in den Fazies und Phasen magmatischer Komplexe aus verschiedenen Faltungsgebieten zu vermitteln, wird hier eine Tabelle des Gehalts an Alkalien und an Kieselsäure gegeben (Tabelle 1). Sie ist der oben angeführten Arbeit des Verfassers aus dem Jahre 1949 entnommen und durch einige neue Daten ergänzt. In Abb. 1 (Diagramm) sind Punkte eingetragen, die dem SiO_2-Gehalt (in Gewichtsprozenten) für eine Reihe von Gesteinen des Altai-Gebirges und des Nordwestkaukasus entsprechen. Für jeden dieser Punkte sind auf dem Diagramm Vektoren eingezeichnet, die die Beziehung von Na_2O und K_2O darstellen (Faktor „n“ nach OSANN, ausgedrückt in Prozenten). Die Vektoren sind nach dem Verfahren von A. N. SAWARIZKI für die graphische Darstellung von Gesteinsanalysen eingetragen.

Bei der Betrachtung dieses Diagramms wird folgendes klar:

1. Der Unterschied im Magmatismus zwischen dem altpaläozoischen Zyklus und dem mittel- und jungpaläozoischen Zyklus.

2. Die Ähnlichkeit zwischen magmatischen Erscheinungen in der effusiven und der intrusiven Fazies für die einzelnen Zyklen.

3. Das kennzeichnende Verhältnis der Alkalien besteht in allen Gliedern der Serie (sowohl in ihren intrusiven als auch effusiven Fazies).

TABELLE 1

Mengenverhältnis der Alkalien und der Kieselsäure in Gesteinen der paläozoischen Komplexe des Nordkaukasus und des Altai-Gebirges

...atische ...plexe	Gesteine	Nordkaukasus				Altai-Gebirge			
		Na_2O	K_2O	SiO_2	$\frac{2\,Na_2O \times 100}{2\,(Na_2O + K_2O)}$ (Molekularmengen)	Na_2O	K_2O	SiO_2	$\frac{2\,Na_2O \times 100}{2\,(Na_2O + K_2O)}$
...äo- ...n	**Effusionen**								
	Albitophyre	3,01	0,10	48,00	97	3,59	0,27	43,94	95,0
	"	—	—	—	—	4,56	0,33	50,58	96,0
	Intrusionen								
	Serpentintie	0,07	0,05	39,32	70,0	nicht best.	nicht best.	34,50	—
	Gabbro-Amphibolite	2,84	0,86	50,75	81,8	4,34	0,25	51,30	91,7
	Granitoide	4,78	1,54	66,06	81,7	3,37	2,55	64,80	79,1
	"	4,70	2,30	68,78	76,0	6,99	0,82	65,04	92,6
	"	6,92	0,62	74,19	94,8	5,97	0,19	76,66	97,7
...paläo- ...n	**Abyssische Fazies (Batholithe)**								
	Diorite	3,14	1,11	57,62	81,9	—	—	—	—
	Granitoide	2,99	2,85	66,58	60,7	4,08	3,42	65,72	64,7
	"	3,37	3,41	70,26	55,6	3,30	5,10	73,42	49,5
	"	2,93	4,92	77,37	47,4	—	—	—	—
	Hypabyssische Fazies (kleine Intrusionen)								
	Randzonen der Intrusionen	1,94	1,10	43,98	72	—	—	—	—
	" " "	2,18	2,10	60,76	61	—	—	—	—
	Granitoide	3,10	3,30	47,61	58,8	—	—	—	—
	"	3,38	3,45	64,36	60,4	—	—	—	—
	"	3,60	4,38	68,13	55,2	—	—	—	—
	"	3,14	4,60	71,15	50,5	—	—	—	—
...aläo- ...n ...s ...Gebirge Alter ...igend ...en-	**Effusionen**								
	Paläoandesite	4,80	0,30	55,66	96,2	Aus dem Buch von P. I. LEBEDEW (1930) Gebiet des Flusses Teberda			
	"	3,80	1,94	53,73	73,7				
	"	6,01	1,11	52,35	89,0				
	Paläodazite	6,10	1,39	67,36	86,7				
	"	5,86	1,54	67,21	85,6				
	Extrusionen								
	Quarzkeratophyre	3,84	4,40	75,98	56,5	Flußgebiet des Kuban			
	"	3,88	4,40	72,56	57,3				
	"	3,52	4,10	72,56	57,3				
	"	3,42	4,74	75,60	52,4				
	"	3,85	3,95	76,02	59,6				
	Quarzporphyre der Kraterschlotfazies	4,07	3,96	66,40	61,0	—	—	—	—
	Intrusionen								
	Granodiorite und Granite	2,17	4,75	64,58	41,1	3,98	4,36	—	58,0
	" " "	2,04	4,08	60,72	43,7	2,91	5,48	73,40	44,7
	" " "	2,65	4,51	70,83	46,6	5,82	2,03	76,66	81,7
	" " "	4,55	3,23	66,75	68,5	6,61	4,88	65,46	67,0
	" " "	4,15	2,99	68,86	67,6	—	—	—	—
	" " "	5,48	2,88	68,10	74,1	—	—	—	—
	Alaskite	3,41	5,42	74,48	50,0	—	—	—	—

4. Die Verhältnisse der Alkalien in Gesteinen der mittelpaläozoischen magmatischen Serien sowie in den Serien des Jungpaläozoikums ergeben etwas abweichende Werte für „n" bei Gesteinen verschiedener fazieller Zugehörigkeit (hypabyssische

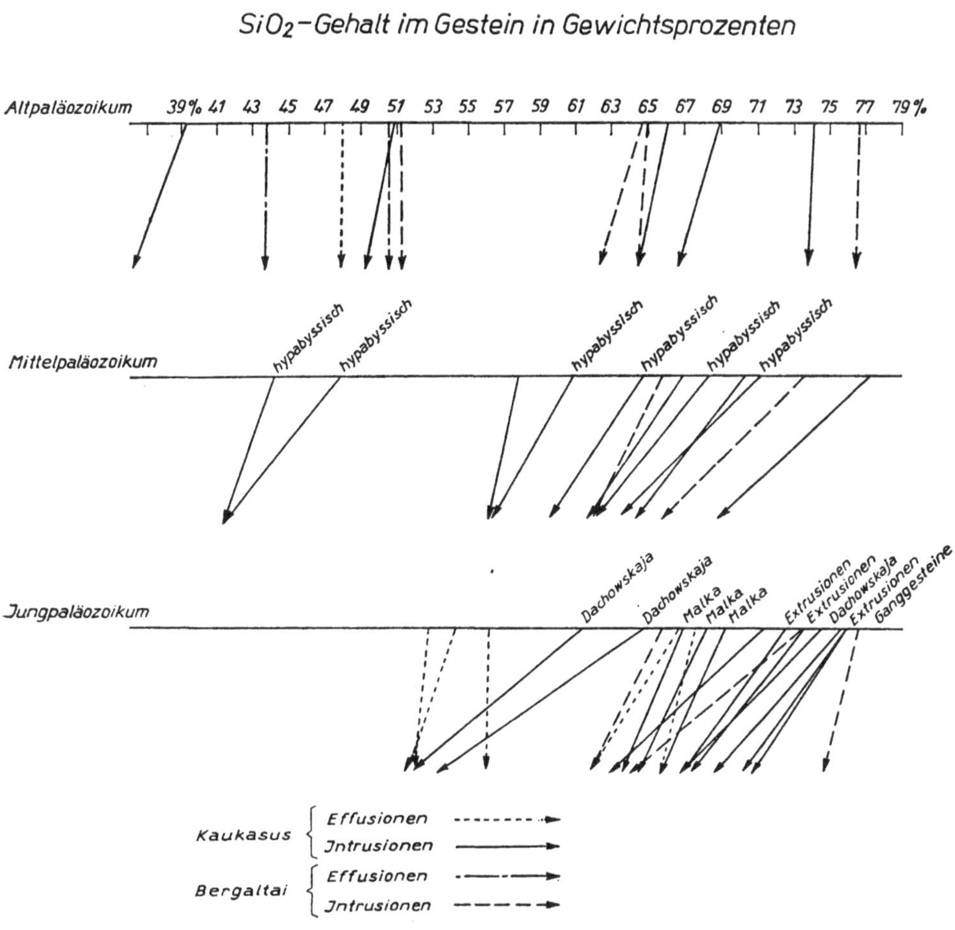

Abb. 1. Einige Merkmale des Chemismus altersverschiedener Magmenkomplexe des Nordkaukasus und des Altai-Gebirges. Die Vektoren geben das Verhältnis $\frac{2\,Na_2O \times 100}{2\,(K_2O + Na_2O)}$ (in Molekularmengen) wieder.

Fazies, Extrusionen usw.) oder für Intrusionen einer „Fazies", jedoch aus verschiedenen Gebieten (so z. B. Malka-Granite und Dachow-Granite). Diese Schwankungen hängen vermutlich vom Chemismus der Umgebung ab, in welcher die Bildung dieser Granite erfolgte. Das geht jedoch nicht so weit, daß der deutliche Unterschied zwischen dem allgemeinen Charakter des Chemismus (gemeint sind hier die Alkalien) der magmatischen Bildungen des Altpaläoziokums und dem Chemismus der Gesteine des Mittel- und des Jungpaläozoikums verwischt wird.

Um nach einer anderen Methode und ausgehend von anderen Unterlagen etwa das Gleiche zu zeigen, ist von uns Folgendes durchgeführt worden:

In meiner Arbeit über den Nordwestkaukasus (Afanassjew 1950) sind viele Angaben über die quantitativ-mineralogische Zusammensetzung der Granite aus Gesteinen verschiedenen Alters und verschiedener fazieller Zugehörigkeit angeführt. Aus 50 solchen quantitativ-mineralogischen Berechnungen für alle Gruppen der Granitoide haben wir Mittelwerte für Kalifeldspat, Albit und Anorthit ermittelt, die sich auf das gesamte Gestein beziehen. Hierbei ist zur größeren Einheitlichkeit des Bildes der bei den Berechnungen erhaltene Mengengehalt an Kalifeldspat um 13%, d. h. um die Größe des Gehalts an Plagioklasmolekülen im Kalifeldspat, verringert worden (als Grundlage dienen die Angaben von D. S. Beljankin über die durchschnittliche Zusammensetzung des Mikroklins in kaukasischen Graniten). Der Albitanteil erhöht sich entsprechend. Nach Umstellung dieser Mittelwerte auf 100 ergaben sich Zahlen, welche die Zusammensetzung des Feldspatanteils in verschiedenen Typen von Granitoiden unterschiedlichen Alters kennzeichnen, wie es in Tabelle 2 und im Dreiecksdiagramm (Abb. 2) dargestellt ist.

TABELLE 2

Mittlerer Gehalt an Kalifeldspat, Albit und Anorthit in den Granitoiden paläozoischer Intrusivkomplexe des Nordwestkaukasus (Mittelwerte aus Berechnungen für jeden Granitoidtyp aus allen Komplexen)

Feldspate	Uruschten-Komplex: Grano-diorite, Granite	Komplex des Kaukasus-Hauptrückens			Komplex kleiner Intrusionen: Grano-diorite, Granite	Oberpaläozoische Granite	
		Kompliziert aufgebaute Massive: Diorite, Granodiorite, Granite	Graue Granite (Zweiglimmer-granite)	Alas-kite		Granite, Grano-diorite	Alas-kite
Kalifeldspat	0	10	15	41	8	33	44
Albit	90	69	64	52	57	50	54
Anorthit	10	21	21	7	35	17	2

Anmerkung: Die Zahlen stellen Mittelwerte dar, nahe den einzelnen Werten, die die verschiedenen Massive kennzeichnen.

Diese Veranschaulichung bestätigt gleichfalls das Spezifische der verschiedenalten Komplexe. Besonders deutlich ausgeprägt ist das für die abyssische Fazies, während die kleinen Intrusionen der hypabyssischen Fazies mit starkem Auftreten von Assimilation und von Hybridisation bei kleinem Umfang der Intrusionen etwas abweichende Größen ergeben, da sie den gesamten Komplex als Ganzes kennzeichnen (für die Intrusionen des Kaukasus-Hauptrückens sind die einzelnen intrusiven Phasen besonders gekennzeichnet).

Beim Übergang zu Einzelheiten, die den paläozoischen Magmatismus des Nordwestkaukasus kennzeichnen und eine wesentliche Bedeutung für die in der vorliegenden Arbeit behandelte Frage haben, wollen wir zuerst in kurzer Form die wichtigsten allgemeinen Besonderheiten darlegen.

Der paläozoische Magmatismus des Nordwestkaukasus stellt sich auf Grund schon veröffentlichter Daten (AFANASSJEW 1950) folgendermaßen dar:

I. Altpaläozoischer (kaledonischer) Zyklus. Die Bildung der magmatischen Gesteine dieses Zyklus in der intrusiven (abyssischen) Fazies drückt sich in einer aufeinanderfolgenden Reihe von Intrusionen und Ganggesteinen aus: Gabbros —

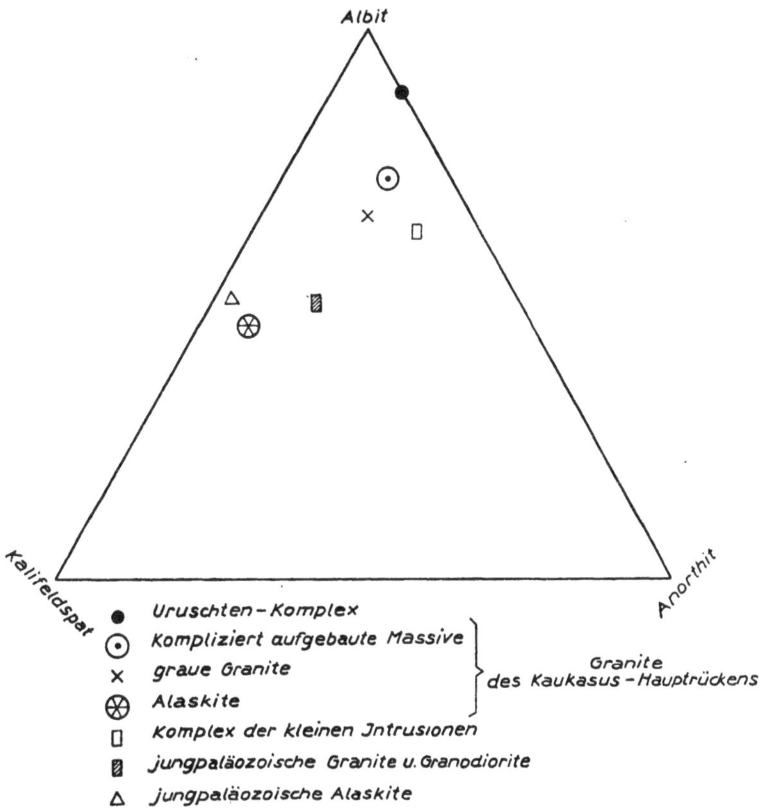

Abb. 2. Zusammensetzung des Feldspatanteils der Granitoide aus altersverschiedenen Komplexen.

Amphibolite — Serpentinite — Tonalite (Plagiogranite) — Natriumgranite — Natriumalaskite — Natriumpegmatite und Aplite.

In der effusiven Fazies, die der Intrusion vorangeht, kommen Grünsteine vor: Diabase (albitisiert), seltener Spilite mit kugliger Absonderung, Keratophyre und Quarzkeratophyre. Sehr typisch ist diese natürliche Assoziation in der Zone des vorderen Hochgebirgsrückens entwickelt.

II. Der mittelpaläozoische (variszische) Magmenzyklus bildete den intrusiven Komplex des Kaukasus-Hauptrückens, der durch folgende Assoziation vertreten ist: Diorite und Gabbrodiorite der Saumzonen großer Massive — Granodiorite und mikrokline Granite ihrer zentralen Teile — porphyrartige Granite und porphyrartige Granodiorite dieser Massive, die teilweise auch durch Feldspatisierung des Nebengesteins entstanden sind.

Zu dem gleichen mittelpaläozoischen Magmenzyklus ist wahrscheinlich der Komplex der kleinen Intrusionen zu rechnen (Jatyrgwarta, Magischo u. a.), deren einzelne Intrusionen als Satelliten der Granitoide des Hauptrückens — nur unter anderen strukturellen Bedingungen — angesehen werden können. Die kleinen Intrusionen von typisch hypabyssischem Aussehen haben sich längs der Randspalten der Strukturzone des Vorderen Hochgebirgsrückens gebildet, nämlich an seiner Grenze zu der Zwischenzone der Längsdepressionen, welche den Vorderen Rücken vom Hauptrücken trennen. Die kleinen Intrusionen sind abhängig von den Bildungsverhältnissen durch verschiedene Gesteinsassoziationen vertreten. Hierüber will ich weiter unten Genaueres mitteilen.

Bis heute gibt es keine Anzeichen für eine effusive Fazies, die dem variszischen Zyklus des Magmatismus im Nordkaukasus entspricht. Freilich hat man in dieser Hinsicht die „fossilleeren“ Serien des Mittel- und Oberkarbons noch nicht genügend untersucht. Auch war die geologische Geschichte des Nordkaukasus im Paläozoikum, Mesozoikum und Känozoikum so kompliziert, daß wir heute infolge der eingetretenen Erosion bei einer Reihe paläozoischer und späterer Formationen, besonders in der Zone der Hauptrückens, wohl kaum ein vollständiges Bild des Magmatismus werden rekonstruieren können.

In den Intrusionen des variszischen intrusiven Zyklus fehlen basische und ultrabasische Gesteine als selbständige Glieder einer natürlichen Assoziation, die bestimmten Entstehungsabschnitten des Komplexes entsprechen.

Daneben gibt es sehr überzeugende Tatsachen für die große Rolle des Assimilation, der Hybridisation und der Kontamination, die unter entsprechenden örtlichen Bedingungen zur Bildung basischer Gesteine führten.

Für mittelpaläozoische Intrusionen im allgemeinen und insbesondere für die spätesten und sauersten Differentiate ist der Kaliumtyp der Gesteine kennzeichnend, was diese paläozoischen Intrusionen neben ihrem Gefüge und der allgemein petrographischen Art deutlich von den altpaläozoischen komplizierten Gesteinsassoziationen unterscheidet, deren saure Glieder vorwiegend natriumhaltig sind.

III. Der jungpaläozoische Magmenzyklus ist in der intrusiven Fazies durch Intrusionen von Granodioriten, roten Graniten und Alaskiten vertreten, die in einzelnen Fällen von pegmatoiden und syenitischen Körpern begleitet werden.

Die komplizierte Großschollenstruktur des Nordwestkaukasus mit den Hauptstrukturlinien in nordöstlicher und nordwestlicher Richtung ermöglicht es, ihre zum gleichen jungpaläozoischen Magmenzyklus gehörende extrusive und effusive Fazies festzulegen.

Zur extrusiven Fazies (von verhältnismäßig tiefem Niveau) wollen wir die als Ganggesteine auftretenden Granitporphyre, die Granophyre (die manchmal als Keratophyre bezeichnet werden) des Kuban, Dshalankol und Chudes sowie die Quarzporphyrgänge der Flüsse Bolschaja Laba und Malaja Laba stellen, wobei die Quarzporphyre der Malaja Laba nach den geologischen Lagerungsbedingungen sowie nach ihrem Gefüge mit vollem Recht als Fazies eines Eruptionsschlotes gelten.

Zur effusiven Fazies dieses Zyklus gehören die metamorphen Dazite (Keratophyre), Liparite und verschiedene Tuffe der Flüsse Malaja Laba und Bolschaja Laba sowie die Porphyrite, Porphyre, Tufflaven und andere vulkanogene Bildungen, die mit den unterpermischen Sandsteinen und Schiefern wechsellagern.

Die Gesteine dieses Magmenzyklus haben in ihren verschiedenen Fazies gemeinsame spezifische Merkmale des Chemismus, darunter auch spezifische akzessorische Minerale, wodurch im ganzen eine deutliche Trennung der Granitoide dieses Komplexes von den Granitoiden anderer Magmenzyklen möglich wird.

Zur Bestätigung der Charakteristik, welche das petrographische Bild des paläozoischen Magmatismus bestimmt, sind in Tabelle 3 die chemischen Zusammensetzungen und in Tabelle 4 die Umrechnungen nach der Methode von A. N. Sawarizki für die analysierten Proben der von uns untersuchten Gesteine dieses Magmenzyklus in intrusiver, extrusiver und effusiver Fazies aufgeführt.

Das Diagramm (Abb. 3) der chemischen Zusammensetzung der Gesteine des jungpaläozoischen Zyklus ergibt für die extrusive (Ganggranitporphyre und Eruptionsschlotbildungen) und effusive Fazies (einschließlich der Tuffe) überraschend ähnliche Resultate. Gleichzeitig fällt auf, daß sich das Anfangsstadium des effusiven Vulkanismus durch etwas stärker basische und stärker natriumhaltige Gesteine unterscheidet.

Die analysierten Gesteine sind an einen einheitlichen (jungpaläozoischen) Magmenzyklus gebunden. Außer anderem geht das daraus hervor, daß die Gesteine der effusiven Fazies mit Sedimenten aus dem Unterperm und einem Teil des Oberkarbons wechsellagern. Die Gesteine der extrusiven und insbesondere der intrusiven Fazies treten in stärker gehobenen Blöcken auf, wo das sedimentäre Jungpaläozoikum gegenwärtig denudiert ist, während sich die intrusive Fazies in tieferen Horizonten und wahrscheinlich in Serien älterer Gesteine bildet. Mit Recht behaupten wir, daß die Intrusionen der roten Granite Ablagerungen des Altpaläozoikums und magmatische Bildungen des kaledonischen Zyklus (Dachow-Massiv, Indysch-Granite) durchbrechen. Da es nämlich in den unterpermischen Konglomeraten zwar Granitoidgerölle gibt, die für den Komplex des Hauptrückens und des kaledonischen Zyklus typisch sind, aber keine solchen aus rotem Granit (vom Typ der roten Dachow-Granite und Alaskite sowie der Indysch- und Eschkakon-Granite), können wir mit großer Bestimmtheit sagen, daß die roten Granite im Jungpaläozoikum (Oberkarbon — Perm) intrudiert sind.

Die angeführte Charakteristik des jungpaläozoischen Magmatismus führt uns zu zwei allgemeinen wichtigen Schlußfolgerungen.

1. Eruptivgesteine verschiedenen Alters unterscheiden sich in ihrer stofflichen Zusammensetzung. Dieses Merkmal tritt sehr viel stärker bei der Analyse der mit ihnen verbundenen Metallogenese hervor, doch wird diese Frage hier nicht behandelt.

2. Der altpaläozoische und der jungpaläozoische Magmenzyklus sind in einzelnen Struktureinheiten (Schollen mit verschieden gerichteten Bewegungen)

entweder intrusiv oder effusiv entwickelt. Ein Vergleich der Gesteine der intrusiven und der effusiven Fazies eines einheitlichen magmatischen Zyklus miteinander macht es uns möglich, über eine Analogie der petrographischen Typen der Gesteine (mit einzelnen Variationen und Abweichungen) und eine Einheitlichkeit

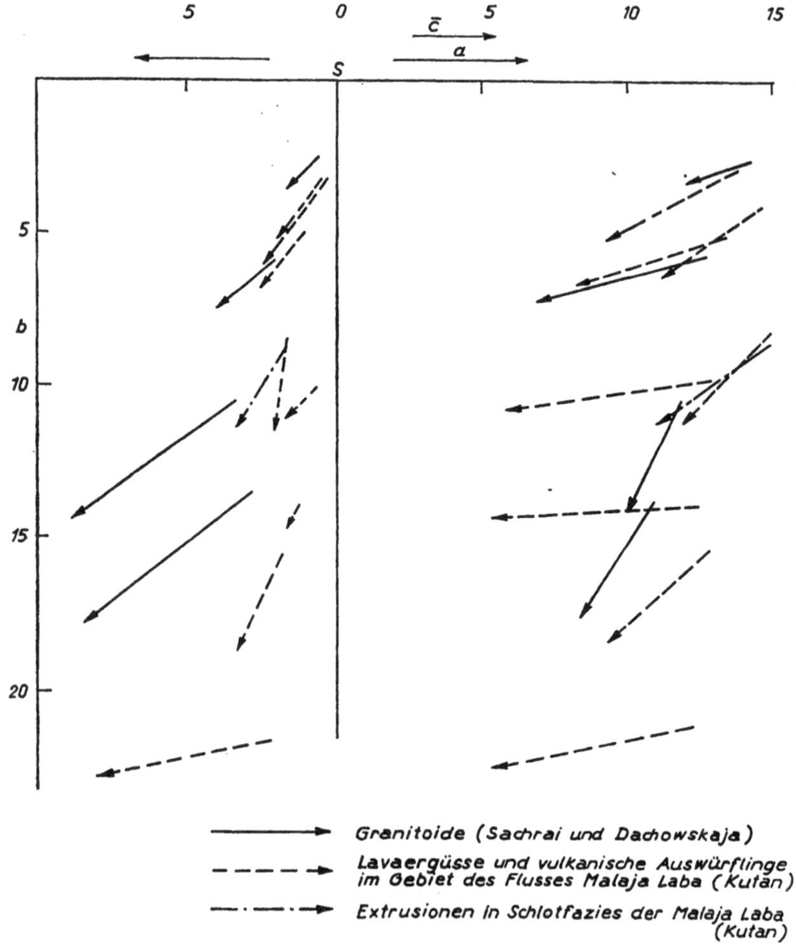

Abb. 3. Diagramm der Zusammensetzung magmatischer Gesteine des Jungpaläozoikums im Nordwestkaukasus

der spezifischen Merkmale der stofflichen Zusammensetzung zu sprechen, einschließlich der akzessorischen Beimengungen und der Bedingungen ihrer Verbreitung in Raum und Zeit.

III. Granitisierung als Begleiterscheinung bei der Bildung paläozoischer Granitoide des Nordkaukasus

Wenn wir den Begriff der Granitisierung auf einen Prozeß einengen, bei dem sich ein festes Gestein, ohne einen geschmolzenen Zustand zu durchlaufen, in ein

TABELLE 3

Chemische Zusammensetzung der Eruptivgesteine des jungpaläozoischen Magmenzyklus

Fazies und Gesteine	SiO_2	TiO_2	Al_2O_3	Fe_2O_3	FeO	MnO	MgO	CaO	Na_2O	K_2O	BaO	P_2O_5	Anmerkungen
ive Fazies													
wskaja-Granodiorit	64,58	0,52	15,64	1,39	3,64	0,09	2,38	3,04	2,17	4,75	Spuren	0,12	
i-Granodiorit	60,72	0,62	15,57	1,71	3,40	0,07	3,13	2,91	2,04	4,08	Spuren	0,12	
i-Granit	70,83	0,29	14,57	1,54	0,82	0,03	0,53	1,72	2,65	4,51	0,04	0,12	
wskaja-Alaskit	74,48	0,09	12,85	1,40	0,47	0,02	0,13	0,56	3,41	5,42	—	0,09	
h-Alaskit	77,02	0,10	11,75	0,43	0,34	0,03	0,63	0,91	3,68	3,64	0,06	0,10	Sr Spuren
h-Granodiorit	61,24	0,85	14,40	2,44	3,18	0,14	2,85	3,28	2,79	4,20	—	0,46	Sr fehlt; CO_2 1,24; H_2O^{+110} 2,72
ive Fazies													
nggranitporphyre:													
nkol-Quarzkeratophyr	72,56	0,27	13,90	0,22	1,72	0,10	0,61	0,86	3,88	4,40	—	—	nach P. I. LEBEDEW (1930)
s-Quarzkeratophyr	73,19	0,26	14,13	0,56	1,30	0,03	0,52	1,00	3,52	4,10	—	—	FeS_2 0,51; Cl 0,03
-Quarzkeratophyr	76,02	0,11	12,31	1,33	—	—	0,39	0,40	3,85	3,95	—	—	FeS_2 1,89; Cl 0,04
terschlotfazies													
orphyr Malaja Laba Nr.78	66,40	0,60	15,61	1,36	2,27	0,05	1,26	1,28	4,07	3,96	0,08	0,35	
Effusion													
azit Malaja Laba Nr. 115	67,21	0,46	15,59	2,54	1,35	0,04	1,48	1,32	5,86	1,54	0,29	0,61	Frühe Ergüsse
nische Auswürflinge													
gestein Nr. 95	63,44	0,22	19,75	2,27	0,50	0,09	0,42	1,04	3,90	3,07	0,07	0,25	
r Zement XIX	54,96	0,20	22,75	2,45	1,29	0,13	1,59	1,48	0,99	6,76	0,22	0,33	
XIV	61.84	0,42	16,65	2,84	2,55	0,01	2,95	1,36	4,11	2,80	0,06	0,33	
t-Tuff XV	68,88	0,16	16,55	1,46	0,57	0,05	0,55	0,48	3,06	4,64	0,10	0,20	

TABELLE 4

Kennzahlen der Eruptivgesteine des jungpaläozoischen Magmenzyklus (nach der Methode von A.N. SAWARIZKI)

Fazies und Gesteine	a	c	b	s	f'	m'	a'	c'	n	t	φ	Q	$\frac{a}{c}$
ive Fazies													
wskaja-Granodiorit	11,7	3,7	10,7	74,1	44,2	37,7	18,1	—	41,1	0,5	10,3	+21,2	3,1
i-Granodiorit	10,9	3,4	13,9	71,8	35,5	39,5	25,0	—	43,7	0,7	35,5	+18,3	3,1
i-Granit	12,1	2,1	5,9	79,9	32,7	13,4	53,9	—	46,6	0,3	20,2	+33,9	6,0
wskaja-Alaskit	14,7	0,6	2,4	82,3	64,6	8,1	27,4	—	49,1	—	48,6	+33,9	24,6
ive Fazies													
nggranitporphyre:													
nkol-Quarzkeratophyr	14,6	1,0	4,2	80,2	42,2	23,4	34,3	—	57,3	0,3	3,1	+32,2	14,6
s-Quarzkeratophyr	13,2	1,2	5,1	80,5	33,3	15,4	51,3	—	56,0	0,3	10,3	+33,4	11,0
-Quarzkeratophyr	13,6	0,4	3,0	83,0	34,8	21,7	43,5	—	59,6	0,1	34,7	+38,4	34
terschlotfazies													
orphyr Malaja Laba Nr.78	14,6	15,6	8,52	75,32	40,0	24,6	34,9	—	61,0	0,7	14,3	+19,88	9,3
Effusion													
azit Malaja Laba Nr. 115	14,9	1,5	8,4	75,2	40,5	29,3	30,2	—	85,6	0,5	25,4	+19,1	9,9
nische Auswürflinge													
gestein Nr. 95	13,0	1,2	14,0	71,8	17,5	4,9	77,7	—	65,6	0,3	13,6	+16,4	11
r Zement XIX	12,3	1,9	21,6	64,2	16,5	13,0	70,5	—	18,2	0,3	10,3	+ 1,9	6,5
XIV	13,0	1,7	15,5	69,8	30,6	31,9	37,5	—	68,7	0,5	14,8	+11,9	7,6
t-Tuff XV	13,1	0,6	10,0	76,3	18,0	8,7	73,3	—	50,5	0,1	12,0	+25,8	22

Granitgestein umwandelt, können wir die Rolle eines solchen Vorganges bei der Bildung der Eruptivgesteine des Paläozoikums im Bereich der Faltungszone des Nordkaukasus leicht verfolgen.

Bei der Betrachtung der Granitisierung ist auch der entgegengesetzte, jedoch mit der Granitbildung unter bestimmten Bedingungen verbundene Prozeß zu beachten, nämlich die „Basifizierung" des Granitmagmas, bei welcher sich die basischen und neutralen Gesteine in den Randgebieten der Granitmassive bilden.

Eine große Bedeutung bei der Klärung der Genese dieser oder jener Granitmassive hat auch die Endomorphose der Randteile der Massive und Gänge. Hierauf hat F. J. LEWINSON-LESSING (1949) hingewiesen. Man versteht darunter die Feinkörnigkeit der Randfazies, die Härtungszonen, die Apophysen der Massive in das Nebengestein, den allmählichen oder plötzlichen Übergang der Gesteine des Massivs zum Nebengestein in textureller und metallogenetischer Hinsicht u.a.m. Ausführliches Material zur Beschreibung der Übergänge zwischen Granitmassiven verschiedener Komplexe und ihrem Nebengestein habe ich in einer besonderen Studie zusammengestellt (AFANASSJEW 1950), während in der vorliegenden Arbeit alle Besonderheiten solcher Übergänge dargestellt sind.

1. Die Granitoide des (kaledonischen) Uruschten-Komplexes

In der erwähnten Studie (AFANASSJEW 1950) sind die Unterlagen angeführt, welche die große Rolle der Feldspatisierung (Albitisierung) bei der Bildung von Granitkörpern und bei der Metamorphose des Nebengesteins kennzeichnen.

1. Im Bereich der Tonalitkörper sind bei der Albitisierung Relikte erhalten geblieben, die auf die ursprüngliche Zusammensetzung der Gesteine dieser Gruppe hinweisen (mehrfache Zwillingsverwachsungen bei Plagioklasen der Andesinreihe, chloritisierter Amphibol). Neu entwickelt sich frischer, nicht verzwillingter Albit mit allen Übergängen zum Relikt-Andesin, der von zahlreichen Kristallen eines spezifischen strontiumhaltigen Zoisits begleitet wird.

2. Das Nebengestein ist durch zwei Serien mit verschiedenem Metamorphosegrad vertreten:

a) Die Serie der Amphibolitschiefer, Granatamphibolite, Glimmerschiefer und Granatglimmerschiefer;

b) die Serie der grünen „Schiefer", bestehend aus den eigentlichen Quarz-Chloritschiefern und den Effusiven der Spilit-Diabas- und der Keratophyr-Reihe.

Die erste, ältere Serie liegt im Kern der alten Antiklinale des Vorderen Rückens und ist in einzelnen Zonen albitisiert. Es entstehen aus den Ausgangsgesteinen porphyroblastische Gneise. In diesen Gneisen herrschen große (bis zu 2 und 3 Zentimeter), meist verhältnismäßig runde Porphyroblasten frischen, nicht verzwillingten Albits vor. Sie umschließen Amphibol, Granat und Glimmer.

Die Feldspatisierung (Albitisierung!) ist auch in der oberen Serie stark entwickelt. Sie führt jedoch hier zur Bildung feinkörniger gneisähnlicher Granitoide, die alle Übergänge von Schiefern zu Granitoiden sowohl nach der Textur als auch der stofflichen Zusammensetzung zeigen. Zwischen den Paketen solcher albitischen Granitgneise metasomatischer Herkunft und Albit-Muskovitschiefer mit Zoisit liegen einzelne „Xenolith“-Schichten aus nicht vollgranitisierten grünen Schiefern.

Alle diese in meiner Arbeit (1950a) dargelegten Beobachtungen zeigen, daß die Feldspatisierung in der Gesteinsserie der Antiklinalstruktur des Vorderen Rückens, in der die Bildung ultrabasischer, basischer und granitischer Gesteine des kaledonischen Zyklus vor sich ging, weit verbreitet ist. Hier bestand die Feldspatisierung ausschließlich in Albitisierung.

Gleichzeitig ist zu erwähnen, daß der Uruschten-Komplex auch noch posttonalitische Intrusionen von Natriumgraniten, Natriumalaskiten (Albit-Alaskiten) und eine reiche Serie von Pegmatiten (die Pegmatit-Gangfelder bilden) mit spezifischer Mineralisierung sowie viele Aplitgänge enthält.

Die Alaskite, Pegmatite und Aplite führen in ihrem Feldspatteil ausschließlich frischen, häufig mehrfach verzwillingten (Alaskite) sauren Plagioklas. Man findet keine Anzeichen — etwa Reliktminerale — für eine wesentlich andere primäre Zusammensetzung des Gesteins, das nachher vielleicht albitisiert worden ist.

Daneben hat man am linken Ufer der Malaja Laba (schon während der Drucklegung des 1950 herausgekommenen Buches) ein Massiv von Natriumgraniten sowie einzelne Gänge davon entdeckt, die unmittelbar in der Serie grüner Schiefer und Effusive liegen. Mit ihnen hängen Skarnlager zusammen, die verschiedenartig mineralisiert sind. Die Untersuchung der Kontaktzone (linkes Ufer der Malaja Laba, 2,5 Kilometer oberhalb der Einmündung des Uruschten) hat gezeigt, daß die Granite im Randteil feinkörnig werden und sich deutlich mit den grünen Schiefern berühren, von denen der Granit kleine Abspaltungen erfaßt. In die Schiefer reichen Granitapophysen mit einer Mächtigkeit bis 1,5 Meter hinein.

Der kontaktnahe Granit ist mikropegmatitisch (Abb. 4 und 5). Die mikroskopische Auszählung ergab folgende Zusammensetzung des Granophyrs: Q 45%, Pl 55% (in Volumenprozenten). Hat der Plagioklas 10% Anorthitgehalt, so ergibt sich Q 45%, Ab 50%, An 5%. Merkmale, die auf eine Albitisierung des Gesteins hinweisen, das früher eine andere Zusammensetzung hatte, wurden in den Schiefern nicht beobachtet.

Wir haben gesehen, daß das Nebengestein und die frühen Granitoidbildungen stark feldspatisiert (albitisiert) sind. Die Schiefer der metamorphen Serie (Grünschiefer) und die Schiefer der stark metamorphen unteren Schichtfolge (Amphibolite, Granatglimmerschiefer usw.) werden schließlich in granitähnliche Gesteine (Gneisgranite) umgewandelt. Wir nehmen an, daß bei dieser Umwandlung außer der Granitisierung magmatische Granitoide mitgewirkt haben. Sie zeigen sich durch Intrusionen von Tonaliten, Natriumgraniten und Alaskiten mit Pegmatit-Aplitgängen an.

Die Feldspatisierung ist vermutlich nur eine Etappe der über längere Zeit andauernden Bildung des Komplexes. Sie breitete sich in der Entstehungszone der magmatischen Intrusionen aus. Zugleich ist sie nach den Tonalitintrusionen, jedoch vor oder gleichzeitig mit dem Eindringen der Alaskite, Pegmatite und Aplite erfolgt.

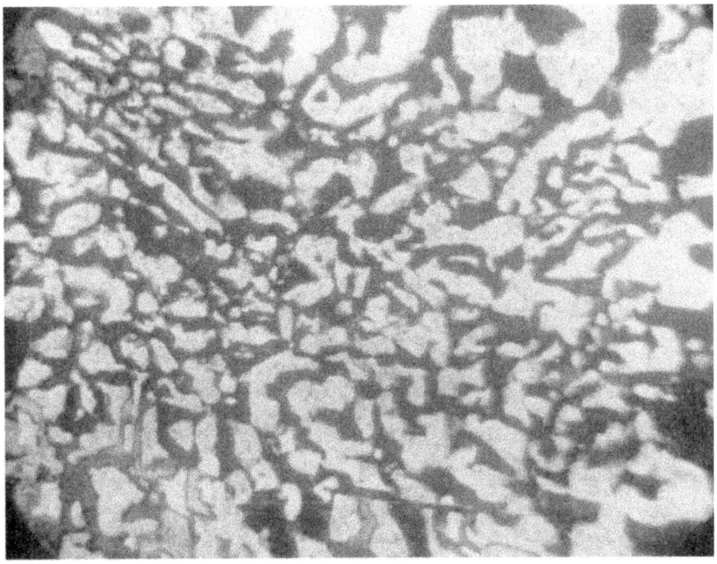

Abb. 4. Mikropegmatitische Struktur (Quarz — Plagioklas) der kontaktnahen Zone der Natriumgranite des Uruschten-Komplexes. Probe 299/47, Fluß Malaja Laba oberhalb der Einmündung des Uruschten. Ohne Analysator, Vergr. 25 ×

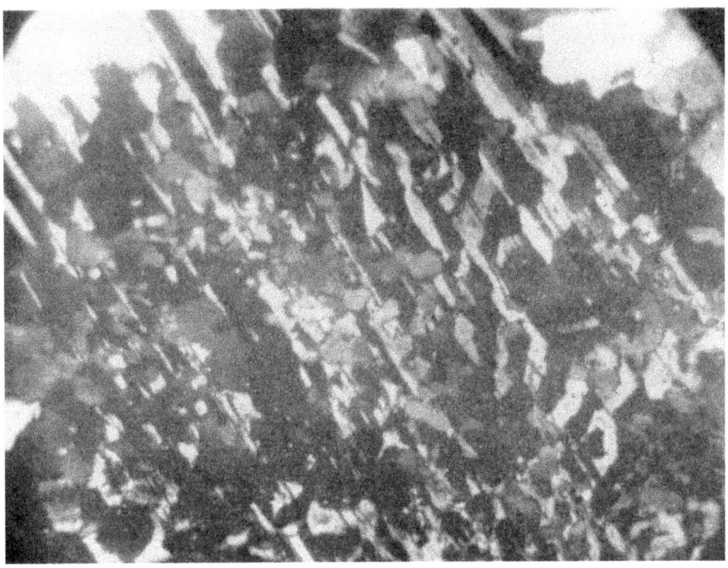

Abb. 5. Dasselbe wie in Abb. 4. Gekreuzte Nicols

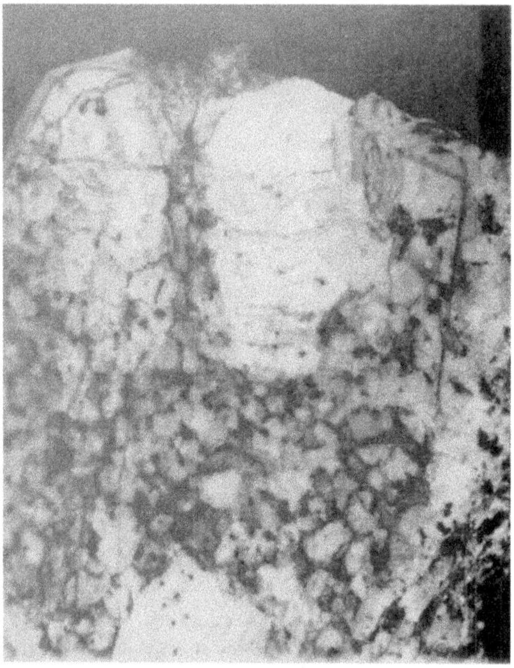

Abb. 6. Porphyrartiger Granit. Das Bild zeigt die uneinheitliche Struktur des KNa-Feldspates als „Einsprengling“. Vergr. 2 ×

2. *Der mittelpaläozoische Intrusivkomplex*

In den vorangegangenen Arbeiten sind die Ergebnisse unserer Untersuchungen angeführt, welche eine Aufgliederung der mittelpaläozoischen Granitoide in folgende Intrusionstypen ermöglichten, die einzelnen Bildungsphasen des Komplexes entsprechen:

1. Kompliziert aufgebaute, morphologisch einheitliche Massive vom batholithischen[1] Typ, zusammengesetzt aus Granodioriten, Graniten und ihren porphyrartigen Varietäten, mit größeren Einsprenglingen von KNa-Feldspat und mit Dioriten in der Saumzone.
2. Intrusionen grauer Zweiglimmergranite mit Pegmatit- und Aplitserien sowie hydrothermalen Quarzgängen mit spezifischer Mineralisierung.
3. Alaskitintrusionen, begleitet von Apliten und hydrothermalen Gängen mit starkem Karbonatanteil.

Die kleinen Intrusionen im Randteil der Zone des Vorderen Rückens vom Typ der Intrusionen des Magischo-Rückens, des Berges Achzarchwa und des Berges Jatyrgwarta sind vermutlich mehr oder weniger gleichalt mit den mittelpaläozoischen Intrusionen des Hauptrückens. Zu ihnen gehören jedoch nur Granite, die der intrusiven Phase der grauen Zweiglimmergranite aus der Zone des Hauptrückens analog sind.

Die Intrusionen der Granodiorite, die zu kompliziert aufgebauten, jedoch morphologisch einheitlichen Massiven geführt hat, sind in einem länger andauernden Prozeß erfolgt, der von mehrfachen autometamorphen Veränderungen der Gesteine dieser Massive begleitet war. Auch die gegenseitigen Kontakteinwirkungen der Granitoide dieser Phase mit dem Nebengestein sind kompliziert, da ihre Art auch von der Zusammensetzung des Nebengesteins und der zeitlichen Überlagerung von Umwandlungen abhängig war, die mit den nachfolgenden Bildungsabschnitten des Komplexes verbunden sind.

An normalen (nichttektonischen) Kontakten der Batholithe mit dem amphibolitischen Nebengestein (Gesteine mit erheblichem Gehalt an Eisen-Magnesium- und Kalzium-Mineralen) gehen die Granite und Granodiorite mit Annäherung an den Kontakt allmählich in Diorite über, wobei ihre feinkörnige Randfazies auftritt. Das kann man am Fluß Malaja Laba studieren.

Diese Beobachtungen sprechen für eine Basifizierung der Granodiorite im Kontakt mit Amphiboliten. Sie bestätigen die Annahme einer magmatischen Bildung der Granodiorite mit einer Kontamination in ihren Randgebieten durch Assimilation des Nebengesteins.

Diese batholithischen Granitoidkörper zeigen aber auch deutlich eine nachfolgende Feldspatisierung in Form der Mikroklinisation. Dieses Problem habe ich besonders studiert (Afanassjew 1949). Die KNa-Feldspäte der porphyrartigen Granite und der hydrothermalen Gänge sind identisch, was ich jedoch erst später

[1] Der Terminus „Batholith“ wird mit Einschränkung seines üblichen Begriffs verwendet. Hier sind große, intrusive, nach unten erweiterte Körper gemeint, sie kommen in natürlichen Profilen vor. Eine solche Erweiterung auf große Tiefen wird indessen nicht extrapoliert.

(Afanassjew 1951a) erkannt habe. Die Schiefer des Nebengesteins sind also deutlich feldspatisiert (mikroklinisiert), d. h. sie enthalten porphyrische „Einsprenglinge" von KNa-Feldspat, ähnlich den Einsprenglingen in den Graniten selbst. Das ist nach Read, wie schon oben dargelegt, eine Tatsache, die zugunsten eines metasomatischen Ursprungs der Granitmassive durch „Granitisierung" von Sedimentgesteinen ohne ihre Umschmelzung spricht.

Im Gegensatz dazu habe ich in meinen Arbeiten (Afanassjew 1950) dargelegt, daß das Massiv in einem langandauernden und komplizierten Prozeß entsteht. Die Gesteine des Massivs und des Nebengesteins an seiner Peripherie werden in einem der letzten Bildungsabschnitte nach einem bestimmten Grad ihrer Konsolidation feldspatisiert (mikroklinisiert). Diese Feldspatisierung verlief vermutlich mehr oder weniger gleichzeitig mit dem Eindringen der Alaskitgranite.

Während wir also annahmen, daß die Granitoide der ersten, d. h. der granodioritischen Phase magmatischen Ursprung haben, bewiesen wir gleichzeitig, daß zu ihrer Bildung ein Abschnitt der Feldspatisierung (Mikroklinisation) gehört. Auch dieser Prozeß deutet auf einen magmatischen Herd hin, der die verschiedenen Intrusionen des Komplexes geliefert hat.

Aus den Intrusionen der ersten, granodioritischen Phase sind kompliziert aufgebaute Massive entstanden. Im Gegensatz zu ihnen ist bei den Intrusionen grauer Zweiglimmergranite mit dem Nebengestein ein Stoffaustausch erfolgt. Auch haben sie eine andere Zusammensetzung.

Diese Intrusionen (Kti Teberdinskaja) sind ein Beispiel für sehr einheitliche, von Xenolithen freie Massive. Die Grenzen zu den Schiefern des Nebengesteins sind gut ausgeprägt. Apophysen porphyrischer Zusammensetzung führen vom Granit in die Schiefer hinein. Andalusit, Sillimanit, Biotit, Turmalin und andere Minerale in der Kontaktzone deuten auf eine hohe Aktivität des Magmas der Zweiglimmergranite hin, während man um die Intrusionen vom batholithischen Typ hauptsächlich Chloritisierung, Feldspatisierung und Muskovitisierung findet. In gewissem Maße gehen sie darauf zurück, daß sich die Mikroklinphase überlagert.

Neben den Erörterungen einer magmatischen Herkunft der Zweiglimmergranite sei aber auch erwähnt, daß ich in der vorangegangenen Arbeit (Afanassjew 1950a, S. 110, 116 und 151) Beweismaterial dafür anführe, daß die gleichen Intrusionen die Schiefer des Nebengesteins granitisiert haben, was man im Kontakthof der Intrusivkörper verfolgen kann. In den granitisierten Gesteinen gehen fast unveränderte Schiefer und Amphibolite allmählich in Granitgneise über. Sie ähneln in ihrer Zusammensetzung und in den spezifischen Eigenschaften ihrer gesteinsbildenden Minerale den Graniten. Doch bleiben die Gefüge der substituierten Gesteine und der schwach veränderten „Xenolithe" erhalten.

Wir haben auch einen Fall beschrieben, in dem Granite auf einen großen, ‚gabbroiden Körper" einwirkten, der im Hangenden des Granitmassivs liegt. Hier kann man deutlich eine Reihe mineralischer Neubildungen beobachten, die in ihren Eigenschaften mit Mineralen aus den Intrusionen der grauen Granite vergleichbar sind. Unter anderem bezieht sich das auf die Regeneration von Amphibol mit spezifischen Konstanten und von KNa-Feldspat (Anorthoklas), die sich innerhalb „paläotyper“ Minerale entwickeln (Afanassjew 1951a, Tabelle IV, Abb. 3, 4 u. a.).

Alle früheren (Afanassjew 1950) sowie in der vorliegenden Arbeit gemachten Angaben ermöglichen die Annahme, daß sich die Zweiglimmergranite im Komplex des Hauptrückens auf magmatischem Wege gebildet haben. Ihr Eindringen war von einer „Migmatisierungsfront“ begleitet, welche die Schiefer und Amphibolite des Rahmens mit Hilfe von fluiden Komponenten des Magmas granitisierte. Die granitisierenden Agenzien haben sich in ihrer Zusammensetzung wohl kaum sehr vom Ausgangsmagma unterschieden. Das geht aus dem Vergleich der leukokraten Partien mit den Intrusionen in den Schiefern hervor.

Kleine Alaskitkörper durchbrechen porphyrartige Granite und haben am Fluß Kotscherga aktive Kontakte mit großen Absprenglingen marmorisierter Kalksteine. Es besteht nur eine schmale Übergangszone aus Gabbrodioriten und Hedenbergit-Skarnen. Nach unseren früheren Beobachtungen (Afanassjew 1951a, S. 121 bis 123) können wir annehmen, daß in diesem Falle die Granite nicht durch Substitution der Kalksteine entstanden sind, sondern daß Magma eindrang und die Kalksteine assimilierte. Dabei bildeten sich in der Grenzzone feinkörnige Gabbrodiorite, die in Richtung auf die Granite allmählich in grobkörnigere Varietäten stärker saurer Zusammensetzung übergehen.

In der gleichen Kontaktzone konzentrieren sich solche Elemente wie Eisen und Mangan, die eigentlich in Graniten und auch in Kalksteinen in äußerst geringen Mengen vorkommen.

Die Schiefer des Nebengesteins der Kotscherga-Granitintrusion werden häufig von Gängen aus Alaskitgranit und aus genetisch mit den Alaskiten zusammenhängenden Pegmatiten durchtrümert. Dieses alles deutet eher auf magmatische Bildung der Alaskitgranite. Die Schiefer des Nebengesteins der Alaskitgranite sind deutlich feldspatisiert (mikroklinisiert). Es bilden sich Mikroklineinsprenglinge (Porphyroblasten) auf metasomatischem Wege.

Dieses Beispiel weist gleichfalls auf die magmatische Entstehung der Alaskitmassive hin. Mit der Intrusion dieses Magmas drangen seine beweglichen Komponenten in die Schiefer ein und haben sie feldspatisiert und in gewissem Maße granitisiert. Die Abb. 6 zeigt die metasomatische Entwicklung des KNa-Feldspats in granodioritischen Gesteinen, aus denen so porphyrartige Granite werden.

Alle bisher angeführten Beispiele beziehen sich auf die Intrusionen des altpaläozoischen Urschten-Komplexes und auf den Komplex der Granite des Hauptrückens (Mittelpaläozoikum). Nach den in meiner Arbeit (1950) ausführlich behandelten geologischen und petrographischen Daten handelt es sich hier um abyssische Faziesverhältnisse.

Komplizierte Gesteinsverbände sind die kleinen Intrusionen. Sie treten im Randteil der Strukturzone des Vorderen Rückens auf und zwar dort, wo sie an die Zone der Längsdepressionen stößt, welche die Zone des Hauptrückens abtrennt. Man kann hier zwei Kontaktarten der granodioritisch-granitischen Körper mit den Gesteinen des Substrats unterscheiden.

1. Unmittelbare Kontakte von Granit mit Amphiboliten und Serpentiniten des Uruschten-Komplexes haben tektonische Ursachen. Das Nebengestein und die Intrusionsgesteine sind am Kontakt stark mylonitisiert. In ihrer Zusammensetzung haben sie sich gegenseitig nicht beeinflußt (Granite des Achzarchwa-Gebirges).

2. An normalen Intrusivkontakten ist Nebengestein assimiliert. Man findet eine Saumzone aus Gabbrodioriten, Monzoniten und Quarzdioriten, die allmählich in die Granodiorite der zentralen Teile des Massivs übergehen (Intrusionen des Flusses Mestyk und des Jatyrgwarta-Berges). Außerdem liegen zahlreiche Xenolithe von Nebengestein in der Randzone, die sonst in den Granodioriten des zentralen Teils fehlen. Der Komplex der kleinen Intrusionen unterscheidet sich durch einige besondere Merkmale, die auf hypabyssische Entstehungsbedingungen hinweisen. Entsprechende Tatsachen und Beobachtungen haben wir in unseren früheren Arbeiten angeführt (AFANASSJEW 1950).

In der hypabyssischen Situation bilden sich Intrusionen bei relativ niedrigem Druck. Die Intrusivmassen haben geringen Umfang. Das begünstigt ein schnelles Entweichen der beweglichen Komponenten des Magmas in die Substratgesteine. Die gleichen für die hypabyssische Situation spezifischen Faktoren, also das verhältnismäßig rasche Erkalten des Magmas mit Abgabe flüchtiger Stoffe, sind auch der Grund, weshalb „sich im Magma, das die Substratgesteine assimiliert hat, Merkmale der Unausgeglichenheit in bestimmten Abschnitten seiner Homogenisierung erhalten konnten“ (AFANASSJEW 1950, S. 265). Für diese Intrusionen lagen nicht immer Bedingungen vor, die zur Reaktionswechselwirkung der auskristallisierten Phase mit der Restschmelze bis zum völligen Ausgleich der Zusammensetzung des Gesteins erforderlich sind. Es entstehen schließlich in den Gesteinen der Randgebiete solche Mineralparagenesen, wie mit Amphibol umwachsener Pyroxen, zonaler (?) Plagioklas, Anorthoklas und Quarz.

Auch in diesem Falle dringen mobile Komponenten des Magmas ein und verwandeln das Nebengestein. Diese Verwandlung kann man in gewissem Maße mit einer „Granitisierung“ vergleichen. Doch entstehen dabei keine Gesteine, die irgendwie den Graniten ähnlich sind. In vielen Fällen ist die Art der Kontaktveränderung von der Wechselwirkung der Stoffe des Nebengesteins und des eindringenden Magmas abhängig. Man kann diese Beziehung an ausgeprägten Grenzen zwischen Intrusivgranit und Nebengestein (wenn das Eruptivgestein vom Nebengestein scharf abgegrenzt ist) leicht verfolgen. Folgende Beispiele sollen diesen Unterschied erläutern:

1. Kontakt von Alaskitgranit mit Kalken am Fluß Kotscherga (Nordwestkaukasus). Am Kontakt bildet sich eine bis 1,5 m mächtige Zone aus Gabbrodiorit bis Diorit als endomorphe Veränderung des Granits. Die in Tabelle 5 angeführten Resultate der chemischen Analysen zeigen, daß in den Graniten und Kalken des Flusses Kotscherga solche Elemente wie Fe, Mn und Mg praktisch fehlen, während sie in der endomorphen Saumzone des Granits gehäuft auftreten. Diesen Kontakt haben wir in unserer früheren Arbeit beschrieben (AFANASSJEW 1950, S. 119 bis 121).

TABELLE 5

Chemische Zusammensetzung einiger Granite und Kontaktgesteine des Kaukasus und des Altai-Gebirges

Probe	SiO_2	TiO_2	Al_2O_3	Fe_2O_3	FeO	MnO	MgO	CaO	Na_2O	K_2O	P_2O_5	$H_2O^{+110°}$	$H_2O^{-110°}$	Summe	
468	68,36	0,54	15,58	2,37	0,64	0,02	1,18	2,22	3,98	4,36	nicht best.	0,49	1,10	100,84	
472	75,84	0,28	4,81	1,45	4,46	0,18	5,00	5,45	0,52	0,26	desgl.	0,98	0,14	99,88	(S = 0,51)
413	77,37	0,15	12,31	0,98	0,09	Spuren	0,09	0,46	2,93	4,92	—	0,14	0,75	100,19	
469	47,68	2,38	17,26	1,68	9,04	0,18	7,26	9,00	3,16	1,42	—	0,20	1,22	100,48	
153	47,20	keine	1,23	3,38	21,28	2,60	1,78	21,50	Spuren	Spuren	—	0,72	0,55	100,24	
153a	nicht best.	nicht best.	0,08		Spuren	Spuren	0,58	55,04	nicht best.	nicht best.	nicht best.	nicht best	nicht best.	nicht best.	

Probe 468 Porphyrgranit; Fluß Atuur-gol, Altai-Gebirge. Zusammensetzung: Quarz 40,1%; Mikroklin 36,1%; Oligoklas 15,4%; Biotit 6,2%; Titanit 1,5%; Hornblende 0,4%; akzessorische Minerale 0,3%.

Probe 472 Kontaktnaher Hornfels; Fluß Atuur-gol, Altai-Gebirge. Zusammensetzung: Quarz, Biotit, Muskovit, Cordierit, Turmalin, Skapolith, Epidot, Apatit, Pyrrhotin, Chalkopyrit, Arsenopyrit und in Einzelfällen Titanit.

Probe 413 Alaskit; Fluß Kotscherga, Nordwestkaukasus. Zusammensetzung: Plagioklas (13 bis 15% An), Quarz, chloritisierter Biotit, Mikroklin, Biotit, Muskovit, akzessorische Minerale u. a. m.

Probe 469 Gabbro-Diorit (endomorph veränderter Granit); Fluß Kotscherga, Nordwestkaukasus. Zusammensetzung: Chlorit-Serpentin, Plagioklas (Olg), Hornblende, Biotit.

Probe 153 Skarnzone; Fluß Kotscherga, Nordwestkaukasus, Mangan-Hedenbergit.

Probe 153a Marmorisierter Kalkstein; Fluß Kotscherga, Nordwestkaukasus. Zusammensetzung: Kalzit, in seltenen Fällen Pyrit.

2. Im Atu-Urgol-Massiv des Altai-Gebirges grenzt ein jungpaläozoischer Porphyrgranit an eine mächtige Folge aus Sandsteinen und Schiefern. Trotz der intrusiven Situation fehlen aber endomorphe Veränderungen des Granits an diesem Kontakt zu hauptsächlich quarzhaltigen Sandsteinen.

Die Granitoide grenzen also in den beiden Beispielen an Nebengestein mit granitoidverschiedener und -ähnlicher Zusammensetzung. Im ersten Falle besteht ein schroffer Übergang vom Granitmassiv zum Kalk. Allerdings liegt im Randgebiet eine Kontaminationszone, in der Varietäten vom Granit bis zum Gabbrodiorit auftreten. Die Körnigkeit des Gesteins verringert sich zum Kontakt hin. Im zweiten Falle ist die Grenze zwischen dem Granit und den kontaktmetamorphen Sandsteinen sehr gut ausgeprägt. Kontaminierte Gesteine in der Randzone des Granitmassivs fehlen aber. In beiden Fällen ist also der Kontakt zwischen dem Eruptivgestein und dem Nebengestein sehr deutlich.

Die Granite haben auch über den unmittelbaren Kontaktbereich hinaus auf das Nebengestein eingewirkt und sowohl die mineralogische als auch die chemische Zusammensetzung und sogar die Struktur der Gesteine verändert.

In das Nebengestein, das seiner Zusammensetzung nach den Graniten nahesteht (Cordierit-Skapolithhornfelse des Atu-Urgol), sind flüchtige Komponenten eingedrungen, die sich aus dem Magma bei dessen Kristallisation ausscheiden.

Die Gehalte von FeO, MgO und CaO in den Graniten und den Cordierithornfelsen und die gangähnlichen Skarne in der Kontaktzone deuten darauf hin, daß das Granitmagma, welches die Substratgesteine assimiliert, die Bildung von Skarnmarmor bewirkt hat. Skarnmarmor unterscheidet sich sowohl vom Nebengestein als auch von den Graniten. Ein Vergleich der Zusammensetzung der Kontaktgesteine bestätigt, daß aus dem Magma eine Reihe von Komponenten entwichen ist. In der nächsten Peripherie der Intrusion konzentrieren sich hauptsächlich Eisen-, Magnesium- und Kalziumverbindungen. Fe und Mn hat sich, wie schon weiter oben dargelegt, auch an der Grenze der Alaskite zu den Kalken am Fluß Kotscherga angereichert, obgleich beide Gesteine praktisch kein Fe und Mn enthalten. Man kann eine solche Konzentration wohl am ehesten durch eine besondere Destillation von Fe und Mn bei der Kristallisation des Granitmagmas in die Kontakte erklären.

Außerdem liegt es nahe, die schon erwähnte Feldspatisierung der Schiefer (Mikroklinisation) am Fluß Kotscherga im Nordwestkaukasus mit den Alaskitgraniten zu verbinden, obgleich Schiefer und Granit sehr weit voneinander entfernt sind. Aus der Untersuchung der Kontaktzone der Alaskite am Fluß Kotscherga ergibt sich, daß die Komponenten des Granitmagmas unterschiedliche Beweglichkeit hatten.

In keinem der beiden Beispiele ist der Granit durch Metasomatose entstanden. Es ist im Gegenteil anzunehmen, daß das Granitmagma, welches die Substratgesteine assimiliert hat, als Quelle für den Stoff diente, der auch die aus dem kontaminierten Magma kristallisierenden Diorite sowie die postmagmatischen „Skarn"-Lager und einige andere mineralische Neubildungen im Nebengestein geliefert hat, einschließlich der Porphyroblasten des Mikroklins in einiger Entfernung von der Intrusion.

Die Untersuchung des jungpaläozoischen Magmatismus im Nordkaukasus lieferte außerordentlich wertvolles Material für die Erkenntnis der Petrogenese der einzelnen Gruppen der Eruptivgesteine. In einer speziellen Arbeit werden alle die Probleme beleuchtet, die sich aus der Untersuchung des jungpaläozoischen Magmatismus des Nordkaukasus in seinen verschiedenen faziellen Erscheinungen und im Vergleich mit anderen Einheiten dieses Gebietes ergeben. Wir wollen hier nur kurz die Gesamtcharakteristik der Kontaktveränderungen der Intrusivgesteine dieses Komplexes berühren.

Die Erosion hat die Intrusion dieses Komplexes in verschiedenen Horizonten angeschnitten. Sie sind an diese oder jene strukturelle Subzone des Vorderen Rückens gebunden. In den stärker gehobenen Blöcken des Dachow- und des Eschkakon-Massivs findet man allmähliche Übergänge granodioritischer Intrusiva zu Amphiboliten und Schiefern des Altpaläozoikums. Die kontaktnahen Granitoide verändern sich durch Kontamination bis zu Quarzdioriten und die Amphibolite in gneisähnliche Diorite mit vererbter Streifentextur. Die jüngeren Alaskite schneiden die Granitoide der ersten Phase gewöhnlich an ausgeprägten Intrusivkontakten.

Besonders interessant sind die Beziehungen der im Flußgebiet des Kuban oberhalb der Stadt Kluchori entwickelten jungpaläozoischen Intrusionen. Es handelt sich um mehrere aufeinanderfolgende Intrusivphasen stofflich verschiedener Zusammensetzung. Nacheinander sind Granodiorite, Pegmatoidgranite und Alaskite eingedrungen. Sie bilden kleine Gänge und Adern mit scharf ausgeprägten Kontakten zum Nebengestein. Das stark kontaktmetamorphe Nebengestein besteht aus Schiefern, Amphiboliten, Serpentiniten und alten (altpaläozoischen) sauren Intrusionen. Die Kontaktmetamorphose ist in der Nachbarschaft der Intrusivkörper besonders intensiv. Sie hat die Schiefer und Amphibolite des Nebengesteins in Hornfelse umgewandelt. Man findet keine Granitisierung. Das hängt wiederum vom Umfang der intrusiven Gänge und ihrer faziellen Lage ab.

3. *Die Granitisierung in paläozoischen Magmenzyklen des Nordwestkaukasus*

Die Betrachtung des paläozoischen Magmatismus im Nordwestkaukasus zeigt, daß die Bildung einiger verschiedenalter Gesteinskomplexe intrusive, extrusive und effusive Fazies einschließt. Gesteine verschiedener Fazies eines Komplexes können in ihrem Typ, besonders aber in ihrer Zusammensetzung untereinander recht ähnlich sein (Uruschten-Komplex der Natrium-Granitoide und der jungpaläozoische Komplexe der roten Granite). Auf Grund dieser Beobachtungen kann man also schon eine magmatische Entstehung der wichtigsten Gesteinstypen (u. a. auch der Granite) dieser Einheiten annehmen. Die intrudierenden Magmen sind durch die assimilierten Substratgesteine verunreinigt worden. Die einzelnen verschiedenalten Intrusionen bildeten sich in mehreren aufeinanderfolgenden Phasen. Weiter oben bin ich schon kurz auf die Untersuchung der Kontaktzonen, besonders bei Intrusionen der hypabyssischen Fazies eingegangen. Sie ergab, daß die Hauptrolle bei der Bildung der Granitmassive u. a. magmatische Prozesse spielten. Dabei hat das eindringende Magma und die aus ihm entweichenden, am stärksten beweglichen Komponenten kräftig auf das Nebengestein eingewirkt.

Die beweglichen Komponenten gelangen in das Nebengestein entweder unmittelbar aus magmatischen Massen, die bis zum Konsolidationsort aufgestiegen sind, oder aber ihr Aufsteigen in die oberen Teile der Erdrinde stellt einen gewissen Evolutionsabschnitt des Magmenherdes dar.

Am häufigsten kommt die Feldspatisierung vor. Sie geht manchmal unmittelbar von Intrusivkörpern aus. In viel größerem Maße ist sie aber mit einem selbständigen Evolutionsabschnitt des Herdes verknüpft. Sie wandelt früher gebildete magmatische Gesteine und deren Nebengestein (sedimentäre und metamorphe Serien) in granitähnliche Gesteine um. In den altpaläozoischen Gesteinsverbänden mit ihrem charakteristischen Na-Gehalt verläuft die Feldspatisierung in Form einer Albitisierung. In mittelpaläozoischen Intrusionen ist es eine Mikroklinisation. Alle Verwandlungen beruhen auf einer Kalium-Metasomatose unter Mitwirkung von Kieselsäure. Porphyrartige Granitoide aus dem Komplex des Hauptrückens entstehen durch Mikroklinisation der Diorite, der Granodiorite und der Schiefer des Nebengesteins.

Bei abyssischen Faziesverhältnissen ist die Feldspatisierung, besonders die durch einen selbständigen Entstehungsabschnitt des Komplexes bedingte, eine typische Granitisierung, da hierbei feste Gesteine in granitartige überführt werden, ohne einen geschmolzenen Zustand durchlaufen zu haben.

In der hypabyssischen Situation, also bei vermindertem Druck und bei kleinem Umfang der Intrusivmassen, ist die Feldspatisierung in verhältnismäßig geringem Grade entwickelt. Die beweglichen Komponenten des Magmas wandeln zwar das Nebengestein auf metasomatischem Wege um, jedoch nicht so weit, daß granitähnliche Gesteine entstehen. Zum Beispiel fehlt eine Feldspatisierung bei jungpaläozoischen Graniten sowohl in der hypabyssischen intrusiven als auch in der extrusiven Fazies. Das Nebengestein ist lediglich umkristallisiert und thermometamorph verändert.

Fassen wir unsere obigen Darlegungen zusammen. Die Granitgesteine in natürlichen verschiedenalten Gesteinsverbänden ordnen wir in intrusive Komplexe ein. Sie sind in der Hauptsache aus einem Magma auskristallisiert, dessen Zusammensetzung für diese Komplexe spezifisch ist.

Die Granitisierung, d. h. die metasomatische Umwandlung der Substratgesteine durch granitisierende Agenzien zu granitähnlichen Gesteinen, hat im Vergleich zu magmatischen Prozessen nur untergeordnete Bedeutung. Sie hat aber großen Anteil an der Bildung von Intrusivkomplexen in der abyssischen Region. Die magmatischen Massen sind auch hier die Quellen für die Granitisierung.

Die „Granitisatoren" können sich eine solche Intrusion nicht vorstellen. Es ist eines ihrer „überzeugenden" Argumente, mit denen sie eine magmatische Bildung der Granite anzweifeln.

Wie konnten Granitmassen in die heute von ihnen eingenommenen, manchmal riesigen Räume eindringen? Sie lösen diese Raumfrage mit Hilfe der metasomatischen Entstehung der Granite. Granitisierende Agenzien unbestimmter Zusammensetzung und unbestimmter physikalischer Natur treten in Austauschreaktionen (Substitution) mit Sedimentschichten. Die „Magmatiker" widersetzen sich einer solchen Erklärung. Sie führen ihrerseits die Hypothese eines Zubruchgehens des Daches und seiner allmählichen Assimilation an. Nach den vorhandenen Meinungen ist allerdings das Granitmagma nicht fähig, Gesteine verwandter Zusammensetzung zu assimilieren.

Im Zusammenhang hiermit möchte ich anführen, daß wir unsere Vorstellungen über die Eigenschaften des Granitmagmas nur an sauren Laven eichen konnten, die wohl kaum mit den Granitmagmen der intrusiven Fazies identisch sind (verschiedene Aktivität bei hohen Drucken und bei verschiedenartigem, manchmal unzweifelhaft hohem Gehalt an solchen beweglichen Komponenten, wie Alkalien, Fluor, Bor, Kohlensäure u. a.). Schon einzelne intrusive Phasen, sogar aus einem Intrusivzyklus des Nordwestkaukasus (Komplex des Hauptrückens), können sich in ihrer Aktivität gegenüber dem Nebengestein unterscheiden. Man braucht z. B. nur zu vergleichen, wie die Intrusionen der grauen Granite und der Alaskite auf das Nebengestein eingewirkt haben.

Die physikalisch-chemische Natur der Wechselwirkung zwischen Granitmagma und Nebengestein ist in der abyssischen und hypabyssischen Situation noch nicht genügend durch experimentelle Untersuchungen beleuchtet. Man kann also die Ausfüllung des Raumes mit Graniten durch eine Wechselwirkung des aktiven Magmas mit dem strukturell-tektonisch hierzu vorbereiteten Nebengestein erklären. Das wird durch beobachtete geologische Tatsachen bestätigt, so z. B. durch feinkörnige Saumzonen, teilweise geschmolzene Xenolithe der Dachgesteine, die häufig nicht mehr die Lage im Raum aufweisen, die sie bei metasomatischer Umwandlung ihres Mediums haben müßten.

Die Diskussion über eine magmatische oder nichtmagmatische Entstehung der Granite zieht sich nun schon über hundert Jahre hin. Diese Unsicherheit kommt einfach daher, weil wir zwar die geologischen Vorgänge der Gegenwart, aber nicht den Tiefenprozeß der Bildung von Intrusionen unmittelbar beobachten können. Da beweiskräftiges Tatsachenmaterial fehlt, entsteht ein endloser Streit. Jede der streitenden Parteien führt anscheinend sehr überzeugende Argumente an. Die wirklich richtige Lösung des Problems wird in eine sehr ferne Zukunft hinausgeschoben. Die Streitrichtungen widersprechen sich häufig. Die Forscher werden wohl bei Untersuchung einzelner Entwicklungsgebiete von Graniten verschiedenen Alters und unterschiedlicher strukturell-fazieller Lage die Entstehungsart der von ihnen untersuchten Granite mehr oder weniger richtig auslegen. Die Folgerungen können aber falsch sein, sobald man sie auf Granite anderer Gebiete überträgt. Eine solche Situation kann sich beispielsweise ergeben, wenn die bei der Untersuchung archäischer Granite der Tafelgebiete gewonnenen Schlußfolgerungen auch für die paläozoischen oder mesozoischen Granite der Faltungszonen gelten sollen.

Wir könnten das Problem der Granitgenese und viele andere komplizierte Fragen der Petrogenese und der Erzbildung schneller und mit größerem Erfolg klären, wenn wir den Magmatismus eines bestimmten geostrukturellen Gebiets in seiner historischen Entwicklung untersuchen, und dabei den Einfluß der Umgebung, d. h. des Nebengesteins, berücksichtigen.

Die Untersuchung magmatischer Komplexe — das sind also Verbände aus altersmäßig naheliegenden, strukturell wie räumlich zusammengehörigen Eruptivgesteinen mit einheitlicher Zusammensetzung und Entstehung — ist unbedingt erforderlich. Nur sie kann Klarheit in eine Reihe komplizierter Fragen der Petrogenese bringen.

Die Erforschung magmatischer Gesteinsserien, darunter auch solcher mit granitoider Zusammensetzung, in ihren effusiven, extrusiven, hypabyssischen, intrusiven und abyssischen Fazies — das ist die logisch richtige Anwendung der nicht zu leugnenden Tatsache, daß Magma mit einer den Graniten nahen Zusammensetzung in der Erdrinde entsteht. Das wird schließlich ja auch durch die gegenwärtig oder vor kurzer Zeit tätigen Vulkane mit ihren Lavaergüssen von Lipariten, Rhyolithen und Daziten bewiesen.

Endlich soll bei der Lösung petrogenetischer Fragen, darunter also auch der Frage der Granitgenese, das Experiment eine große Rolle spielen, das Modellieren der für die Tiefen der Erdrinde angenommenen natürlichen Prozesse. Die heutigen technischen Möglichkeiten lassen solche Experimente zu.

4. Einige Bemerkungen über die Bedeutung der Assimilation des Nebengesteins für den Chemismus der Intrusionen im Stabilisierungshorizont des Magmas

In den verschiedenalten Intrusivkomplexen des Nordwestkaukasus ist die Bedeutung des Nebengesteins im Stabilisierungshorizont des Magmas für die stoffliche Zusammensetzung der Intrusionen unterschiedlich. Von Einfluß ist hierbei auch die Art des intrudierenden Magmas, seine Masse und die fazielle Lage des Intrusivkörpers.

Die Untersuchung der Kontakte ergibt, daß die Rolle der zur Kontamination des intrudierenden Magmas führenden Assimilation für die Tiefenbedingungen der Bildung großer Intrusionen durchaus anschaulich ist. Mehr oder weniger mächtige Peripheriezonen sind kontaminiert. Die Ausbildung dieser Zone hängt ganz vom Volumen des Intrusivkörpers und von der Art des Nebengesteins ab. Amphibolite, Karbonatgesteine und andere assimiliert nämlich der Granit leichter als z. B. Quarzsandsteine.

In der hypabyssischen Region sind kleine Granitoidkörper gewöhnlich weniger kontaminiert, obgleich auch hier in jedem konkretem Falle das Verhältnis der Zusammensetzung von Nebengestein und intrudiertem Magma eine Rolle spielt.

Die Assimilation hat also große Bedeutung für Intrusionen, insbesondere der Tiefenfazies, und besonders auch für die Randzonen der intrusiven Massen. Die Untersuchung des paläozoischen Magmatismus im Kaukasus ergibt aber sehr deutlich, daß die ungleichalten Intrusionen sowohl der einzelnen Intrusivkomplexe als auch der einzelnen intrusiven Phasen eines einheitlichen Komplexes recht verschieden zusammengesetzt sind. Und man kann diese Unterschiede durchaus nicht durch die Assimilation des Nebengesteins erklären, in dem sie eingelagert sind. In großen Arealen, z. B. in den Strukturzonen des Hauptrückens und des Vorderen Rückens im Nordkaukasus, sehen wir, daß an das gleiche Nebengestein mehrphasige Intrusionen abweichender Zusammensetzung grenzen, z. B. die Granodiorite, Granite und Kaliumalaskite des Hauptrückens. Es gibt aber auch ihrer Zusammensetzung nach spezifische Komplexe magmatischer Gesteine unterschiedlichen Alters, z. B. Intrusionen der Na-Granitoide des Uruschten Komplexes und der KNa-Granitoide des Komplexes der kleinen Intrusionen in der Zone des Vorderen Rückens.

TABELLE 6

Chemische Zusammensetzung der Granitoide, die als kleine Intrusivkörper am Kuban oberhalb der Stadt Kluchori auftreten

Oxyde	Altpaläozoische		Jungpaläozoische					
	Probe 145/50		Probe 46/50		Probe 22/50		Probe 30/50	
	Gew.-%	Molek. Mengen	Gew.-%	Molek. Mengen	Gew.-%	Molek. Mengen	Gew.-%	Molek. Mengen
SiO_2	75,88	1,264	61,24	1,019	75,06	1,250	77,02	1,282
TiO_2	0,11	0,001	0,85	0,010	0,33	0,004	0,10	0,001
Al_2O_3	12,83	0,125	14,40	0,141	12,76	0,125	11,75	0,115
Fe_2O_3	1,27	0,008	2,44	0,015	0,65	0,004	0,43	0,003
FeO	0,28	0,004	3,18	0,044	0,94	0,012	0,34	0,005
MnO	0,02	—	0,14	0,001	0,02	—	0,03	—
MgO	0,20	0,005	2,85	0,070	0,69	0,017	0,63	0,015
CaO	0,52	0,009	3,28	0,059	0,99	0,018	0,91	0,016
Na_2O	4,98	0,081	2,79	0,045	2,75	0,044	3,68	0,060
K_2O	2,99	0,032	4,20	0,045	5,43	0,057	3,64	0,038
H_2O^{-110}	0,12	—	0,44	—	0,22	—	0,12	—
H_2O^{+110}	0,56	—	2,72*	—	0,61	—	0,79	—
P_2O_5	0,06	—	0,46	—	0,08	—	0,10	—
BaO	0,00	—	keine	—	0,04	—	0,06	—
SrO	—	—	keine	—	Spuren	—	Spuren	—
							C = 0,47	
Summe	99,82	—	100,23	—	100,57	—	100,07	—

Analyse: P. N. Nissenbaum Analyse: D. N. Knjasewa

*CO_2 = 1,24%

Ein gutes Beispiel für eine solche Unabhängigkeit der Zusammensetzung von Intrusion und Nebengestein bieten die kleinen Intrusionen der altpaläozoischen und jungpaläozoischen Granitoide eines der Kuban-Nebenflüsse.

Hier stoßen auf einer kleinen Fläche von etwa 1 km² zwischen altpaläozoischen Schiefern und Amphiboliten viele Körper sehr natriumhaltiger vergneister altpaläozoischer Granite an die Oberfläche. Dann folgen auch Intrusionen mit strukturell normalen jungpaläozoischen Granodioriten, Graniten und Alaskiten aufeinander, die in der Hauptsache kaliumhaltig sind. Die jungpaläozoischen

Granitoide unterscheiden sich von den altpaläozoischen außer der Art der Alkalien ihres Feldspats auch noch in anderen Merkmalen.

Tabelle 6 enthält die chemischen Analysen verschiedenalter Intrusivgesteine. Sie liegen in einer ihrer Zusammensetzung nach analogen Serie des Nebengesteins.

TABELLE 7

Zahlenkennwerte der Granitgesteine am Fluß Kuban (nach der Methode von A.N. SAWARIZKI)

Proben	*a*	*c*	*b*	*s*	*f'*	*m'*	*a'*	*c'*	*n*	*t'*	*φ*	*Q*	*a/c*
145/50	14,8	0,4	2,0	82,8	65	16	19	0	71	0,1	50	35,6	37
46/50	12,7	3,6	10,8	72,8	49	45	0	5	50	0,1	19	16,7	3,5
22/50	13,1	1,2	3,2	82,2	40	35	24	0	44	0,3	16	37,3	11
30/50	12,9	1,0	1,7	84,5	35	60	4	0	61	0,1	23	42,1	12,9

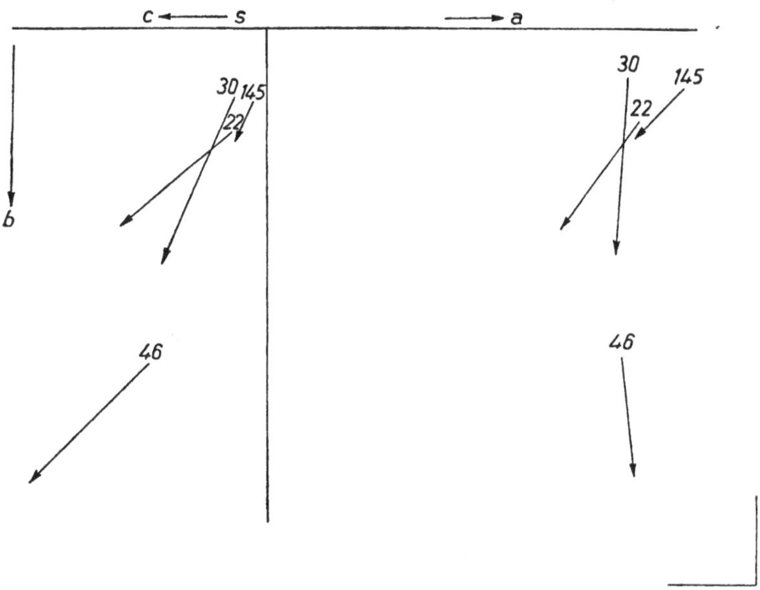

Abb. 7. Diagramm der Zusammensetzung altersverschiedener Magmengesteine, eingedrungen in eine Serie aus Hornfelsen und Amphiboliten des Altpaläozoikums (Flußgebiet des Kuban):
Probe 145 — Gang-Granitporphyr aus dem Altpaläozoikum; Probe 46 — Granodiorit aus dem Jungpaläozoikum; Probe 22 — Pegmatitgranit aus dem Jungpaläozoikum; Probe 30 — autometamorpher glimmerfreier Alaskit aus dem Jungpaläozoikum

Diese Analysen sind nach der Methode von A. N. SAWARIZKI umgerechnet (Tabelle 7). Die Zahlenkennwerte a — c — b — s sind im Diagramm desselben Autors (Abb. 7) dargestellt. Die Abb. 8, 9 u. 10 zeigen Mikroaufnahmen dieser Gesteine.

Die angeführten Daten kennzeichnen die besondere Art der stofflichen Zusammensetzung kleiner verschiedenalter Granitkörper, die in die altpaläozoischen Schiefer und Amphibolite eingedrungen sind. Diese Besonderheit wird deutlich, wenn man ungleichalte Komplexe, die sich sowohl strukturell als auch in ihrem Stoffbestand unterscheiden (z. B. die altpaläozoischen vergneisten Alaskitgranite und die jungpaläozoischen Alaskite) miteinander vergleicht.

Wir haben die Daten über die Zusammensetzung von Graniten unterschiedlichen Alters aus einem kleinen Areal angeführt. Wenn wir außer diesen Angaben noch das in unserer Arbeit (Afanassjew 1950) gegebene Material über den Chemismus der Intrusivkomplexe und ihre Verteilung in den verschiedenen Strukturzonen des Kaukasus auswerten, so kommen wir zu dem Schluß, daß Granitintrusionen einer bestimmten geostrukturellen Zone keine Derivate irgendeines einheitlichen und beständigen Granitmagmas sind, dessen abweichende Varietäten dann durch Assimilation des Nebengesteins zu erklären wären, wie es Ch. M. Abdullajew (1950a) in seiner Arbeit behauptet. Wir glauben vielmehr, daß die stoffliche Zusammensetzung von Granitintrusionen unterschiedlichen Alters und ihre Erzbildung von der Art der intrudierenden Magmen abhängig sind, wobei die Art selbst den periodisch fortschreitenden Entwicklungsprozeß des Magmatismus in tiefen Gebieten der Erdrinde wiedergibt. Die Bedeutung der Assimilation, d. h. der Einfluß der Umgebung auf die Zusammensetzung der Eruptivgesteine wird hierdurch in keiner Weise geschmälert. Man darf allerdings nicht den heutigen Erosionsanschnitt als Bewertungsbasis nehmen, da als Nebengestein für das intrudierende Magma auch Gesteine tieferer Horizonte in Frage kommen, zu denen es vermutlich auch stärker aktiv war. Im allgemeinen wird aber die Assimilation für verschiedene Fazies der magmatischen Komplexe und für Magmaportionen verschiedenen Volumens und unterschiedlicher Aktivität (Gehalt an flüchtigen Komponenten, Temperaturbedingungen u. a.) entsprechend anders verlaufen.

Schlußbetrachtungen

Bevor wir zu einigen allgemeinen Schlußfolgerungen über das dargestellte Material kommen, will ich zunächst zu der Frage der Anwendung des Aktualitätsprinzips in der Petrographie sowie zu unserer Deutung dieses Prinzips Stellung nehmen. Der Streit über die Herkunft der Granite, der schon seit Werner andauert, hängt weitgehend davon ab, daß man erstens die direkte aktualistische Methode in diesem Falle, wie auch auf viele andere geologische Probleme, nicht anwenden kann, und daß man zweitens dieses Problem durch experimentelle Versuche bisher noch nicht genügend klären konnte. Ich möchte aber erwähnen, daß es durch Anwendung des Aktualismus im Sinne Lyells auf geologische Erscheinungen seinerzeit möglich war, die Theorie der französischen Gelehrten des 18. Jahrhunderts über eine sedimentäre Entstehung der Granite abzulehnen. Man hatte damals auf die Tätigkeit der Vulkane und auf die Ergüsse von Laven hingewiesen. Die große Bedeutung der Arbeiten von Charles Lyell hat seinerzeit Friedrich Engels[1] unterstrichen. Er schrieb, daß „nur Lyell einen gesunden Sinn in die Geologie eingebracht hat, indem er die durch eine Laune des

[1] Engels, F.: Dialektik der Natur. — Gospolitisdat, 1950, S. 9.

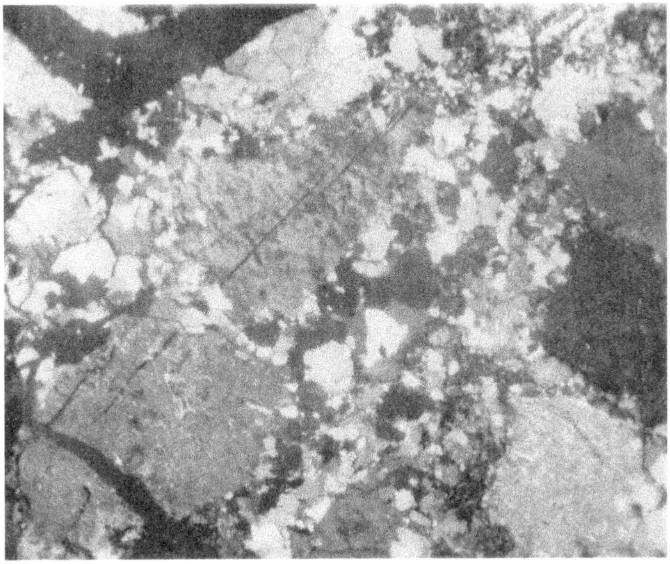

Abb. 8. Altpaläozoischer feinkörniger Granitporphyr. Der Granit ist vergneist und mylonitisiert. KNa-Feldspateinsprengling mit reichlich perthitischen Albitkonkretionen. Probe 145/50. Gekreuzte Nicols, Vergr. 20 ×

Abb. 9. Amphibol- und biotithaltiger grobkörniger Granodiorit mit Granitstruktur. Probe 46/50. Gekreuzte Nicols, Vergr. 20 ×

Abb. 10. Pegmatitgranit. Probe 22/50. Gekreuzte Nicols, Vergr. 20 ×

Schöpfers hervorgerufenen plötzlichen Revolutionen durch die ständige Wirkung langsamer Umwandlungen der Erde ersetzt".

Nun ist es zwar allgemein üblich, den Aktualismus mit LYELLS Namen zu verbinden, doch erwähnt er diesen Terminus nicht in seinen „Principles of Geology", noch gibt er eine genaue Definition[1]. Man nimmt aber weiterhin an, daß dieses seit dem 18. Jahrhundert bekannte Prinzip von LYELL ausgearbeitet ist. LEWINSON-LESSING hat die große Bedeutung eines grundsätzlichen Verhältnisses zu der Bedeutung gegenwärtiger geologischer Prozesse für die Geologen anerkannt und hat schon im Jahre 1923 (S. 14 u. 15) geschrieben: „Der Aktualismus bedeutet nichts anderes, als daß der Schlüssel zur Erklärung der Vergangenheit in der Untersuchung der Gegenwart liegt. Bei der Erforschung sogenannter Umwälzungen in der Erdgeschichte darf man nicht zu hypothetischen, besonderen und dazu noch übernatürlichen Kräften Zuflucht suchen, da hierfür auch die heutigen Faktoren genügen, wenn man ihnen nur eine genügende Zeitspanne läßt. Das Summieren kleiner Wirkungen in langen Zeiträumen kann einen sehr starken Effekt hervorrufen." Interessant ist, daß auf die Notwendigkeit der Untersuchung geologischer Prozesse zur Erklärung früherer geologischer Umwälzungen schon M. W. LOMONOSSOW 1736 (in seinem Werk „Über die Schichten der Erde") hingewiesen hat.

Weiter bemerkt LEWINSON-LESSING: „... auf der Grundlage des Aktualitätsprinzips, das man als einen der wichtigsten Fortschritte in der Geologie ansehen kann, entstand der Uniformismus oder die Lehre von der Einheitlichkeit, nach der sämtliche geologischen Erscheinungen nicht nur nach den gleichen Gesetzen, sondern sozusagen auch in der gleichen Geschwindigkeit wie in der Gegenwart verlaufen sind. Diesen Uniformismus vertrat auch die 1807 gegründete Londoner Geologische Gesellschaft. Vom gleichen Prinzip ließ sich auch LYELL leiten. Er lehnte nicht nur eine Existenz von Kräften in vergangenen Epochen ab, die sich von den heute wirkenden unterscheiden, sondern verneinte sogar die Möglichkeit einer größeren Intensität dieser oder jener Kraft in irgendeinem vergangenen Abschnitt der Erdgeschichte".

Bei der Vorbereitung zur „Tagung über Sedimentgesteine" und in den Vorträgen auf der Tagung selbst haben die sowjetischen Geologen den Begriff des Aktualismus und den Wert dieser Methode für die Geologie klar umrissen.

In den Beschlüssen der „Tagung über Sedimentgesteine und über nutzbare sedimentäre Rohstoffe" vom Jahre 1952 steht, daß der Aktualismus im Sinne LYELLS (Uniformismus) für die sowjetische geologische Wissenschaft nicht annehmbar ist. Die Methode des Vergleichs der Gegenwart mit der Vergangenheit jedoch, die auch in Arbeiten russischer Geologen häufig als „Aktualitätsmethode" bezeichnet wird, müsse bei der historisch-geologischen Untersuchung beibehalten werden.

Auf Grund der stattgefundenen Diskussionen während der Tagung müssen die sowjetischen Geologen zur Erforschung der Vergangenheit die Erkenntnisse über die heutigen, gegenwärtig verlaufenden geologischen Prozesse heranziehen. Das

[1] LYELL, CH.: Principles of Geology. — Vol. 1, 1866.

wird dann die aktualistische Behandlung der Naturerscheinungen sein. Die auf der marxistisch-leninistischen Methodologie begründete Weltanschauung verpflichtet jedoch die sowjetischen Geologen, konsequent gegen den Uniformismus (die Konstanz der geologischen Erscheinungen) aufzutreten und das Prinzip einer fortschreitenden Entwicklung als Grundlage für das Verstehen der geologischen Geschichte der Erdrinde anzuerkennen. Bei einer solchen Auffassung des Aktualismus fallen natürlicherweise alle Unklarheiten in seiner Deutung und Auslegung fort, die durch das Fehlen einer genauen Definition dieses Terminus in der ursprünglichen Auslegung durch unbekannte Autoren begründet waren.

Kehren wir zum Problem der Granitgenese zurück. Es ist nicht möglich, die Bildung großer Granitmassen durch Differentiation eines basischen Basaltmagmas zu erklären. Das hat zu unterschiedlichen Auffassungen über die Existenz zweier oder mehrerer Magmen verschiedener Zusammensetzung, jedoch hauptsächlich eines Basalt- und eines Granitmagmas, geführt.

Wir wollen hier nicht die bestehenden Meinungen über den Aufbau der Erdrinde in größeren Tiefen und die physikalische Natur der mehr oder weniger von allen Geologen anerkannten Sial- und Simaschale behandeln.

Auf Grund der Untersuchung des paläozoischen Magmatismus des Nordkaukasus und einiger anderer Faltungsgebiete der UdSSR können wir überlegen, auf welche Weise sich die paläozoischen Granite in diesen Geosynklinalstrukturen gebildet haben. Wir glauben, daß diese Überlegungen am besten den geologisch-petrographischen Tatsachen gerecht werden. Wir haben die paläozoischen Eruptivgesteine in drei magmatische Komplexe verschiedenen Alters aufgegliedert. In jedem Komplex folgen verschiedenartige Differentiate aufeinander. So werden die starken Unterschiede zwischen den Komplexen durch die Typen der zu diesen Komplexen gehörenden Gesteine und durch ihre mengenmäßigen Verhältnissen deutlich.

Im altpaläozoischen Intrusivkomplex liegen hauptsächlich basische und ultrabasische Gesteine, weniger Tonalite und in ganz geringer Menge saure Differentiate (Granite, Alaskite, Pegmatite und Aplite). Es handelt sich also mehr oder weniger um eine Serie von Differentiaten eines Tiefenmagmas, das in seiner Zusammensetzung näher an Basalte herankommt. Die Restprodukte der Differentiation dieses Tiefenmagmas sind in Form kleiner Körper von Na-Graniten und Alaskiten nach den früheren Differentiaten der Gabbro-Amphibolite, der ultrabasischen Gesteine und der Tonalite intrudiert. Der altpaläozoische magmatische Komplex gibt die gerichtete Entwicklung des magmatischen Tiefenherdes wieder, der zu dieser Zeit im Bereich der kaledonischen Geosynklinale des Kaukasus entstanden ist.

Die mittel- und jungpaläozoischen granitischen und granodioritischen Intrusionen haben sich gleichfalls in mehreren Phasen gebildet. Die Beziehungen der Granitgesteine und der „basifizierten“ Teile ihrer Saumzone lassen sich hier allerdings in keiner Weise in die Vorstellung über die Differentiation des Magmas mit basischer Zusammensetzung einbauen.

Natürlich entsteht die Frage, wie ist das Magma entstanden, das in seiner Zusammensetzung dem Granitmagma nahesteht und von dem als Produkte der Tiefendifferentiation, welche die gerichtete Entwicklung dieses Magmas wiedergibt, Magmen verschiedenen Säure- und Alkaliengehalts, jedoch im allgemeinen zum Typ der Granitmagmen gehörend, in höhere Horizonte intrudierten.

Ich vermute sehr, daß das Granitmagma in dieser Hinsicht aus der Umschmelzung (Anatexis) einer komplizierten Serie von Sedimentgesteinen, einschließlich der in ihnen gelagerten alten Magmatite, hervorgeht. Sie mag an Geosynklinalzonen, möglicherweise mit zusätzlichen örtlichen Quellen der Wärmeenergie (z. B. Radioaktivität), gebunden sein. Derartige Ansichten haben früher F. J. LEWINSON-LESSING (1910), P. ESKOLA, J. J. SEDERHOLM und andere ausgesprochen.

Unsere hier vorgelegte Überlegung über die palingene Entstehung von Granitgesteinen mit nur wenig basischem Material stimmt besser mit den geologischen Tatsachen und allgemeinen Ansichten überein, als die Vorstellung von juvenilen, von Anfang an existierenden Herden des Granitmagmas.

Umrechnungen der mittleren chemischen Zusammensetzung der Sedimentschichten der Erdrinde (nach CLARKE 1924) geben zweifellos nicht die echte Zusammensetzung aller Sedimentgesteine wieder. Man kann nun keine gleichmäßige Reihe möglicher Differentiate aus dieser mittleren Zusammensetzung ableiten, da sie auch im ganzen nicht der Zusammensetzung irgend eines magmatischen Gesteins entspricht, wie seinerzeit LEWINSON-LESSING betont hat. Ich habe eine Reihe möglicher Varianten einer solchen Umrechnung durchgesehen. Es herrscht die Gesteinsreihe von Granodioriten und Dioriten bis zu Gabbros vor. Die mittlere Zusammensetzung der Sedimentserie läßt aber noch die Möglichkeit zu, daß aus ihr in erheblichen Mengen (15 bis 20%) ein Material herausgeschmolzen wird, das dem Graniteutektikum nahesteht.

Bei der Zusammenfassung der oben ausgeführten Überlegungen über die Entstehung der eigentlichen Granitintrusionen des Mittel- und Jungpaläozoikums der Faltungszone will ich die Worte LEWINSON-LESSINGS wiederholen, die er im Jahre 1910 ausgesprochen hat, und die ich schon in einer früheren Arbeit zitiert habe: „Die Quelle, aus welcher seit dem Archäikum die Eruptivgesteine kommen, ist die feste Erdrinde. Ihre einzelnen Bezirke werden periodisch eingeschmolzen. Es beginnen sich Magmen zu bilden. Sie entsprechen entweder den früheren alten Typen der Eruptivgesteine oder werden von diesen durch Differentiation abgeleitet." Unsere Unterlagen zeigen jedoch, daß dieser Entwicklungsprozeß des Magmatismus nicht auf einer einfachen periodischen Umschmelzung der gleichen Gesteine beruht. Die magmatischen Erscheinungen verschiedener Zeiträume sind qualitativ und quantitativ spezifisch. Einige Merkmale dieser Spezifikation, welche die fortschreitende Entwicklung des Magmatismus in der Erdrinde ausdrückt, beginnen sich, zwar noch recht unklar, abzuzeichnen.

Die Naturerscheinungen sind sehr vielfältig. Deshalb kann man den Prozeß der Granitbildung weder in den Rahmen der Kristallisationsdifferentiation noch in den der Granitisierung pressen. Das wird auch in den zu Anfang besprochenen Diskussionsbeiträgen anerkannt. Nur ein weiterer Ausbau experimenteller Arbeiten unter Bedingungen, die der natürlichen Situation möglichst angenähert sind, und eine vertiefte allseitige geologisch-petrographische Erforschung der zeitlichen Entwicklung des Magmatismus, sowohl in Geosynklinalen als auch in Tafelgebieten, wird zur Lösung der vielfältigen Probleme der Petrogenese führen, von denen ein Teil in dieser Arbeit behandelt worden ist.

N. W. Frolowa

Über die Entstehung der archäischen Granite Ostsibiriens[1]

Iswestija Akademii nauk SSSR, geologitscheskaja serija, Nr. 1, str. 28—37, Moskwa 1953

Nach Lagerung und Gefüge sowie nach der Art des Stoffaustausches mit den Rahmengesteinen lassen sich im archäischen Komplex Ostsibiriens zwei Gruppen von Granitkörpern unterscheiden. Den größten Anteil haben konkordante Granitkörper, die aus ultrametamorphen Prozessen hervorgingen. Diskordante Granitkörper sind bei lokalen Einschmelzungen ultrametamorpher Granite entstanden und stellen sekundär-magmatische Granite dar.

In der letzten Zeit sind zahlreiche Arbeiten über das Granitproblem veröffentlicht worden. Meist entscheiden die Autoren dieses Problem allgemein. Sie berücksichtigen dabei weder das Entstehungsalter noch die gesamte geologische Situation, in der die Bildung der Granite stattfand.

Es gibt saure Effusiva und Laven, welche dieselbe chemische Zusammensetzung wie die Granite haben. Das spricht zweifellos dafür, daß eine saure magmatische Schmelze in der Natur bestehen und wandern kann. Wenn eine solche Schmelze bis zur Erdoberfläche dringt und dort erstarrt, so ist es auch möglich, Granitoidintrusionen anzunehmen. Sind jedoch alle Granite auf rein magmatischem Wege entstanden? Sind es Produkte einer sauren Silikatschmelze? Und darf man bei der Lösung dieser äußerst wichtigen Frage das Aktualitätsprinzip anwenden?

N. A. Schatski, J. A. Kossygin u. a. (1951) führen dazu folgendes aus:

„Die Methode, den Grundsatz des Aktualismus in der geologischen Forschung anzuwenden, hat in den Arbeiten sowjetischer Wissenschaftler einen neuen vertieften Inhalt und eine neue Entwicklung erhalten. Sie ist berufen, eine große Rolle ... auch bei den vulkanologischen und tektonischen Untersuchungen zu spielen. So klärte die Erforschung der heutigen Vulkane die Temperaturverhältnisse bei der Bildung von Effusivgesteinen sowie die Rolle der Gase in vulkanischen Prozessen und viele strukturelle Besonderheiten der Eruptivgesteine".

Zweifellos kann man hier zustimmen. Doch haben die gleichen Autoren auch anders geschrieben:

„Wir erkennen die Nützlichkeit und Notwendigkeit an, das Prinzip des Aktualismus bei geologischen Untersuchungen anzuwenden. Wenn wir aber die Auf-

---

[1] Vortrag auf der Plenartagung der Abteilung Geologie und Geographie der Akademie der Wissenschaften der UdSSR vom 2. 2. 1952.

fassung ablehnen, daß sich geologische Prozesse früher wie heute gleichen und sich in Nichts verändert haben sollen, so sind auch die Möglichkeiten bei der Arbeit mit der Methode des Aktualismus begrenzt. Wendet man sie bei der Erforschung der geologischen Vergangenheit an, so ist die Entwicklung (die Evolution) der organischen und anorganischen Welt zu berücksichtigen. Heutige geologische Bedingungen und Prozesse kritiklos selbst in eine nicht weit zurückliegende Vergangenheit zu übertragen, ist nicht richtig. Findet man für geologische Erscheinungen weit zurückliegender Zeitalter Analogien in der Gegenwart, so bietet eine Untersuchung die Möglichkeit, ihr Wesen sehr umfassend und tief zu entschlüsseln. Für manche Vorgänge gibt es gegenwärtig jedoch keinerlei Analogien. Alle Versuche, sie mit Hilfe der Aktualitätsmethode zu erklären, würden falsche Resultate ergeben“ (SCHATSKI, KOSSYGIN u. a. 1951, S. 148 und 149).

Offenbar ist es kein Zufall, daß hauptsächlich bei der gründlichen Erforschung gerade der ältesten Teile der Erdrinde der magmatische Ursprung der Granite abgelehnt wurde und der Gedanke einer allmählichen Granitisierung sedimentärer Serien aufkam. „Je jünger aber die Granitintrusionen sind und je näher zur Erdoberfläche sie sich gebildet haben, um so weniger zweifelt man an ihrer magmatischen Herkunft“ (AFANASSJEW 1951a, S. 16).

Die Entstehung der Granite kann meiner Meinung nach nicht außerhalb von Zeit und Raum betrachtet werden. Nach G. D. AFANASSJEW (1951a) besteht der einzige Weg, die Entwicklung des Magmatismus in der Erdrinde zu klären darin, die gegenseitigen Einflüsse zwischen Eruptiv- und Rahmengestein zu erkennen. Außerdem ist die magmatische Entwicklung von der geostrukturellen Situation abhängig. Natürlich kann man diese Gedanken AFANASSJEWS bejahen. Ich glaube nicht an eine allgemeine Lösung des Granitproblems, die auch nicht erforderlich ist. Man kann und soll auch keine eindeutige Lösung für alle geologischen Zeitalter, vom Beginn des Archäikums bis zum heutigen Tage, anstreben. Denn es ist möglich, daß zu verschiedenen geologischen Zeiten der eine oder der andere Vorgang bei der Granitbildung dominierte.

Meine Erfahrungen bei der geologischen Kartenaufnahme und meine eingehenden Forschungen in präkambrischen Schichten Ostsibiriens sagen mir, daß unser Problem nur zu lösen ist, wenn man für jedes Granitvorkommen alle seine Rahmengesteine, alle Merkmale der geologischen Lagerung und besonders die Zeit seiner Bildung berücksichtigt. Das ist aber sehr wichtig für die Granite des Präkambriums, insbesondere des Archäikums. Man kann sich doch schwer vorstellen, daß in so weit von uns entfernten Zeiträumen (1,5 bis 2,5 Milliarden Jahre zurück) die geologischen Prozesse, darunter auch die Bildung der Granite, in gleicher Weise verlaufen sind wie in den nachfolgenden geologischen Zeitaltern und wie sie sich heute abspielen. Es ist bekannt, daß die allgemeinen Verhältnisse auf der Erde im Archäikum wesentlich anders waren als im Proterozoikum, ganz zu schweigen von noch späteren Formationen der Erdgeschichte.

G. D. AFANASSJEW sagt in seiner Arbeit „Über die Rolle der Granitisierung und die Bildung von Granitoidmassiven einiger Faltungsgebiete“ (1951), daß verschiedenalte Granitoidkörper rein magmatische Erscheinungen zeigen. Gleichzeitig erwähnt er jedoch, daß diese Prozesse im Präkambrium anders sein können. „In der Untersuchung von Graniten in Tafelgebieten habe ich jedoch keine eigenen Erfahrungen. Eine umfassende und allseitige Erforschung der zeitlichen Entwicklung des Magmatismus dieser sehr komplizierten alten Formationen könnte zu einer mehr allgemeinen Lösung des Problems der Bildung von Granitoidmassiven und der Rolle der Granitisierung führen, als ich das Problem auf Grund meiner Studien an verschiedenen paläozoischen Graniten in der Faltungszone des Nordkaukasus sehe“ (1951, S. 17).

Bei der Untersuchung einzelner geologischer Erscheinungen kann man das gesamte Material fast immer in zwei Kategorien unterteilen: 1) Tatsachen, 2) Schlußfolgerungen und Überlegungen. In der zweiten Kategorie werden wohl stets die geologische Vorstellungskraft des Bearbeiters und verschiedene Annahmen eine mehr oder weniger große Rolle spielen: eine größere bei der Erforschung der ältesten Bildungen der Erde, besonders des Archäikums und eine weniger große bei den Erkundungen in verhältnismäßig jüngeren Formationen. In der vorliegenden Arbeit stütze ich mich in der Hauptsache auf das Material der ersten Kategorie, d. h. auf Tatsachen, die mich an einer rein magmatischen Entstehung der überwiegenden Mehrzahl der archäischen Granitkörper Ostsibiriens zweifeln lassen.

Ich darf vorausschicken, daß meine Untersuchung der Granite mit einer Kartierung des sibirischen Archäikums in verschiedenen Maßstäben gekoppelt war. Ich arbeitete mit vielen geologischen Trupps zusammen und erhielt so umfangreiche Unterlagen.

Im Archäikum Ostsibiriens bilden die Relikte altproterozoischer Tafeln, wie das Aldan-Massiv und das Gebiet von Sljudjanka, geotektonische Einheiten. Es nimmt deshalb eine Sonderstellung ein. In seiner bekannten Arbeit über die Tektonik der Sibirischen Tafel bezeichnet N. S. SCHATSKI (1932) das Aldan-Massiv als älteste Einheit. Das stimmt mit den früheren Beobachtungen von W. N. SWEREW (1913, 1931) überein und wird später von D. S. KORSHINSKI (1945), E. W. PAWLOWSKI (1947, 1951) u. a. bestätigt. Nach dem heutigen Stand der Forschung, besonders auf Grund der neuesten Arbeiten von E. W. PAWLOWSKI über die Tektonik Südjakutiens, ist das Aldan-Massiv das älteste Element der Sibirischen Tafel. Hier fehlt nämlich das sedimentäre und magmatogene Proterozoikum. Auf dem gefalteten archäischen Fundament liegt ungestört marines transgressives Unterkambrium. Im Aldan-Massiv hat sich auch regional keine regressive Metamorphose (Diaphthorese) in den archäischen Gesteinen entwickelt. In den anderen, jüngeren Strukturelementen Ostsibiriens sind die archäischen Gesteine mit in die proterozoischen, kaledonischen und noch jüngeren Faltentektogenesen einbezogen worden. Die Rolle und die Bedeutung der retrograden Metamorphose im archäischen Komplex war deshalb recht erheblich. Sie ist regional verbreitet und hat die archäischen Gesteine sehr stark umgewandelt. Das Gebiet von Sljudjanka nimmt eine viel kleinere Fläche als das Aldan-Massiv ein. Auch hier ist das Archäikum von einer Diaphthorese unberührt geblieben.

Solche archäischen Gesteine, welche fast keine späteren Prägungen durchgemacht haben, sind sowohl allgemein geologisch als auch für die Erforschung der Granitentstehung sehr interessant. Das absolute Alter der Ablagerung und Umwandlung des Archäikums ist nicht genau bekannt. Als jüngste Glieder durchsetzen die Alaskitpegmatite alle anderen Gesteine. Sie haben ein absolutes Alter von etwa zwei Milliarden Jahren (Frolowa 1951).

Die archäischen Granite Ostsibiriens, insbesondere insbesondere die Granite des Aldan-Massivs und des Gebiets von Sljudjanka[1], also die Granite in den Relikten der altproterozoischen Tafeln, haben eine Reihe von Eigenheiten. Es handelt sich vorwiegend um grob- und gleichkörnige Alaskite. Untergeordnet kommen Granite mit Biotit-Pyroxen, Hornblende usw. und Trondhjemite vor.

Ein besonderes Merkmal der archäischen Granitbildung ist, daß größere Granitkörper in den archäischen Schichtfolgen fehlen. Wohl sind auf geologischen Karten größere Granitkörper verzeichnet. Es handelt sich aber um Karten mit einem großen Maßstab, die verhältnismäßig wenig Einzelheiten erkennen lassen. Bei detaillierten geologischen Aufnahme- und Erkundungsarbeiten wird man feststellen, daß die großen Granitmassive ja eigentlich nur aus einer Reihe kleiner Granitkörper bestehen, die in verschiedenartigen kristallinen Schiefern, Gneisen und Migmatiten eingeschlossen sind.

Nach der Lagerungsform und ihren Gefügen können die archäischen Granite Ostsibiriens in zwei ihrer Verbreitung nach ungleiche Gruppen unterteilt werden. Die erste will ich wie bisher einfach als konkordante Granitkörper und die zweite Gruppe als diskordante Körper bezeichnen.

Bevor wir zur Charakteristik dieser beiden Gruppen übergehen, möchte ich noch einmal darauf hinweisen, daß die archäischen Paragesteine Ostsibiriens bei aufmerksamer Kartierung, besonders bei Detailkartierung, stratigraphisch gut aufgegliedert werden können. Das ist leicht an den Stellen möglich, wo eine postarchäische tektonische und metamorphe Beanspruchung fehlt. Gewöhnlich ist der Grad dieser Aufgliederung durch den Maßstab der Aufnahme bedingt.

In der Praxis geht man so vor: In den Gebieten, in denen der archäische Komplex noch nicht stratigraphisch unterteilt ist, stellt man eine sogenannte petrographische Karte zusammen. In ihr werden petrographisch isotype Gesteine ausgeschieden. Eine detaillierte und sorgfältige Aufnahme einer solchen Karte zeigt stets, daß petrographisch isotype Gesteine (besonders solche leicht zu verfolgenden Gesteine wie Marmore oder Quarzite) als Schichten ausstreichen. Das geht aus geologischen Profilen quer zum Streichen der Schichten und aus der petrographischen Karte hervor. Die Gesteine im Liegenden und Hangenden eines gut zu verfolgenden Leithorizonts (z. B. einer Marmor- oder Quarzitschicht) bleiben auf einer Fläche von vielen Quadratkilometern dieselben. Die Folge Pyroxengneis, Marmor, Biotitgranatgneis z. B. wird auch in einem anderen Profil der gleichen Karte eingehalten. Freilich kann auch manchmal die Folge umge-

[1] Das gleiche gilt freilich auch für andere Gebiete Ostsibiriens, wie z. B. für die Gebiete Tschara, Kalar, den Ost-Sajan usw.

kehrt sein, wenn die Falten überkippt sind oder liegen. Es verhalten sich also die metamorphen Gesteine des ostsibirischen archäischen Komplexes in ihrer Mehrheit wie gefaltete Sedimente.

Auch die Lagerung verläuft wie in normalen Sedimentgesteinen. Das betrifft alle oder zumindest die meisten kristallinen Schiefer, Gneise und Migmatite des Archäikums in Ostsibirien.

Unter der Lagerung verstehen wir die räumliche Lage des flächigen Parallelgefüges, da die archäischen Gesteine außerordentlich intensiv metamorph sind. Zahlreiche Messungen von Streichen und Fallen dieser Flächen und die geologische Detailkartierung (auch in einer großen Anzahl von Grubenbauen) zeigen, daß sie stets der Schichtung der Gesteine parallel laufen, d. h. den Grenzflächen von Lagen unterschiedlich chemisch-mineralogischen Stoffbestandes. Wir können also annehmen, daß das flächige Parallelgefüge archäischer Paragesteine mit der primären Schichtung identisch ist. Diese Annahme wird durchaus nicht von allen Forschern akzeptiert. So verneint z. B. S. v. BUBNOFF kategorisch eine solche Möglichkeit (1934, S. 80). Er führt aus: „Es ist zu betonen, daß der in den kristallinen Schiefern zu beobachtende Lagenbau (flächiges Parallelgefüge) mit der Schichtung nicht unbedingt gleichgesetzt werden darf". Die Zusammenstellung und Aufnahme petrographischer Karten im Gebiet des Archäikums von Ostsibirien lehrte mich jedoch folgendes: Die überwiegende Mehrzahl der archäischen Bildungen sind Paragesteine. Die meisten ihrer petrographischen Varianten (Marmore, stofflich unterscheidbare kristalline Schiefer, Gneise und ihre Migmatite, Quarzite) verhalten sich genau wie geschichtete Sedimente. Ihr flächiges Parallelgefüge stimmt mit der primären Schichtung überein. Die Messung von Streichen und Fallen dieser Flächen hilft bei der Anlage von geologischen Karten genau so wie die Messung der Schichtung in Sedimenten. So kann man also die Mächtigkeit der einzelnen Schichtpakete, Schichten und Horizonte verhältnismäßig leicht bestimmen.

Je nach dem Grad der stratigraphischen Aufgliederung ist es möglich, Faltenstrukturen mit vielen Einzelheiten zu erkennen. Zuerst legt man die großen Strukturen erster Ordnung vom Typ der Synklinorien und Antiklinorien fest, in deren Bereich dann die Strukturen der zweiten Ordnung auftreten, die gleichfalls einen recht komplizierten inneren Aufbau aufweisen. Falten dritter Ordnung werden gewöhnlich erst durch Detailkartierung erfaßt. Sie haben Wellenlängen von 1 bis 5 km. Die Form der Falten ist in der Regel einfach. Meist sind sie symmetrisch oder überkippt, mit einem Einfallswinkel der Schenkel von durchschnittlich 40 bis 60°. Seltener fallen sie sehr steil oder sehr flach (mit 10°) ein. Häufig sind auch rückgekippte, liegende und fächerförmige Falten. Die Falten dritter Ordnung sind oft noch durch Falten vierter Ordnung kompliziert, die manchmal bis zur Feinfältelung gehen. Der allgemeine Charakter der Faltung ist im Schema der Abb. 1 dargestellt.

Nach dieser kurzen, sehr allgemeinen und schematischen Charakteristik der archäischen sibirischen Paragesteine wollen wir uns wieder den archäischen

Granitkörpern zuwenden. Wir hatten konkordante und diskordante Körper unterschieden.

Die konkordanten Granitkörper sind am verbreitetsten und auch am größten, obgleich sie selten eine Fläche von mehr als 1 bis 2 km² einnehmen. Sie sitzen hauptsächlich in den Faltenscheiteln, besonders in den Gewölbestrukturen von Antiklinalfalten. Im Grundriß erkennt man deutlich ihre konkordante Lagerung[1]. Gewöhnlich stören sie die Geometrie der Faltenstrukturen des Archäikums. Diese Granitkörper der ersten Gruppe haben meistens Randzonen, in denen dieses oder jenes dunkelfarbige Mineral (Biotit, Pyroxen, Hornblende) angereichert ist. Das Vorkommen von dunkelfarbigen Mineralen im Alaskitgranit der Randzonen hängt mit dem Stoffbestand der Rahmengesteine zusammen. Sie finden sich am Kontakt mit Biotit-, Pyroxen-, Hornblendegneisen oder kristallinen Schiefern. Diese Randzonen werden gewöhnlich als die Endokontaktzonen der

Abb. 1. Schema der Faltung des archäischen Paragesteinskomplexes (im Schnitt)

Alaskite des Archäikums bezeichnet. Längs der Peripherie konkordanter Granitkörper sind die Gneise des Rahmens parallel zu ihrem Streichen intensiv migmatisiert. Dabei fällt auf, daß die Einzelschicht oder der Horizont keine größere Mächtigkeit erlangt. Gar nicht migmatisierte Gesteine gibt es in der archäischen Schichtenreihe Ostsibiriens recht selten. Allgemein ist der Grad der Migmatisation verschieden. Stellenweise beträgt die Menge des migmatisierenden Materials mindestens 50 bis 70% vom Gesteinsvolumen. Es ändert sich aber auch an so intensiv migmatisierten Stellen die Mächtigkeit der Schichten nicht. Offensichtlich besteht ein Zusammenhang zwischen konkordanten Graniten und der Migmatisation ihrer Rahmengesteine. Im Streichen eines Gneispaketes verringert sich der Grad der Migmatisation mit der Entfernung vom Granitkörper.

Solche konkordanten Granitkörper kommen recht häufig vor, so daß stellenweise die Felder der die Granite umgebenden Migmatite ganz oder fast ganz zusammenfließen. In der Karte sieht das wie ein Netz mit zahlreichen Zentren aus, in denen diese konkordanten Granitkörper liegen (Abb. 2). Weiter oben wurde schon gesagt, daß sich im Endokontakt gesetzmäßig dunkelfarbige Minerale anreichern. Örtlich kommen solche Ansammlungen auch innerhalb des

[1] Ihre Verbreitung in der Tiefe ist nicht bekannt und es wäre kaum zweckmäßig, sie als Phakolithe zu bezeichnen, wie es W. A. Nikolajew in der Diskussion zu meinem vorliegenden Vortrag vorgeschlagen hat.

konkordanten Alaskitkörpers selbst vor. Hier sind sie gewöhnlich ganz unwesentlich. Die femischen Minerale liegen im Alaskit als Akzessorien. Die Grenze ihrer Verbreitung, etwa mit einer Linie markiert, bezeichnet den früheren Verlauf der Paragesteine. Außerdem besitzen die Alaskite der ersten Gruppe Einschlüsse. Sie kommen nur im Bereich der früheren Paragesteine vor und stimmen räumlich voll und ganz mit der Faltenstruktur des umgebenden Komplexes über-

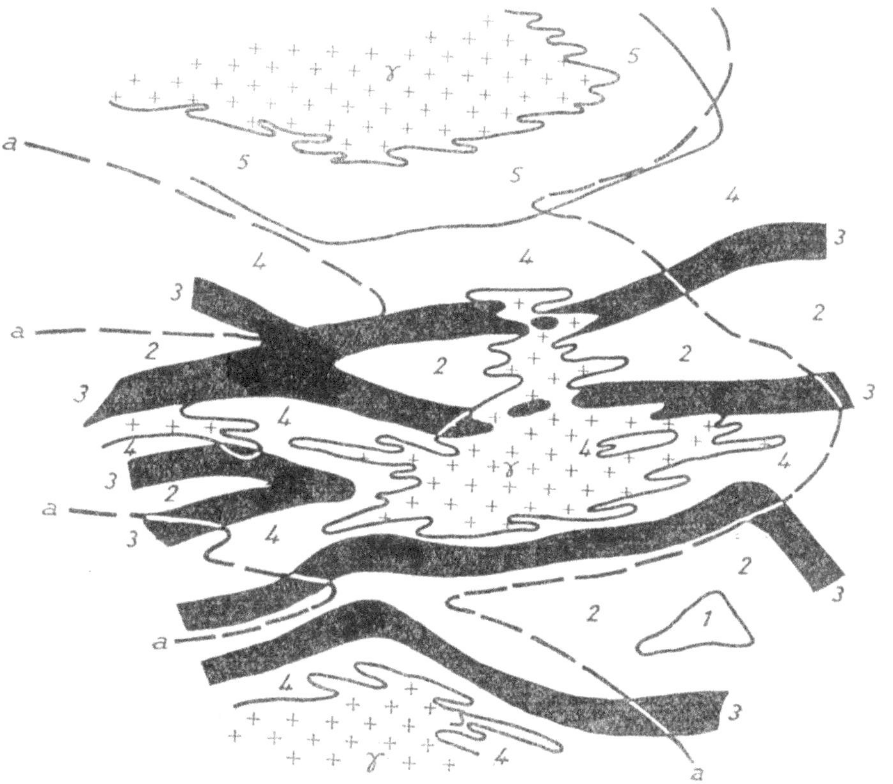

Abb. 2. Netz konkordanter Granitkörper (in Aufsicht) 1 bis 5 — verschiedene Horizonte des archäischen Paragesteinskomplexes; γ = Granite; a-a = Konturen der Migmatisierungsfelder

ein. Diese Xenolithe liegen stets genau auf einer solchen unterbrochenen Linie, welche einen ehemaligen Paragesteinshorizont anzeigt (Abb. 3).

Alle diese konkordanten Granitkörper des archäischen Komplexes in Ostsibirien sind deutlich granoblastisch und merklich vergneist. Ihr Flächiges Parallelgefüge entspricht ganz den Lagerungselementen der umgebenden Paragesteine, d. h. der Schichtung der primären archäischen Sedimente.

Zur zweiten Gruppe der diskordanten Granitkörper gehören noch kleinere Granite und Granitgänge. Ihr Kennzeichen sind die scharf ausgeprägten Kontakte, diskordant zu den Rahmengesteinen. Sie schneiden alle archäischen Bildungen, darunter auch die Granitkörper des ersten Typs. In ihrer chemischen Zusammensetzung gehören sie gleichfalls in der Hauptsache zu den Alaskiten, Trondhjemiten oder Pegmatiten. Die Granite der diskordanten Körper sind gewöhnlich massig und meist pegmatitisch. Bei der Kartierung hat man sie gewöhnlich als Pegmatite oder als Granitpegmatite bezeichnet. Das absolute Alter der archäischen Bildungen Ostsibiriens wird zur Zeit an diesen diskordanten Pegmatiten ermittelt.

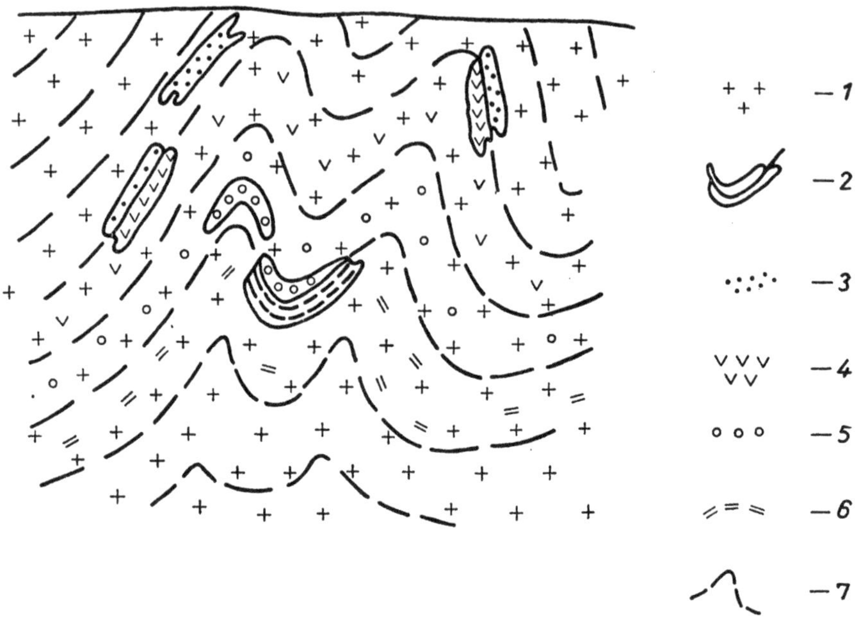

Abb. 3. Schema der Innenstruktur der konkordanten Granitkörper (im Schnitt) 1 — Granit; 2 — Konturen der Gneis- und Schieferxenolithe verschiedener Zusammensetzung; 3 — Hornblende; 4 — Pyroxen; 5 — Granat; 6 — Biotit; 7 — Verlauf des flächigen Parallelgefüges

Soweit unsere Beobachtungen über die zwei Arten von Granitkörpern in Ostsibirien. Ich darf noch erwähnen, daß die altproterozoischen Granite (in gleicher Weise wie die noch jüngeren jungproterozoischen und kaledonischen Granite) riesige Flächen einnehmen. Sie haben scharfe Grenzen und deutliche Kontakterscheinungen. Doch habe ich diese postarchäischen Granite nicht untersucht.

Absichtlich beschreibe ich hier die Geologie der archäischen Granitkörper. Denn jedem Geologen, der im Archäikum des Baikal-Berglandes, des Ost-Sajans und des Aldan-Massivs gearbeitet hat, werden diese besonderen Merkmale sofort aufgefallen sein. Diese Belege ließen mich an der rein magmatischen Entstehung der archäischen Granite Ostsibiriens zweifeln. Meine geologischen Beobachtungen werfen eine Reihe von Fragen auf.

Wenn die archäischen Granite magmatisch sind, wenn also eine Granitschmelze in die ältesten Paragesteine eindrang, so erhebt sich die Frage, warum die Intrusion, wie langsam sie auch erfolgt sein mag, die Struktur des Faltenkomplexes gar nicht gestört hat. Muß nicht eine genügend zähe Schmelze die Einschlüsse von Rahmengestein aus ihrer primären Lage drehen? Warum nehmen die einzelnen Horizonte der Paragesteine durch die örtliche, sehr kräftige Migmatisation nicht an Mächtigkeit zu? Allgemein wird die Existenz einer Sialzone der Erde angenommen. Sie soll sich noch in einem präarchäischen, vorgeologischen Zeitraum der Erdgeschichte gebildet haben und gilt als der Herkunftsort der magmatischen Schmelzen, die in die archäischen Paragesteine eingedrungen sind. Das würde bedeuten, je näher die alten Paragesteine im stratigraphischen Profil zum primären Sial liegen, um so mehr Granite müßten in ihnen enthalten sein und um so größere Flächen von Graniten müßten dort vorkommen. Das trifft jedoch, wie schon gesagt, nicht zu. Die postarchäischen (proterozoischen, kaledonischen) Granitkörper sind erheblich größer und mächtiger als die archäischen. Darf man deshalb noch an der Auffassung festhalten, daß alle archäischen Granite aus magmatischen Schmelzen kristallisierten? Liegen unter dem Archäikum durchgehende Granitmassen, deren Verwitterungsprodukte die archäischen Sedimente aufbauen?

Es ist zweifellos kein Zufall, daß I. D. Tscherski, einer der ersten großen Erforscher der Geologie Sibiriens, „von einem fast völligen Fehlen der Eruptivgesteine" spricht. Er hatte die komplizierten Wechselwirkungen der kristallinen Kalksteine, Gneise und Granite sowie ihre Übergänge ineinander studiert. Alle „Einbrüche, Eruptionen und Episoden" lehnte er ab. Er nahm an, daß „seit ältesten Zeiten nur unscheinbare Wassertropfen ungleichmäßig durch die Gesteine sickerten und alle Umwandlungen verursachten ..." Er zählte die kennzeichnenden Vertreter der Sedimente und Massengesteine auf und schloß sich den Verfechtern der Theorie einer direkten Bildung aus einer übersättigten Lösung eines stark erwärmten Urmeeres an. Eine spätere hydrochemische Metamorphose lehnte er offenbar nicht ab. Eruptivcharakter kannte er nur den jüngeren Basalten im Südteil des Baikalsees und einigen Aphaniten zu, die eindeutig als Ganggesteine vorkommen (Obrutschew 1939, S. 229).

Wir können natürlich heute nicht vollkommen den Ansichten von I.D.Tscherski beipflichten und können seinen Standpunkt nicht uneingeschränkt teilen. Wir können nicht annehmen, daß „durchsickernde Wassertropfen alle Umwandlungen der archäischen Gesteine verursachten". Unwillkürlich denkt man hierbei jedoch an die Darlegungen von F. J. Lewinson-Lessing in seiner Arbeit „Fortschritte der Petrographie in Rußland" (1950).

„Auf Grund besserer Untersuchungsmethoden, einer umfangreichen Sammlung von Tatsachenmaterial und der Entwicklung bestimmter Kenntnisse entstehen neue Probleme, während die alten eine andere Bedeutung erfahren. Die früheren Verallgemeinerungen und Schlüsse verlieren unter dem Ansturm und dem Druck neuer Tatsachen oder Hypothesen manchmal vollkommen den Boden unter den Füßen, um für immer als veraltet abseits zu bleiben; manchmal jedoch ruhen sie für eine Zeit, um dann unter den belebenden Strahlen neuer Lichtquellen wiederum zu erwachen. In der Geschichte jeder Wissenschaft gibt es viele Beispiele einer Rückkehr zu alten, eine Zeitlang vergessenen Hypothesen, Schlußfolgerungen und Problemen. Was noch vor kurzem als überlebtes Archivmaterial galt, erhält neuen Wert. Manchmal kommt man nicht nur einmal, sondern fast periodisch auf alte Probleme zurück, wenn sich neue Wege zu ihrer Klärung oder Lösung auftun. Die Geschichte der Petrographie ist ein Beispiel dafür" (Lewinson-Lessing 1950, S. 13).

G. D. Afanassjew (1951a) beschuldigt mich, daß ich die transformistische Auffassung einiger ausländischer Autoren ohne entsprechende Kritik übernommen habe. Ohne Beweise anzuführen, habe ich die Existenz juveniler Granite, einer Granitschmelze, sogar einer palingenen Schmelze, abgelehnt. In meiner Arbeit (Frolowa 1950, S. 15), auf welche sich G. D. Afanassjew bezieht, ist gesagt: „Die Untersuchung der ältesten archäischen Schichtfolgen Südostsibiriens führte mich zu dem Schluß: Es gibt kein saures juveniles Magma, und es gibt auch keine primären Granite, aus denen sich angeblich erstmalig in der Erdgeschichte Sedimentgesteine gebildet haben. Vermutlich kommt nur ein juveniles basisches Magma vor, das zur Simazone der Erde gehört. Von hier kommen alle Sialgesteine. Das eigentliche Sial kann auch erst in der geologischen Periode der Erdgeschichte entstanden sein. Die meisten Granite und anderen sauren und neutralen Eruptivgesteine stellen sekundäre Gesteine dar ..., deren Hauptanteil durch Granitisierung (Ultrametamorphose) und Palingenese entstanden ist".

Meine Untersuchung der archäischen Bildungen Ostsibiriens lehrte mich, daß die Bildung der Sialschale der Erde erst zu Beginn des Archäikums anfing und daß es keine primären Granite gibt, welche die Substanz für spätere Sedimente geliefert haben könnten. Weiter folgerte ich, daß die ersten primären Granite erst gegen Ende des Archäikums vorwiegend auf dem ultrametamorphen Wege entstanden sind.

In meinen in der Zeitschrift „Priroda" und in den „Abhandlungen der Staatlichen Universität zu Irkutsk" veröffentlichten Arbeiten (Frolowa 1950, 1951) wollte ich diskutieren, ob sich die archäischen Paragesteine Ostsibiriens etwa aus basischen Gesteinen vom Basalttyp ableiten lassen, weil ich ja annehme, daß vor dem Archäikum Produkte der Simazone an die Erdoberfläche gelangt sind und eine Bildung der Sialschale erst im Archäikum begann. Ich kann natürlich nicht beurteilen, ob diese Überlegungen überzeugen. Doch halte ich eine solche Entstehung der ersten Sedimentgesteine für möglich. Meine Arbeit über diese Frage erschien 1950. Interessant ist deshalb eine kurze Mitteilung im „Bulletin of the Geological Society of America" von Ende 1951 über eine Arbeit von J. E. Gill. Der Autor folgert, daß die Serien archäischer Gesteine in Kanada aus der primären basischen, aller Wahrscheinlichkeit nach aus Basalten bestehenden Rinde entstanden sind (S. 1442).

Weiterhin scheint mir, daß die Metamorphose der archäischen Paragesteine Ostsibiriens mit der Granitisierung gekoppelt war, die gleichzeitig in vielen

Zentren auftrat, in denen heute die konkordanten Granitkörper der Alaskite vorkommen. Die Granite der Umgebung mit den dunkelfarbigen Mineralen, die Migmatite und die mannigfachen Gneise und kristallinen Schiefer sind „unvollkommen granitisierte" Gesteine verschiedener Abstufung. Gegenwärtig ist es noch schwierig, den gesamten Verlauf der Granitisierung zu beleuchten. Doch erklärt wohl am einfachsten eine Ionendiffusion im festen Zustand die Bildung solcher konkordanten Granitkörper mit flächigem Parallelgefüge.

Die Entstehung der diskordanten Granite ist meiner Meinung nach schon anders. Vermutlich haben bei der allmählichen Granitisierung, die bei der Ultrametamorphose der archäischen Paragesteine vor sich geht, die Gesteine lokal den Charakter einer Schmelze angenommen. Diese Schmelze wurde nun auf Spalten und Klüften in darüberliegende Horizonte gepreßt, wo sie als magmatische Granitkörper erstarrt sind.

Auch im Archäikum ist also eine Granitbildung durch Auskristallisation aus einer Schmelze möglich. Das gleiche, zweifellos in viel größerem Umfang, mag auch für postarchäische geologische Zeitalter gelten. Aller Wahrscheinlichkeit nach entstanden ultrametamorphe Granite in so großen Mengen nur im Archäikum, weil hier wohl besondere Verhältnisse vorlagen. Sie wurden im weiteren Verlauf der Erdgeschichte immer mehr durch rein magmatische Granite ersetzt. Das Material für die Entstehung solcher Schmelzen kann entweder archäisch oder jünger sein.

W. S. Koptew-Dwornikow

Über die Hybridisation an Beispielen einiger Granitintrusionen im Paläozoikum Zentralkasachstans

Trudy instituta geologitscheskich nauk, wyp. 148, geol. serija (Nr. 44), str. 112—155, Moskwa 1953

INHALT

Einleitung

Am geologischen Aufbau Zentralkasachstans haben sowohl vulkanogene Serien mit basischen und neutralen Laven als auch Intrusionen von Granitoiden starken Anteil.

Die vulkanogenen Gesteine sind im Vergleich zu den Graniten sehr unterschiedlich zusammengesetzt. Da beide Gesteinstypen häufig aneinander grenzen, darf man annehmen, daß die Untersuchung solcher Verhältnisse gute Einblicke in die Vorgänge der Hybridisation ermöglichen wird. In der Literatur sind jedoch diese Erscheinungen entweder ungenügend begründet oder aber nur oberflächlich erwähnt. Mehr oder weniger ausführlich hat sie für Zentralkasachstan nur O. S. Polkwoi (1941) behandelt.

Seinerzeit (1940) haben wir für Zentralkasachstan den Begriff des Intrusivkomplexes eingeführt. Gegenwärtig unterscheiden wir für das Paläozoikum Zentralkasachstans eine Reihe verschiedenalter intrusiver Granitkomplexe:

1. den kambrischen (?),
2. den gotlandischen,
3. den unterdevonischen,

4. den oberdevonischen,
5. den karbonischen,
6. den permischen Komplex.

Unter einem Intrusivkomplex verstehen wir die Gesamtheit aller Intrusivgesteine, die sich in weitem Sinne des Wortes fast gleichzeitig gebildet haben. Sie sind Derivate eines magmatischen Herdes, der im Zusammenhang mit einem bestimmten Abschnitt tektonischer Bewegungen entstand und tätig war. Fast in jedem Intrusivkomplex finden wir Intrusionen mit verhältnismäßig einfachem Aufbau, d. h. solche, in denen die intrusive Hauptfazies entweder aus Graniten oder Granodioriten besteht. Danach folgen Massive, in deren Aufbau außer den Graniten auch Granodiorite, Granosyenite, Syenitdiorite u.a.m. eine mehr oder weniger große Rolle spielen. Von diesen Intrusionen gehen wir zu solchen über, die fast gänzlich aus Gesteinen gabbrodioritischer Zusammensetzung bestehen. Genetisch hängen sie mit dem Granitmagma zusammen. Das geht aus der petrographischen Untersuchung der Gesteine hervor. In der Regel liegen die stärker basischen Intrusivgesteine in den Randteilen der Massive, d. h. sie bilden ihre Endokontaktfazies. Eine solche Vielfalt an Gesteinstypen beruht gewöhnlich auf Differentiationsprozessen oder auf einer Umwandlung des Nebengesteins durch das Magma.

In der vorliegenden Arbeit wollen wir hybride Erscheinungen beim Zusammentreffen von Granitmagma mit vulkanogenen Dachgesteinen behandeln. Ich führe hauptsächlich Beispiele aus dem Nordteil Zentralkasachstans an, wo Derivate dreier Intrusivkomplexe die Hauptrolle spielen. Der erste davon, der Gotlandiumkomplex, besteht aus großen und kleinen Intrusionen mit schwankendem granodioritischem Chemismus. Zum zweiten, unterdevonischen Komplex, gehören große Intrusionen granitischer Zusammensetzung, und dem dritten, dem oberdevonischen Komplex, sind die Alaskitintrusionen zuzuordnen. Das Material ist von uns nicht nach dem Alter geordnet. Vielmehr gilt die Reihenfolge: zuerst die Intrusionen mit schwach ausgeprägter Hybridisation, dann solche, in denen sie eine große Rolle spielen.

I. Intrusionen mit schwacher Hybridisation

Zuerst sollen die devonischen Granitintrusionen behandelt werden. Es sind dies die Intrusionen von Borowoje, Dshukei, Bulandino u. a.. Typisch ist der Aufbau der Borowoje-Intrusion. In Aufsicht hat sie eine rundliche Form mit einem Durchmesser von etwa 15 km. An den östlichen und südöstlichen Grenzen des Massivs liegen Quarzite, an den südlichen und westlichen Grenzen Quarzite und Porphyroide, die in vielen Fällen zu Injektionsgneisen umgewandelt wurden. Am nordwestlichen Kontakt kommt eine Grünsteinserie vor. Alle Gesteine sind stark disloziert. Ihr größter Teil, mit Ausnahme der Grünsteinserie, gehört wahrscheinlich in das untere Paläozoikum. Der Granit hat lediglich die Grünsteine thermometamorph verändert. Sie sind im Bereich eines Streifens von 100 bis 150 m Breite in Hornfelse umgewandelt. Der Aufbau der Intrusion ist nicht kompliziert. Die Endokontakt-Randzonen (in einer Breite bis zu 3 km) sind mit Ausnahme des Südrandes aus rosagrauen, mittelkörnigen Hornblende-Biotitgraniten zusammengesetzt. In Richtung zum Zentrum werden sie allmählich durch leukokrate graue und rosafarbene, grobkörnige porphyrartige Hornblende-Biotit- und Biotitgranite abgelöst. An den Kontakten der Intrusion ist in den Graniten stellenweise deutlich eine Erhöhung des Gehalts an farbigen Komponenten bemerkbar. Sie gehen in Granodiorite über.

Der Tonerdegehalt ist veränderlich. Er beträgt zwischen 75 und 88% in den Biotitgraniten und zwischen 71 und 74% in den Graniten der Randteile. Der Gehalt an Oxyden vom RO-Typ liegt bei 2 bzw. 3,5%. Die Gesamtmenge der Alkalien in den Graniten bleibt gleich und beträgt etwa 8,5%. In den Biotit-Varietäten überwiegt K_2O (5,47%) merklich über Na_2O.

Die Hornblende-Biotitgranite der Randzone enthalten reichlich Xenolithe mit Dimensionen bis zu 10 cm, manchmal jedoch bis zu einigen Dezimetern. Ihre Form ist rundlich, die Grenzen sind deutlich. Manchmal sind die Granite in der Nähe der Xenolithe mit farbigen Mineralen angereichert. Die Xenolithe sind feinkörnig, sie enthalten viel Biotit oder Hornblende und sind dermaßen stark umgewandelt, daß sie unter dem Mikroskop den Eindruck hypidiomorpher feinkörniger Ganggesteine vom Typ der Diorite, Quarzdiorite oder Granodioritporphyre machen. Der Quarz und der manchmal anwesende Mikroklin sind unregelmäßig verteilt. In Plagioklasansammlungen kann man noch blastische Gefüge bemerken. Jedoch weist der Oligoklas gegenüber Quarz und Mikroklin stets eine gut ausgeprägte Idiomorphie auf. Von farbigen Mineralen überwiegt bald Biotit, bald Hornblende. Unter den Akzessorien ist viel Apatit, manchmal auch Titanit vorhanden.

Man kann einen Abbau großer Xenolithe in kleinere und ihre Assimilation durch das Magma feststellen. Anzahl und Zusammensetzung der Xenolithe sind weder von der Gesteinsart der Endokontakte noch vom Abstand zu den Grenzen der Intrusion abhängig. Xenolithe des erwähnten Typs liegen nur wenige Zentimeter von den Kontakten mit verschiedenartigen Gesteinen entfernt. Außerdem kommen sie in Gängen der typischen Borowoje-Granite vor, welche die Injektionsgneise in 1 km Entfernung von der Intrusion schneiden. Die hier angeführten Tatsachen lassen eine Tiefenherkunft der Xenolithe der Borowoje-Intrusion vermuten. Ihre Menge kann ein Beweis dafür sein, daß das Nebengestein längs der Migrationswege des aufsteigenden Magmas zertrümmert worden ist und daß die Bruckstücke hochtransportiert wurden. Die stärker melanokraten Randgranite sind deutlich an das Auftreten von Xenolithen gebunden. Sicherlich haben bei ihrer Bildung hybride Prozesse mitgewirkt.

Ähnliche Tatsachen haben wir in den dem Borowoje-Massiv benachbarten Massiven von Dshukei und Bulandino gefunden. Die Granite grenzen hier an Porphyrite. Es bleibt jedoch unklar, ob aus ihnen die Einschlüsse bestehen.

Für die Gesteine des Dshukei-Massivs liegen folgende Daten ihrer quantitativ-mineralogischen Zusammensetzung vor (Tabelle 1).

Ein sehr gutes Beispiel bietet die Selety-Intrusion, die A. W. Glaskowskaja und P. N. Kropotkin (1940) beschrieben haben. Diese Intrusion liegt 100 km nordöstlich von Akmolinsk, am Fluß Selety und seinen Nebenflüssen Kedei u. a. Die Intrusion schneidet eine vulkanogene Jaspis-Quarzit- und die Grünsteinserie des Ordoviziums (?) sowie die grünsteinartigen tuffogenen Gotlandiumsandsteine. Der zentrale Teil des Massivs setzt sich aus rosagrauen Graniten zusammen, die

TABELLE 1

Quantitativ-mineralogische Zusammensetzung der Gesteine des Dshukei-Massivs (in Volumenprozenten)

Minerale \ Gesteine	Quarzdiorit			Granodiorit	Granit				
Quarz	6,8	19,0	10,6	27,8	22,2	32,2	34,6	36,1	38,8
Mikroklin	—	6,3	13,5	13,3	48,7	40,6	38,5	18,8	39,7
Plagioklas	73,8	59,9	73,0	53,6	19,7	26,2	26,8	44,2	20,4
Biotit	15,9	9,4	2,0	4,6	2,4	1,0	0,1	0,7	1,0
Hornblende	0,2	5,2	0,8	0,4	5,8	—	—	—	—
Akzessorien	0,6	0,2	0,1	0,3	1,2	Spuren	Spuren	0,2	0,1
Serizit	2,2	—	—	—	—	—	—	—	—
Kalzit	0,5	—	—	—	—	—	—	—	—
Summe	100	100	100	100	100	100	100	100	100

TABELLE 2

Quantitativ-mineralogische Zusammensetzung der Gesteine der Selety-Intrusion (in Volumenprozenten)

Minerale \ Gesteine	Leukokrater Granit	Biotit-Hornblendegranit	Übergangsgranit zum Granodiorit	Granodiorit
Quarz	33	25	23	16
Kalifeldspat	38	35	29	18
Plagioklas	28	29	36	52
Amphibol	—	5	8	10
Biotit	1	6	4	4
Summe	100	100	100	100

in Richtung zur Peripherie von grauen Granodioriten und stellenweise von Dioriten und Syeniten abgelöst werden. Die Gesteine der Randteile enthalten sehr viele stark veränderte Xenolithe und unterscheiden sich durch zahlreiche Anhäufungen farbiger Minerale. Die Autoren vermuten, daß das Magma das Nebengestein unter Bildung von Granodioriten assimiliert hat. Interessant ist, daß die im Kontakt mit den Skarngesteinen entwickelten Diorite Diopsid, und die im Kontakt mit Porphyriten befindlichen Diorite nur Hornblende enthalten. Die modale Zusammensetzung der Gesteine weist genau wie auch im Dshukei-Massiv allmähliche Übergänge auf (Tabelle 2). Diese Beispiele sehen wir als Fälle einer relativ schwach ausgeprägten Hybridisation an. Sie könnten durch Hinweise auf die Granitintrusionen der Koktschetau-Hebungszone vermehrt werden. Weitere Orte liegen im Iwanow-Massiv östlich der Stadt Koktschetau, im Koktschetan-Massiv nordöstlich der Stadt, im Schalkar-Massiv (Schalkar-See) oder im Nordostteil Zentralkasachstans am Oberlauf des Flusses Tschagan oder an den Nord- und Südhängen des Tschingis-Gebirges. Hier herrschen devonische Intrusionen vor. Es gibt aber auch jungpaläozoische Intrusionen.

II. Beispiele kaledonischer Intrusionen mit starker Hybridisation

Von Interesse für stärker ausgeprägte Hybridisation des Granitmagmas sind die Intrusionen des gotlandischen Komplexes in Nordkasachstan. Diese Intrusionen bestehen aus großen und kleinen magmatischen Körpern. Die letzteren sind unserer Meinung nach Satelliten der ersten.

Ein sehr großer Teil der Intrusion fällt in die Kategorie der Massive zweiter Größe. Die größten unter ihnen sind die Massive von Krykkuduk und Arkalyk. Sie erreichen Aufschlußflächen von 1000 bzw. 1500 km². Im Schema ist der Aufbau der großen Intrusionen gleichmäßig. Gabbroide und dioritische Gesteine kommen in Endokontaktfazies vor, aber auch dort, wo das Dach tief in die zentralen Teile hineingebogen ist. Hier finden wir die Hauptfazies. Sie besteht aus Granodioriten und manchmal aus Graniten. Bei den kleinen Intrusivkörpern, die dem Gotlandium-Komplex zugeordnet wurden, handelt es sich um kleine Stücke, deren Anschnittsflächen gewöhnlich unter einem Quadratkilometer bleiben In den besser untersuchten Fällen hat man festgestellt, daß sie an Bruchdislokationen gebunden sind. Sie haben eine ovale oder gestreckte Form. Die Zusammensetzung der Gesteine der kleinen Intrusivkörper ist sehr unterschiedlich. Verschiedenartige hybride Diorite und Quarzdiorite mit Pyroxen herrschen vor. Sie gehen einerseits in Granodiorite und andererseits in Gabbrodiorite und Gabbros über. Charakteristisch ist der häufige und rasche, unregelmäßige Wechsel von Gesteinstypen. Die Grenzen weisen keine Verbindung mit den Umrissen der Intrusivkörper selbst auf.

Die gotlandischen Intrusionen sind fast ausschließlich in Grünsteine eingelagert und haben diese mehr oder weniger intensiv zu Hornfelsen geprägt.

Es soll nun eine Intrusion beschrieben werden, die in der sedimentär vulkanogenen Grünsteinfolge des Caradoc steckt. Die Folge besteht aus teilweise basaltischen, jedoch vorwiegend andesitischen Porphyriten und ihren vulkanischen Brekzien und Tuffen. Die Tuffe gehen im Hangenden in eine Serie tuffogener Sandsteine und Aleurolithe über, die mit kieselig-tonigen Schiefern wechsellagern.

Die Dachgesteine sind stark gefaltet und werden vom Intrusionsstock durchbrochen, dessen größerer Teil aus hellgrauen, massigen, gewöhnlich leicht porphyrartigen mittelkörnigen Biotit-Hornblendegranodioriten zusammengesetzt ist.

Im Nordwestteil des Massivs gehen in einem kleinen Bezirk die Granodiorite bei Verlust der Hornblende in normale Biotitgranite über, die Albit-Oligoklas oder sauren Oligoklas (bis 25% An) enthalten. In den Granodioriten ist der Plagioklas ein basischer Oligoklas mit 28 bis 33% An. Von farbigen Mineralen herrscht Hornblende vor. Der Kalifeldspat ist ein Mikroklin mit schwachem Gitter. Die

Granodiorite sind nicht einheitlich. Es kommen äußerlich nicht erkennbare Tonalite und Varietäten mit erhöhtem Gehalt an farbigen Komponenten als Quarzdiorite vor.

1. Der Exokontakthof der Intrusion

Die Intrusion hat die Grünsteine aus dem Nebengestein kontaktmetamorph in Hornfelse umgewandelt. Die größte Breite bis zu 0,5 km erreicht der Kontakthof im Nordwestteil des Massivs. An den übrigen Stellen bleibt er gewöhnlich unter 200 m.

Wir können folgende stoffliche Veränderungen der Hornfelse in Richtung auf die Intrusion feststellen. Zunächst scheinen die tuffogenen Sandsteine, die aus dem Material der andesitischen Porphyrite bestehen, sowie die Porphyrittuffe äußerlich unverändert. Unter dem Mikroskop entdeckt man jedoch geringe Mengen von Hornfelsquarz und Schuppen aus chloritisiertem Biotit. Zwischen dem Quarz liegen manchmal sehr schmale Kalifeldspäte und kurze Apatitprismen. Der primäre Plagioklas der tuffogenen Sandsteine ist gewöhnlich unter Bildung von Epidot und Serizit albitisiert und bleibt nur in seltenen Fällen unverändert (Andesin). Außerdem kommt aktinolithischer Amphibol pseudomorph nach Pyroxen vor.

In größerer Nähe zur Intrusion bilden sich dann massige, schwarze oder dunkelgraue, dichte Hornblendehornfelse sowie grüngraue Pyroxen-Hornblendehornfelse. Beide Hornfelstypen sind nicht gesetzmäßig — etwa irgendwie zonal — im Raume angeordnet. Sie gehen allmählich ineinander über und wechseln einander in kurzen Abständen ab. In Kontaktnähe beobachtet man deutlich eine intensive Amphibolisation der Pyroxenhornfelse. Sie hängt mit Injektionen von Granitmaterial in die zertrümmerten und umkristallisierten Hornfelse zusammen. Beachtlich ist der hohe Gehalt an Hornblende, der über den Gehalt an farbigen Mineralen im Ausgangsgestein hinausgeht. Er kann eigentlich nur durch Intrusionseinwirkung erklärt werden. Die Bildung von dünnschuppigem Biotit, Kalifeldspat, Apatit, Erzmineral und Titanit ist ohne Zweifel auch das Ergebnis einer Stoffzufuhr.

In den Hornblende- und Pyroxen-Hornblendehornfelsen ist der Plagioklas der Ausgangsgesteine noch erhalten. Er kommt im Westen als Andesin und an den nordöstlichen Kontakten, wo stellenweise Aufschlüsse basischer Porphyrite bekannt sind, als Labrador vor.

Pyroxen-Hornblendehornfelse sind etwas gröber körnig und zeigen weniger Reliktstrukturen von Ausgangsgesteinen. Sie haben granoblastische Strukturen und einen hohen Gehalt an farbigen Mineralen. Er beträgt bis zu 80%. 25 bis 30% des Gesteinsvolumens nimmt der Pyroxen ein.

In der Westhälfte des nördlichen Exokontaktes bilden die zur Kontur der Intrusion gehörenden hornfelsigen Dachgesteine die Kuppen der flachen Hügel, an deren Basis die Granodiorite ausstreichen. Diese Verhältnisse weisen auf ein flaches Abtauchen der Oberfläche der Intrusion in nordöstlicher Richtung hin. Man kann hier sehen, daß im Bereich einer Zone von 25 bis 50 m Breite, in der zahlreiche Injektionen von Granitmaterial auftreten, die Hornfelse allmählich durch Amphibolite abgelöst werden. Die Amphibolite bilden dunkelgraue Massive deutlich gekörnter Gesteine mit gut erkennbaren Aggregaten schwarzer Hornblende, die in einzelnen Bezirken angereichert sind. Auf den angewitterten Flächen solcher inhomogenen, im wesentlichen aus Hornblende bestehenden Gesteine kann man häufig noch Anzeichen von Porphyriten und ihren Tuffen finden.

Schon in den Pyroxen-Hornblendehornfelsen kommen manchmal dünne (5 bis 10 mm) unregelmäßige Intrusionen mit plagioklasgranitischer oder granodioritischer Zusammensetzung vor. Sie zementieren gleichsam die zertrümmerten Hornfelsbezirke. Diese Zwischenmittel weisen keine scharfen Grenzen auf, heben sich jedoch deutlich vom dunklen Hintergrund der Hornfelse ab. In den Intrusionen sitzen weiße Plagioklaskörner von 5 bis 8 mm Größe. An den Grenzen zu Hornfelsen haben die Zwischenmittel eine schmale Saumzone aus prismatischen Hornblendekörnern von 1 bis 2 mm Mächtigkeit.

Grob- und mittelkörnige melanokrate Amphibolite sind an reichlich mit Granitmaterial gesättigte Bezirke gebunden. Dort, wo die Intrusionen mehr oder weniger in der Masse der hybriden Gesteine verschwimmen, treten Häufchen schwarzer Hornblende auf. Interessant ist, daß sich bei der Veränderung der Hornfelse durch die Injektion das Material umgruppiert oder daß es migriert.

In diesen Fällen enthalten die Zwischenmittel geringe Amphibolmengen, an ihren Enden jedoch und auch dort, wo ihre Mächtigkeit sich stark verringert, treten Putzen mit großen Körnern auf. Das Material für diese Ansammlungen stammt offensichtlich aus dem Raum der Zwischenmittel. Die Anreicherungen können eigentlich nur durch Wanderung des aufgenommenen Materials der Hornfelse an die Enden der Adern erklärt werden. Unter dem Mikroskop weisen die Injektionen gleichfalls keine linearen scharfen Grenzen auf. Ihre Ränder bestehen vorwiegend aus Quarz, in dem Ausscheidungen von idiomorphem Plagioklas mit einer Korngröße von 0,5 bis 1 mm sowie sehr wenig Mikroklinkörner vorhanden sind. Der Gehalt an Mikroklin erhöht sich merklich in den zentralen Teilen der Injektionen, bleibt jedoch immer noch gering.

Die Hornfelse sind unter dem Mikroskop sehr uneinheitlich. Diejenigen, bei denen sich die Verwandlung durch Injektionen in geringem Maße ausgewirkt hat, bestehen aus Aggregaten kleiner (0,2 bis 0,4 mm) isometrischer, saussuritisierter Plagioklaskörner, die in sekundären Albit mit Serizit- und Zoisit-Konkretionen, seltener auch mit Epidot-Konkretionen verwandelt sind. Die Hornblende bildet größere Körner, die um den Plagioklas wachsen. In benachbarten Bezirken neigt der Amphibol zur Bildung von Poikiloblasten (in Größen bis zu 2 mm), die mit Plagioklaseinschlüssen angefüllt sind.

Die Hornfelsbezirke werden mit Annäherung an die Injektionen des Granitmaterials von den feinkörnigen Aggregaten, bestehend aus frischem Plagioklas und Hornblende, sozusagen ausgewaschen. Der Plagioklas dieser Aggregate nimmt eine deutliche nach (001) verlängerte Plattenform an und hat einen normalen Zonarbau 1 — 40%, 2 — 30%, 3 — 15%; 1 — 36%, 2 — 28%, 3— 14%[1]. Die Hornblende ist prismatisch und bildet kleine Häufchen. Plagioklas ist ihr gegenüber idiomorph. Bei weiterer Annäherung treten im frischen Plagioklas recht große (bis 1 mm) Quarzkörner auf, in denen viele Einschlüsse von feinem idiomorphem Plagioklas der gleichen Zusammensetzung wie auch im Hornfels enthalten sind. Durch solche quarzhaltigen Bezirke ergeben sich Übergänge von den Hornfelsen zu den Injektionen.

Von Interesse ist die Tatsache, daß die Injektionen in einigen Fällen nur Pyroxen enthalten, während sich Hornblende ausschließlich durch Substitution des Pyroxens bildet. In anderen Fällen findet in den Injektionen eine Vergrößerung des Hornblendekorns statt, das gegenüber Quarz idiomorph ist. Die beschriebenen Beziehungen sprechen deutlich für eine Umkristallisation der Hornfelse in Gegenwart von Injektionen. Aggregate idiomorpher Minerale bilden sich offenbar bei einer teilweisen Auflösung der Hornfelse, bei der eine Interstitialflüssigkeit entsteht. In melanokraten, vorwiegend hornblendeführenden Amphiboliten sind die Reliktstrukturen der verwandelten vulkanogenen Bildungen verschwunden. Es handelt sich um gleichkörnige granoblastische Gesteine, die (50 bis 60%) grüne Hornblende sowie isometrische Körner von serizitisiertem und albitisiertem Plagioklas von 0,3 bis 0,4 mm Größe enthalten. In den Amphiboliten treten im zersetzten Plagioklas bald einzelne Körner, bald Anhäufungen aus frischem zonargebautem Andesin (37 bis 40% An), manchmal zusammen mit durchsichtigem Mikroklin, auf (Abb. 7). Das ist für Amphibolite charakteristisch. Hornblende ist deutlich idiomorph gegenüber frischem Plagioklas, Mikroklin und Quarz. Bekanntlich sind die Endflächen der Hornblende gegenüber den äußeren Wachstumsumständen sehr empfindlich. Ihre Idiomorphie gründet sich vermutlich auf die großen Mengen von Interstitialflüssigkeit in den Amphiboliten.

Es ist auch zu sehen, wie große Kristalle von frischem Plagioklas und von Quarz in die Amphibolitmasse hineinwachsen, die in den Intergranularräumen noch erhalten bleibt. Der neugebildete Plagioklas umschließt fast überhaupt keine Minerale des vernichteten Amphibolits. Die Quarze aber enthalten solche Minerale in großer Anzahl. Es handelt sich um unregelmäßige einzelne Körner von serizitisiertem und albitisiertem Plagioklas sowie von Hornblende oder aber um kleine Kristallgruppen, in denen die granoblastischen Beziehungen erhalten geblieben sind. Man kann verschiedene Stadien bei der Aufnahme des Plagioklases der Amphibolite durch den Quarz beobachten. Auf den Plagioklas deuten dann nur noch Putzen von Serizitschuppen in Form von „Schatten" hin. Selten ist Kalifeldspat, der die körnigen Amphibolitaggregate mehr oder weniger aufgliedert und zementiert. Zuletzt ist zu vermerken, daß in großen Quarzkörnern und in den kleineren Quarzen des magmatischen Oligoklases idiomorphe Andesinplättchen und Amphibolprismen (größer als im Amphibolit) vorkommen. Die Amphibole deuten offenbar auf eine Umlagerung des Amphibolitmaterials hin.

[1] Die Ziffern 1, 2 und 3 bezeichnen die einzelnen Zonen, die Prozentzahlen den jeweiligen Anorthitgehalt.

Die verschiedenen Gesteine quarzdioritischer Zusammensetzung stellen nach Stoffbestand und Struktur echte hybride Bildungen dar. Eine solche Veränderung des Nebengesteins kann als Dioritisierung bezeichnet werden. Die Reaktionen zwischen den Mineralen magmatischen Ursprungs sind für das hypidiomorph-körnige Erstarrungsgefüge so typisch, daß ihre Entstehung durch eine teilweise Auflösung der Amphibolite mit nachfolgender Kristallisation des vom Magma assimilierten Materials erklärt werden kann. Der Plagioklas hat in solchen hybriden Gesteinen denselben Anorthitgehalt wie in den Tonaliten aus dem Endokontakt der Intrusion. Es sollen noch die mittel- und grobkörnigen, meist leukokraten hybriden Gesteine beschrieben werden. Unter dem Mikroskop sind sie unregelmäßig gekörnt und uneinheitlich. Der Plagioklas ist fast vollständig saussuritisiert. In den Schliffen fallen große (2 bis 3 mm) stark veränderte Plagioklase mit Zonarbau auf. In den Räumen zwischen ihnen sind kleine Plagioklaskörner kristallisiert. Einen mehr oder weniger großen Anteil hat aber auch Gittermikroklin und Quarz als Zementierungsmaterial für das Plagioklaskorn. Quarz überwiegt merklich.

Die Plagioklase werden von verschieden großen prismatischen Hornblenden durchwachsen. Sie verdrängen offensichtlich die Plagioklasaggregate. Dabei verbleibt Plagioklas aber teilweise in Form von poikilitischen Einschlüssen in der Hornblende. Manchmal treten in den Plagioklasbezirken große (1 bis 3 mm) Quarze auf, die viele Einschlüsse von idiomorphem Plagioklas enthalten. Gegenüber Quarz sind die großen Hornblendekörner idiomorph.

Aus dem ursprünglichen Amphibolit entstehen also, vermutlich bei starker Stoffzufuhr, mittel- und grobkörnige Gesteine quarzdioritischer Zusammensetzung. Auf die Auflösung der oben erwähnten Gesteine deuten mikrolithische Quarzkörner hin. Mikrolithische Gefüge eines anderen metasomatischen Typs entstehen bei der Substitution von Oligoklas durch Hornblende. Am Nordwestende der Intrusionen kommen am Übergang zu den Endokontakten, aus denen auch die oben beschriebenen hybriden Gesteine stammen, eher uneinheitlich kontaminierte Tonalite mit vielen kleinen Resten verwandelter Xenolithe vor. Unter dem Mikroskop haben die Tonalite im allgemeinen die gleichen Gefüge wie die hybriden Quarzdiorite der Endokontakte. Sie enthalten unregelmäßige Amphiboliteinschlüsse, deren Hornblenden aus serizitisiertem sekundärem Albit mit Beimengung von Titanit und Apatit bestehen. Um die Xenolithe ist eine mehr grobkörnige Tonalitmasse entwickelt, deren Plagioklase frisch und durchsichtig sind. Dieser Plagioklas hat einen feinen Zonarbau mit folgender Zonenfolge: 1 — 35%, 2 — 36%, 3 — 34%, 4 — 37%, 5 — 35%, 6 — 33%, 7 — 36%, 8 — 32%, 9 — 30% An. Manchmal besteht die äußere Zone aus Oligoklas mit 18% An. Die erwähnten Bezirke der Amphibolite haben einen Saum von durchsichtigen Plagioklasplättchen, die gegenüber Quarz deutlich idiomorph sind. Manchmal dringen Andesin- und Quarzströme in die zentralen Teile der Amphibolitbezirke ein. Es gibt große Quarzkörner, die mit idiomorphen Andesineinschlüssen angefüllt sind. Die Hornblende hat im Tonalit größere Abmessungen als in den Amphibolitbezirken. Sie ist nach dem Plagioklas, jedoch vor dem

Quarz kristallisiert. Stellenweise sind unregelmäßige Amphibole zusammengewachsen, unter denen man selten Pyroxenrelikte antrifft. Im Tonalit gibt es nur wenige Biotitplättchen, die durch Chlorit substituiert sind.

Wir wollen noch den Kontakt am Ganggranodiorit behandeln, der die Schieferhornfelse schneidet. Im Hornfels ist die Schieferung gut ausgeprägt. Die Hornblende ist ungleichmäßig verteilt, reichert sich aber in einzelnen Streifen an. Diese enthalten Relikte porphyrischer Strukturen. Es sind entweder große Hornblendekörner von 2 bis 3 mm Länge oder Zusammenwachsungen der gleichen Größe. Sie füllen kurze prismatische Konturen aus, die vermutlich zu verdrängten Pyroxenen gehören. In den Zusammenwachsungen der Hornblende kommen selten Einschlüsse von Plagioklas, Erzmineral und Titanit vor. Daneben findet man häufig kleine Biotitplättchen und sehr kleine unregelmäßige Quarzkörner. Dieser Quarz umschließt feine Hornblendeprismen mit abgerundeten Endflächen. Sehr häufig queren solche Einschlüsse die Spaltflächen des Wirtsamphibols. Vermutlich wurde Amphibolstoff gelöst und danach erneut abgelagert. Die Hauptmasse des Hornfelses besteht etwa zu gleichen Teilen aus Plagioklas und Hornblende mit einer Korngröße von etwa 0,1 mm. Diese Masse ist granoblastisch und geschiefert. Die Hornblende, mit der einzelne Streifen angereichert sind, ist ungleichmäßig verteilt und bildet etwas gestreckte Körner. Die Form der Plagioklaskörner ist isometrisch. Die beschriebenen feinkörnigen Bezirke gehen allmählich in grobkörnigere über. Hier kommen Plagioklaskörner von etwa 1 mm Größe, Quarz sowie Mikroklin mit schwacher Gitterbildung vor. Diese Bezirke sind noch granoblastisch, doch werden die Plagioklaskörner länger und erhalten eine Plattenform. Durch viele Messungen wurde festgestellt, daß die Plagioklase der Hornfelse Andesine sind. Der Anorthitgehalt wird im allgemeinen weder von der Korngröße noch irgendwie von der Entfernung der Plagioklase zum Kontakt beeinflußt. Folgende Anorthitgehalte wurden bestimmt:

Für großes Korn	1 — 33%, 2 — 31%
für mittelgroßes Korn	1 — 35%, 2 — 33% 1 — 30%, 2 — 25% 1 — 32%
für feines Korn	1 — 37%, 2 — 28%, 1 — 33%, 2 — 30%, 3 — 26%
für sehr feines Korn	1 — 38%, 2 — 33% 1 — 32%

Der Plagioklas hat stets Zonarbau, der auch in den kleinsten Körnern gut zu bemerken ist. Die Grenzen der großen Plagioklaskörner sind gezahnt. Das sieht so aus, als ob die Hauptmasse des Hornfelses diese Körner korrodiere. In den Vertiefungen der Grenzflächen sind häufig kleine Hornblendekörner eingelagert. Die Quarz- und Mikroklinkristalle enthalten sehr viele kleine idiomorphe Einschlüsse von Plagioklas mit Zonarbau und von Hornblende. Diese Einschlüsse sind stets kleiner als in der umgebenden granoblastischen Masse des Hornfelses.

In grobkörnigen Bezirken kommen recht große Körner akzessorischer Minerale vor. Es sind das z. B. Apatit, Erzminerale und Titanit, die mit Biotit verknüpft sind. Die grobkörnigen Bezirke und Streifen stellen also Gebiete einer besseren Umkristallisation der Ausgangsgesteine dar. Kennzeichnend ist für sie die Stoffzufuhr, wobei der zugeführte Stoff Quarz und Mikroklin bildete. Die mineralogische Zusammensetzung der Gesteine des Kontakthofes ist in Tabelle 3 gegeben.

TABELLE 3

Mineralogische Zusammensetzung der Gesteine des Kontakthofes

<table>
<tr><th rowspan="2">Hauptminerale der vulkanogenen Ausgangsgesteine</th><th colspan="4">Hauptminerale der Gesteine des Kontakthofes</th></tr>
<tr><th>Schwach verhornfelste Gesteine: Porphyrite und Tuffe</th><th>Hornblendehornfelse</th><th>Pyroxen-Hornblendehornfelse</th><th>Amphibolite und hybride Gesteine</th></tr>
<tr><td>Andesin</td><td>Albit</td><td>Andesin</td><td>Andesin, Labrador</td><td>Andesin</td></tr>
<tr><td>Labrador</td><td>Epidot</td><td>Labrador</td><td>Pyroxen</td><td>Pyroxen</td></tr>
<tr><td>Pyroxen</td><td>Aktinolith</td><td>Hornblende</td><td>Hornblende</td><td>Hornblende</td></tr>
<tr><td></td><td colspan="4">Minerale, die offensichtlich durch Stoffzufuhr entstanden sind</td></tr>
<tr><td></td><td colspan="2">Quarz
Mikroklin
Biotit
Apatit</td><td colspan="2">Quarz
Mikroklin
Biotit
Apatit
Erzmineral
Titanit</td></tr>
</table>

Die Grenze zwischen Granodiorit und Hornfelsen verläuft gleichmäßig. Längs dieser Grenze liegen Plagioklaskörner entweder einzeln oder in Ketten. Wenn der Quarz über die Grenze in den Hornfels eindringt, hat er oft Einschlüsse von idiomorphem Plagioklas. Die Belege deuten auf ein Eindringen des Materials aus dem Ganggestein in den Hornfels in flüssiger Form. Der Vorgang wurde von einer Auflösung des Hornfelses und einer Neuablagerung des gelösten Materials begleitet.

Fassen wir die Untersuchungsergebnisse der Exokontaktgesteine noch einmal zusammen:

1. Die Zusammensetzung der vulkanogenen Ausgangsgesteine, die eine Metamorphose durchgemacht haben, entsprach den Ergußprodukten des Andesit- und des Basaltmagmas. Am westlichen Kontakt kommt Andesin und seltener Oligoklas, im Osten dagegen Labrador vor. In schwach verhornfelsten Gesteinen wurden die Plagioklase der Ausgangsgesteine albitisiert und die Pyroxene aktinolithisiert.

2. In Hornblende- und Pyroxen-Hornblendehornfelsen lagen die Temperaturbedingungen manchmal so, daß der Anorthitgehalt der Plagioklase aus den Ausgangsgesteinen (Andesin und beginnender Labrador) erhalten geblieben ist.

Wenn Oligoklas in den Ausgangsgesteinen vorkommt, ist bei Umwandlung dieser Gesteine zu Pyroxen-Hornblendehornfelsen eine Neubildung von Andesin festgestellt worden. Er entspricht offensichtlich auch den Gleichgewichtsbedingungen der einzelnen Punkte des Endokontakts. Für Amphibolite ist nur Andesin kennzeichnend. Er hat in konkreten Fällen den Chemismus des Plagioklases in den Tonaliten aus dem Endokontakt der Intrusion.

3. Der aktinolithische Amphibol wird mit Annäherung an den Intrusionskörper gewöhnlich von Hornblende und von Pyroxen der Reihe Diopsid–Hedenbergit abgelöst. In den pyroxenhaltigen Hornfelsen bildet sich die Hornblende durch Verdrängung des Pyroxens. Die Amphibolisation der Pyroxenhornfelse geht auf dünne Injektionen von Granitmaterial zurück.

4. Vergleicht man die schwach verhornfelsten vulkanogenen Gesteine andesitischer Zusammensetzung mit ihren stark veränderten Varietäten, so fällt ihr erhöhter Pyroxen- und Hornblendegehalt auf. Er erreicht häufig 60 bis 75% des Volumens. Die Kontaktmetamorphose bringt also Veränderungen in den quantitativen Verhältnissen der Minerale mit sich. Dabei entsteht Hornblende nicht nur durch Substitution des Pyroxens, sondern auch des Plagioklases.

5. Es besteht ein weiterer Kontakthof, in dem man noch Stoffzufuhr aus den Intrusionen feststellen kann. Sogar in äußerlich fast unveränderten Gesteinen liegt noch eine Zufuhr von Granitmaterial vor. Es treten Beimengungen von Quarz, Mikroklin, Biotit, Apatit, Erzmineral und Titanit auf. Die Quantität und Aktivität der Beimengungen des Granitmaterials erhöhen sich offensichtlich in Richtung zur Intrusion hin.

In schwach veränderten Gesteinen treten lediglich Quarz, Mikroklin und Biotit als Neubildungen auf den Grenzen von Bruchzonen auf. In Pyroxen-Hornblendehornfelsen ersetzen feinkörnige Aggregate aus Quarz und Mikroklin zusammen mit dem neugebildeten Plagioklas und teilweise mit der Hornblende die großen Plagioklaskörner und einzelne Bezirke der Ausgangsgesteine.

Unscharf begrenzte Hornblendeadern mit Quarzbeimengungen deuten in schiefrigen Hornfelsen auf eine Bewegung des Stoffes im Verlauf der Metamorphose hin.

6. Auf Grund der Beziehungen zwischen den veränderten Gesteinen aus den Exokontakten möchte ich behaupten, daß die Thermometamorphose der Hornfelse (erster Abschnitt des Kontaktprozesses) noch vor der Entwicklung der Injektionen und der Bildung hybrider Exokontaktgesteine und Amphibolite aus den Hornfelsen (zweiter Abschnitt) vor sich ging.

7. Die Umkristallisation in Anwesenheit granitischer Lösungen beschränkte sich nicht auf eine einfache Metasomatose. Im Gegensatz zu den üblichen isometrischen Formen des Plagioklases in basischen Strukturen hat der frische, neu gegebildete Plagioklas einiger Pyroxen-Hornblendehornfelse Plattenform und ist idiomorph gegenüber Pyroxen und Quarz. Außerdem umschließen alle drei Minerale feine idiomorphe Hornblendeprismen. Alles das zeugt davon, daß Hornfelsmaterial aufgelöst wurde und eine gewisse Menge von Interstitialflüssigkeit in den Gesteinen auftrat, aus welcher der Plagioklas mit normalem Zonarbau und in plattiger Form auskristallisierte.

8. In den hybriden Exokontaktgesteinen wurde der Stoff der Amphibolite nicht nur aufgelöst, sondern auch umgruppiert. Es bilden sich mittel- und grobkörnige, vorwiegend hornblendehaltige Gesteine heraus, in denen die Hornblende nach dem Plagioklas auskristallisiert und diesen teilweise substituiert.

9. Der reiche Gehalt an Hornblende in den Exokontaktgesteinen weist darauf hin, daß Lösungen bei der Kontaktmetamorphose vorhanden sind, die aus der Intrusion stammen. Der Gehalt an akzessorischen Mineralen in den Exokontaktgesteinen ist zwar etwas erhöht, doch nicht übermäßig groß. Die Verbindung der Akzessorien mit der magmatischen Quelle ist deutlich.

10. Schwach umkristallisierte Gesteine haben blastoklastische, heteroblastische und porphyroblastische Strukturen. In stärker umkristallisierten Hornfelsen und Amphiboliten bilden sich feinkörnige Aggregate mit einer Neigung zu homöoblastischen und granoblastischen Strukturen. Die Hornblende ist poikiloblastisch. In Gesteinen, die eine auch nur teilweise Auflösung durchgemacht haben, treten hypidiomorphe Beziehungen auf, die in hybriden Vertretern deutlich überwiegen. Hier sind die Körner gröber ausgebildet. Erwähnt sei das Vorhandensein poikilitischer Strukturen zweifacher Herkunft in den hybriden Exokontaktgesteinen und den kontaminierten Tonaliten:
a) So enthalten Quarz und Hornblende früher auskristallisierte Poikiliteinschlüsse.
b) Quarz kann aber auch Minerale aus abgebauten Amphiboliten aufnehmen.
Außerdem kommen in hybriden Gesteinen hypidiomorphe Strukturen nebeneinander vor.

11. Die Saussuritisierung, Albitisierung und Serizitisierung des Plagioklases der Hornfelse, Amphibolite und hybriden Gesteine sowie die Chloritisierung des Biotits beruht auf Prozessen, die bei niedriger Temperatur verlaufen sind.

2. *Xenolithe*

Ein ständiges Element der Intrusivgesteine sind die Xenolithe, deren Größe gewöhnlich nicht über 10 cm hinausgeht. Manchmal erreichen sie jedoch auch 30 bis 40 cm. Ihre Formen sind abgerundet und nähern sich mehr oder weniger einer Ellipse. Ihre Grenzen sind genügend scharf, doch werden sie undeutlich bei kleineren Einschlüssen. Wir kommen nämlich unmerklich von den Xenolithen zu kleinen Putzen von Hornblende und Biotit in Granodioriten. Diese Ansammlungen können demnach Relikte kleiner ehemaliger Xenolithe sein.

In der Zusammensetzung der Xenolithe überwiegen mittelkörnige melanokrate Amphibolite mit granoblastischer Struktur, die aus hellgrauem Andesin und schwarzer Hornblende, in geringem Maße auch aus Biotit und aus weißem oder rosafarbenem Kalifeldspat bestehen. Kennzeichnend ist der erhöhte Gehalt an rotbraunen kleinen Sphenkörnern. Manchmal findet man in Xenolithen Pyroxenrelikte, in denen an Stelle größerer Pyroxenkörner grüner faseriger Amphibol entwickelt ist. Die feinkörnigeren Varietäten der Amphibolitxenolithe haben auch schärfere Grenzen. In mittelkörnigem Amphibolit sind die Grenzen weniger deutlich. Man kann hier beobachten, daß entweder magmatisches Material in die

Einschlüsse eingedrungen ist oder daß durch verstärkte Feldspatisierung große Mikroklinkörner entstanden sind.

Interessant sind Fälle, wo im Bereich einer Granodioritscholle viele kleine Xenolithe (mit Abmessungen von 3 bis 5 cm) liegen. Sie unterscheiden sich sowohl durch ihren relativen Gehalt an Hornblende und Biotit als auch durch ihre Körnung. In seltenen Fällen gibt es auch Amphibolitxenolithe mit grobkörnigen Hornblende-Plagioklasstreifen, die an den Einschlußgrenzen unvermittelt aufhören. Möglicherweise deuten solche Streifen auf die Texturen der Ausgangsgesteine hin. Quarz kommt in den Amphibolitxenolithen nur in geringer Menge vor. Zwischen Quarz und Plagioklas bestehen hypidiomorphe Beziehungen. In den Xenolithen — besonders in Grenznähe — finden sich häufig bis zu 1 Zentimeter große Körner aus hellgrauem Mikroklin. Sie treten in Gruppen auf und sind mit Hornblendeeinschlüssen angefüllt. Ähnlich große Kristalle von Kalifeldspat hat A. N. SAWARIZKI (1937) im Pluton von Berdjausch gefunden.

Es ist hier nicht möglich, eine genaue Charakteristik der Xenolithe zu geben. Wir müssen uns auf Quarz-Mikroklin-Amphibolitxenolithe beschränken. Sie bestehen aus den Hauptmineralen Plagioklas, Hornblende, Mikroklin, Quarz und Biotit sowie akzessorisch aus Apatit, Erzmineral, Titanit, manchmal Pyroxen, Biotit und Quarz. Sekundäre Minerale sind Zoisit, Epidot, Muskovit, Chlorit, Serizit und Karbonat. Der Gehalt an Quarz und Mikroklin liegt zwischen 10 und 25%, an Plagioklas zwischen 30 und 45% und an Hornblende zwischen 30 und 50%, manchmal reicht er bis zu 60 und 70%.

Der Anorthitgehalt des Plagioklases wechselt. In den meisten Fällen handelt es sich um den gleichen Oligoklas mit 28 bis 30% An, der auch für Granodiorite kennzeichnend ist. Daneben gibt es auch Xenolithe mit stärker basischem Andesin.

Die Gefüge der Amphibolite sind nicht einheitlich. Neben blastischen gibt es auch hypidiomorph-körnige Partien. Die ersteren bestehen aus Anhäufungen von Plagioklasplättchen in der Größe von 0,2 bis 0,5 mm. In ihren Zwischenräumen liegen einzelne Körner oder Häufchen aus prismatischer Hornblende, in die manchmal punktförmig viel Magnetit eingestreut ist. Ihrer Art nach sind diese Ansammlungen für Aggregate typisch, die sich durch Substitution des Pyroxens bilden, dessen Relikte auch noch in seltenen Fällen in der Hornblende angetroffen werden. Der Plagioklas besitzt eine ausgeprägte Tendenz zur Bildung gestreckter plattenförmiger Körner. Die beschriebene granoblastische Masse enthält manchmal größere Hornblendekörner mit poikilitischen Einschlüssen an Quarz und Plagioklas. Stellenweise tritt in den Interstitien der Plagioklase etwas xenomorpher Quarz auf. In wenigen Fällen verdrängt stark chloritisierter Biotit die Ansammlungen von Hornblende. Einzelne Biotitschuppen wachsen auch in isolierte Amphibolkörner hinein. Große (2 bis 3 mm) Mikroklin- und Quarzkörner sind in den Xenolithen ungleichmäßig verteilt. Sie zementieren gleichsam die feinkörnigen Plagioklas- und Hornblendeaggregate. Plagioklas ist dabei gegenüber Mikroklin und Quarz deutlich idiomorph. Manchmal liegen große Quarzkörner in unscharf begrenzten schmalen Streifen hintereinander. In ihnen führt der Quarz etwas Plagioklas und Hornblende mit Pyroxenrelikten. Der Quarz und Mikroklin enthält kleine prismatische Hornblenden mit idiomorphen Endflächen. Die Enden solcher Einschlüsse sind manchmal farblos. Kleine idiomorphe Plagioklasplättchen kommen im Mikroklin und im Quarz vor. Der Quarz bildet dann manchmal sehr feine Einschlüsse in der Hornblende, die ihrerseits im Quarz eingeschlossen ist. An den Rändern der in Mikroklin eingeschlossenen Plagioklase ist Myrmekitquarz ausgeschieden.

Bei Quarz und Mikroklin hat man den Eindruck, daß sie von außen gleichzeitig mit einer Umkristallisation der Xenolithe eingedrungen sind. In seltenen Fällen sind die Grenzen der Xenolithe unter dem Mikroskop deutlich und leicht gezahnt. Vorwiegend haben sie jedoch ein verschwommenes Aussehen. Aber solche feinen Unterschiede findet man eigentlich nur in den Pyroxenhornfelsen. In den meisten Fällen sind die Grenzen der Amphibolitxenolithe nämlich nicht scharf. Das ist so zu erklären, daß die Minerale des Eruptivgesteins, also Quarz, Plagioklas und Mikroklin, in die Xenolithe eingewandert sind und das ursprünglich granoblastischen Gefüge zerstört haben. Es treten nun zwischen dem Plagioklas einerseits und dem Kalifeldspat und Quarz andererseits hypidiomorphe Beziehungen auf. An den Gefügen in den Randteilen der Xenolithe kann man also erkennen, daß die magmatische Schmelze in die Xenolithe eindrang und sie teilweise auflöste. Bei der nachfolgenden Kristallisation entstanden Bezirke mit typischen hypidiomorphkörnigen Gefügen.

Wir wollen nun zu den wichtigsten Schlußfolgerungen aus der Untersuchung der Xenolithe übergehen:

1. Unter den Xenolithen herrschen vulkanogene Gesteine basischer und neutraler Zusammensetzung vor. Der Grad der Umkristallisation ist sehr unterschiedlich. Es dominieren Einschlüsse aus Amphibolit. Mit ihnen kommen Pyroxenhornfelse vor, die den Hornfelsen in den Exokontakten der Intrusionen analog sind. Ein so großer Unterschied im Grad der Umkristallisation mag vielleicht darauf beruhen, daß der überwiegende Teil der Einschlüsse aus tieferen Horizonten hochtransportiert wurde und nur ein geringerer Teil aus den Dachgesteinen stammt.

Genau wie die kontaktmetamorphen Gesteine haben auch die gut umkristallisierten Amphibolitxenolithe einen hohen Gehalt an farbigen Mineralen. Unter ihnen sind Hornblende und manchmal auch Biotit besonders stark entwickelt. Während man den Pyroxen in den Granodioriten selbst nur in winzigen Mengen antrifft, wo er fast vollständig durch die Hornblende substituiert wird, führen die Amphibolitxenolithe stets Reste von Pyroxen oder seine strukturellen Relikte als Häufchen mit unregelmäßigen Hornblendekörnern.

2. Bei stärkerer Umkristallisation der Xenolithe kompliziert sich auch ihre mineralogische Zusammensetzung. Das ist in Tabelle 4 anschaulich dargestellt. In Xenolithen aus Plagioklas-Pyroxenporphyrit hat sich noch primärer Augit erhalten, der von Diopsid substituiert wird. Der Diopsidpyroxen ist kennzeichnend für alle übrigen Xenolithe, wenn er in Relikten angetroffen wird. Die Bildung dieses Pyroxens steht mit der Umkristallisation der Einschlüsse im Zusammen-

hang. Die Hornblende fehlt bei einem Teil der Hornfelsxenolithe, stellt jedoch eine stets vorhandene Komponente der Amphibolite dar. Das gleiche gilt auch vom Biotit. Doch schwankt der Biotitgehalt in Amphiboliteinschlüssen sehr. Diese beiden dunkelfarbigen Minerale entstehen weitgehend auf metasomatischem Wege und bilden die übliche Reaktionsreihe Pyroxen — Hornblende — Biotit. Während der Plagioklas eine gewöhnliche Komponente der Xenolithe ist, treten merkliche Mikroklinmengen erst bei ihrer tiefgehenden Verarbeitung auf und gelten als typisch für Amphibolite.

3. Zu bemerken ist, daß eine Phasengleichheit zwischen Hornfelsxenolithen und intrusivem Wirtsgestein fehlt. Der Anorthitgehalt der Plagioklase stimmt nämlich in beiden Phasen nicht überein (vergleiche Zähler — Xenolithplagioklas und Nenner — Plagioklas des Eruptivgesteins, Tab. 4). Der Xenolithplagioklas behält entweder den Zonarbau der Porphyriteinsprenglinge bei oder hat eine normale Zonalität, die offenbar bei der Umkristallisation der Einschlüsse, wie beim Pyroxenhornfels auch, entstanden ist. Der Plagioklas ist in den Hornfelsen stärker basisch als im Eruptivgestein. Dieser Umstand sowie die Beibehaltung der mineralogischen Zusammensetzung in Einschlüssen basischer Porphyrite kann darauf hinweisen, daß die Ausgangstemperatur des Granodioritmagmas den Gleichgewichtsbedingungen Pyroxen — basischer Plagioklas entsprach. Zu betonen ist, daß in einer Reihe von Hornfelsen Hornblende oder Biotit entweder vollständig fehlen oder in akzessorischen Mengen vorkommen.

Der hohe Biotitgehalt in Biotit-Plagioklashornfelsen beruht vermutlich auf einer Biotitisierung, die sich manchmal deutlich an den Grenzen von Xenolith und Granodiorit ausbreitet.

4. Die Amphibolitxenolithe haben einen hohen Gehalt an farbigen Mineralen. Er erreicht bis zu 70 und 80 Volumenprozent. Die Hornblende spielt unter diesen Mineralen die Hauptrolle. In einigen Einschlüssen, die ein feines Eindringen von Quarz aufweisen, ist die Hornblende meist durch Biotit substituiert. Bei den Plagioklasen ist ein Ausgleich des Anorthitgehaltes im umkristallisierten Xenolith und im angrenzenden Nebengestein erfolgt. Außerdem treten größere Mengen an Mikroklin und an akzessorischen Mineralen neben dem Quarz auf.

5. Hornfelsgefüge sowie granoblastische und reliktische Gefüge in den Hornfelsen werden von granoblastischen, poikiloblastischen[1], hypidiomorphen und poikilitischen Gefügen in den Quarz-Mikroklinamphiboliten abgelöst. Kennzeichnend ist für sie die Bildung von sehr großen Quarz- und Mikroklinkristallen, die viele idiomorphe Einschlüsse an Plagioklas und Hornblende enthalten.

Die Erscheinungen an den Grenzen der Amphibolitxenolithe deuten auf ein Eindringen magmatischen Stoffes in die Xenolithe, auf ihre teilweise Auflösung und auf die nachfolgende Kristallisation des aufgelösten Stoffes hin. Die größte

---

[1] Nach dem „Geologischen Wörterbuch“, Moskau 1955, zeichnet sich das poikiloblastische Gefüge dadurch aus, daß einzelne größere Mineralindividuen kleinere, nicht orientierte Einschlüsse vorwiegend idioblastischer Minerale enthalten. Im Gegensatz dazu zeigen die Einschlüsse des poikilitischen Gefüges keine kristallographischen Umrisse (Anm. d. wiss. Red.).

TABELLE 4

Mineralogische Zusammensetzung der Xenolithe

Xenolithe / Minerale	Plagioklas-Pyroxen-porphyrit	Pyroxen-hornfels	Quarz-Plagioklas-hornfels		Biotit-Plagioklas-hornfels	Amphibolite					
						Quarzamphibolite				Quarz-Mikroklin-amphibolite	
Pyroxen	+	+			—	(+)					(+)
Hornblende	+	(+)	(+)		—	+	+	+	+	+	+
Biotit	+		(+)		+	(+)	(+)	+	+	(+)	+
Plagioklas[1]	33, 36, 28 / 33	38, 30 / 32, 28	54 / 32	(+) 45 / 32	36, 32, 23 / 38	28, 26 / 28	36, 28, 22 / 28	32 / 28	32, 18, 28 / 32, 28	12, 38, 30 / ?	28, 20, 15 / 28, 26
Mikroklin	(+)		(+)				(+)	(+)		+	+
Quarz			+	+			(+)	(+)	+	+	+
Apatit	(+)	(+)		(+)	(+)	(+)	(+)	(+)	(+)	(+)	(+)
Erzmineral		(+)	(+)	(+)	(+)	(+)		(+)			(+)
Titanit		(+)	(+)	(+)	—	(+)		(+)	(+)	(+)	(+)
Albit											×
Epidot		×					×	×			×
Serizit		×					×	×	×	×	×
Chlorit		×			×			×	×	×	×

\+ = gesteinsbildendes Hauptmineral; (+) = akzessorisches Mineral; × = anwesend als sekundäres Mineral

[1] Zähler des Bruches = Zusammensetzung des Plagioklases im Xenolith (% An); Nenner = Zusammensetzung der Plagioklases im intrusiven Nebengestein (% An).

Fähigkeit zum Eindringen in die Xenolithe hatte der Stoff, aus dem Quarz und Kalifeldspat und in geringem Maße Plagioklas entstanden sind. Diese Umstände erklären die Kombination von Quarz-Mikroklinamphiboliten mit metamorphen und mit magmatischen Strukturen.

6. Der Mikroklin erreicht in Granodioriten niemals so große Abmessungen wie in Xenolithen. Man kann eine gewisse Abnahme des Kalifeldspats in Granodioriten, die den Xenolithen benachbart sind, feststellen. Der Reichtum an Amphibol, manchmal auch an Biotit und an akzessorischen Mineralen, zeugt von der großen Rolle der flüchtigen Komponenten bei der Veränderung der Xenolithe. Die Metamorphosen verfolgen die Tendenz, die festen Phasen der Xenolithe an die Phasen des intrusiven Nebengesteins anzugleichen.

3. *Hybride Endokontaktgesteine*

In den nordöstlichen Teilen sind Hybridisationen in den Endokontakten der Intrusion gut entwickelt. Hier liegen inmitten eines großen Feldes hybrider Hornblendegabbros sehr große Aufschlüsse von körnigem Hornfels mit blastoporphyrischen Strukturen sowie von veränderten diabasischen Plagioklas-Pyroxenporphyriten. Zu Beginn der hybriden Entwicklung erscheinen dünne Feldspat- und Quarz-Feldspatinjektionen in den Hornfelsen. Es entstehen bald mehr oder weniger grobkörnige Hornblendevarietäten, bald feinkörnige dioritähnliche Varietäten. Sie sind durch schmale, jedoch gleichmäßige Übergänge verbunden. Die großen Amphibolkörner enthalten gewöhnlich kleine Plagioklaseinschlüsse. Von anderen Mineralen findet man in geringen Mengen Quarz und monoklinen Pyroxen, die der Verdrängung durch Hornblende entgangen sind. Bei stärkerer Zufuhr von Injektionsmaterial bilden sich melanokrate Diorite in größeren Bereichen heraus. Sie zeigen deutliche Merkmale einer Veränderung und Verunreinigung durch fremden Stoff. Von den Dioritgesteinen führen allmähliche Übergänge zu grobkristallinen Pegmatoiden oder grob- und mittelkörnigen Pyroxen-Hornblendegabbros und Gabbrodioriten, die basischen Labrador oder sogar Bytownit enthalten. Diese Gesteine haben Flecken und ausgedehnte Ansammlungen großer Hornblendekristalle mit Längen bis zu 15 cm. Gleiche Ansammlungen großer (bis 2 cm) Körner weißen Plagioklases enthalten Quarzeinschlüsse und entsprechen manchmal den Plagioklaspegmatiten. Stellenweise scheiden sich im Gabbro Hornblenditpartien aus. Die ununterbrochene Folge der nach Zusammensetzung und Aussehen unterschiedlichen Gesteine taxitischen[1] Aufbaus — bald melanokrater, bald meso- und sogar leukokrater Art, mit mehr oder weniger basischem Plagioklas — kann man eigentlich nur durch Hybridisation, also durch Assimilation des Nebengesteins, erklären, von dem noch zahlreiche Xenolithe in den gabbroidischen Gesteinen erhalten geblieben sind.

In einem der Aufschlüsse lagen zwischen ziemlich leukokraten massigen Hornblendegesteinen (Plagioklas mit 60% An) mit fleckig verteilten Hornblende-

[1] Anm. d. wiss. Red.: Als „taxitische" Gesteine gelten vulkanische Produkte mit klastischem Habitus.

ansammlungen zwei schmale Streifen, die mit vielen Xenolithen feinkörniger, fast schwarzer Pyroxen-Amphibolhornfelse angereichert waren. Diese Hornfelsbrekzie wird von Injektionen des Pyroxen-Hornblendegabbros durchtränkt. Zwischen den Brekzienstreifen liegt in einer Zone von etwa 2,5 m Breite eine Gabbrovarietät mit deutlichem Parallelgefüge. In ihr folgen leukokrate, mit Labrador angereicherte Lagen von 2 bis 3 mm Breite auf solche, die fleckige Ansammlungen von Hornblendekörnern mit abgerundeter Form enthalten. Dieses flächige Parallelgefüge streicht N 10° W.

Der Pyroxen-Hornblendegabbro erinnert in seinen Strukturen sehr an Diorit. Er hat aber eine größere Ungleichmäßigkeit der Körnung und einen stärker basischen Plagioklas, dessen Anorthitgehalt 70% (Labrador) erreicht.

Die quantitativ-mineralogische Zusammensetzung des Gabbro kann durch folgende Zahlen (Tab. 5) gekennzeichnet werden, die T. M. Dembo zusammengestellt hat.

TABELLE 5

Quantitativ-mineralogische Zusammensetzung des Pyroxen-Hornblendegabbros (in Volumenprozenten)

Minerale	1	2
Quarz	Spuren	Spuren
Plagioklas	32,0	44,1
Pyroxen	9,5 } 67,6	17,7 } 55,4
Hornblende	58,1	37,7
Akzessorien	0,4	0,5

Die Fleckigkeit und Fluidalität dieser Gesteine sind auch unter dem Mikroskop bemerkbar.

Die Flecken bestehen aus Haufen von zusammengewachsenen großen (5 bis 10 mm) und unregelmäßigen Hornblendekörnern, in denen manchmal Relikte substituierten monoklinen Pyroxens erhalten geblieben sind.

In der Hornblende liegen poikilitische Einschlüsse aus kleinen Plagioklasplättchen. Wenn die Hornblendeansammlungen recht gleichmäßig verteilt sind, entsteht der Eindruck von Flecken. Sie treten aber auch in Streifen und unregelmäßigen Partien zusammen. Manchmal ist in den gefleckten Varietäten der Raum zwischen den Hornblendeansammlungen von Aggregaten aus Labradorplättchen (1 bis 2 mm) ausgefüllt, die deutlich eingeregelt sind.

Man sieht in Schliffen parallel zu dieser Regelung, daß beim Plagioklas breite Flächen des seitlichen Pinakoids (010) mit deutlich ausgeprägtem zonalem Aufbau überwiegen, während in Querschnitten der Reichtum an Zwillingen mit (010)-Verwachsungsflächen auffällt. Dieses Merkmal spricht zusammen mit den magmatischen Strukturen dafür, daß Hornblendegabbro und Gabbrodiorit aus einer magmatischen Lösung auskristallisiert sind. Die stärker basische Zusammensetzung dieser hybriden magmatischen Gesteine ist offenbar dadurch bedingt, daß im betreffenden Bereich des Intrusionskontakts Gesteine gabbroider Zusammensetzung assimiliert worden sind.

Der Plagioklas der hybriden Gesteine (Labrador) ist noch stärker basisch als in den umgewandelten Porphyriten mit 47 bis 53% An. Außerdem fällt das melanokrate Aussehen der meisten Gesteine auf. In den Zwischenräumen der großen Labradorkörner liegen sehr wenige Plagioklasplättchen der 2. Generation (mit einer Größe von 0,3 bis 0,5 mm), xenomorphe kleine (etwa 0,5 mm) Hornblenden und Quarze sowie sehr seltene unregelmäßige Plättchen fast vollkommen chloritisierten Biotits.

In den melanokraten Varietäten des Gabbro werden Feldspatbezirke manchmal von großen Hornblendekörnern durchwachsen, wodurch die Labradoraggregate gewissermaßen zementiert werden. Es bilden sich poikilitähnliche Strukturen. Bei weiterem Anwachsen des Hornblendegehalts treten alle Übergänge zu Hornblendegesteinen, den Hornblenditen, auf. In ihnen kommt der Plagioklas in xenomorphen Körnern vor. Sie liegen zwischen zusammengewachsenen großen prismatischen Hornblendekörnern, welche bei ihrem Wachsen den Plagioklas substituierten, so daß die Umrisse seiner Grenzen unregelmäßig verlaufen. Zu erwähnen ist die enge Verknüpfung des Biotits, richtiger des an seiner Stelle gebildeten Pennins, mit Erzmineralen und mit Apatit. Der Gehalt dieser letzteren Minerale steigt im Gabbro im Vergleich zu den Dioriten so stark an, daß wir mit vollem Recht von Anreicherungen sprechen können. In ihnen erreichen die erwähnten Akzessorien Längen von 0,2 bis 0,3 mm.

Wir wollen uns jetzt mit den wichtigsten Schlußfolgerungen über die hybriden magmatischen Gesteine befassen.

Die durchgeführten petrographischen Untersuchungen bestätigen die geologischen Angaben, daß allmähliche Übergänge von Granit über Granodiorit zu Hornblendegabbro und Schlierenhornblendit bestehen. Die ganze Mannigfaltigkeit der Gesteine, beginnend mit den Dioriten und bis zu den Gabbros und Hornblenditen, kann man in Abständen von nur einigen zehn Metern beobachten. Diese Übergänge beruhen auf entsprechenden Änderungen des qualitativen (Tab. 6 und 7) und quantitativen mineralogischen Stoffbestandes.

Es fällt auf, daß die basischen Plagioklase, für die ja bekanntlich breite Zwillingslamellen kennzeichnend sind, ihr dioritisches Aussehen beibehalten, d. h. sie haben eine deutlich ausgeprägte Plättchenform, schmale vielzählige Zwillingslamellen und einen gut ausgeprägten Zonarbau. Die Zonen in den zentralen Teilen der Labradore sind manchmal gefleckt. Nur die später angewachsenen stärker sauren Zonen sind regelmäßig begrenzt.

Die hybriden Gesteine der Endokontakte führen ständig Pyroxenrelikte. Durch den hohen Gehalt an Hornblende sehen sie melanokrat aus. In den gabbroiden Varianten steigt der Anorthitgehalt des Plagioklases bis zum Labrador mit 70% An an. Er besitzt einen ausgezeichneten normalen Zonarbau, d. h. alle Merkmale einer Kristallisation aus einer magmatischen Schmelze.

Im allgemeinen ist die quantitativ-mineralogische Zusammensetzung der Gesteine unbeständig. Bei den Granitoiden wirkt sich das in Schwankungen des

Quarzgehaltes aus. Der Reichtum an Hornblende und akzessorischen Mineralen in den hybriden Gesteinen der Endokontakte und ihr stellenweise pegmatoides Aussehen sprechen dafür, daß die Assimilation bei Anwesenheit einer großen Menge flüchtiger Komponenten vor sich ging. Die Fluide begünstigten vermut-

TABELLE 6

Quantitativ-mineralogische Zusammensetzung der Gesteine der Reihe Granite-Gabbros

Granite und Granodiorite			Diorite und Gabbros		
Hauptminerale	Akzessorische Minerale	Sekundäre Minerale	Haupt-minerale	Akzessorische Minerale	Sekundäre Minerale
Plagioklas Kalifeldspat Quarz Hornblende Biotit	Monokliner Pyroxen Erzmineral Titanit	Aktinolith Albit Zoisit Epidot Serizit Chlorit Karbonat	Plagioklas Hornblende Biotit	Monokliner Pyroxen Kalifeld-spat Quarz Apatit Erzmineral Titanit	Aktinolith Albit Zoisit Epidot Serizit Chlorit Karbonat

TABELLE 7

Anorthitgehalt der Plagioklase in Gesteinen der Reihe Granite-Gabbros in Prozenten

Zonenfolge	Granite	Granodiorite	Tonalite	Quarzdiorite	Diorite	Gabbros
1	25	28	40	—	—	52
2	16	26	38	38	48	38
3	16	18	—	—	—	—
1	—	33	40	44	—	60
2	—	25	25	—	—	48
3	—	20	—	—	—	
1	—	—	—	47	—	70
2	—	—	—	—	—	52
3	—	—	—	—	—	45

lich auch, daß der Stoff in die Bereiche des hybridisierten Magmas migrierte und eine Serie von Taxitgesteinen bildete. Auf diese Stoffwanderung ist vermutlich zurückzuführen: a) die ungleichmäßige Verteilung der Hornblende und ihre Entwicklung durch Substitution des Plagioklases, b) das Auftreten von Hornblendepartien, c) die merklichen Schwankungen des Anorthitgehaltes der Plagioklase in den hybriden Gesteinen und d) der ungleichmäßige Gehalt an akzessorischen Mineralen.

Der schwankende stärker basische Anorthitgehalt der Plagioklase in den Gabbroiden beruht offensichtlich nicht nur auf einer einfachen „Summierung“ von Oligoklas aus dem Granitmagma, sondern auch auf einer zusätzlichen Einwanderung von Kalzium aus tieferen gleichfalls hybridisierten Horizonten der Intrusion. Mit der gleichen Stoffzufuhr kann teilweise auch die Ansammlung von Hornblende und von akzessorischen Mineralen in den Endokontakten erklärt werden.

Damit ist es sehr wahrscheinlich, daß bei der Assimilation Prozesse mitgewirkt haben, in deren Verlauf Ca, Mg und Fe eine große Beweglichkeit erlangten, d. h., daß außer der Assimilation auch Differentiationen vorlagen. Die Beweglichkeit der gleichen Komponenten hat offensichtlich auch die verstärkte Amphibolisation der Hornfelse bewirkt, die zur Neubildung von Amphiboliten geführt hat. Hierher gehört auch die Umwandlung der Xenolithe in melanokrate Amphibolite.

T. M. DEMBO weist mit geologischen Tatsachen nach, daß stark umkristallisierte Partien der Dachgesteine einen plastischen halbflüssigen Zustand durchlaufen haben. Vermutlich sind sie durch das Magma aufgelöst worden. So wird auch die Verschiedenartigkeit der Strukturen der hybriden Gesteine verständlich. Unsere Beobachtungen bestätigen diese Annahme. Die gleichen Hybridisationsprozesse, die wir weiter oben beschrieben haben, und in denen die Granodiorite aus den Endokontakten durch Tonalite abgelöst werden, sind im Nordostteil der Intrusion in größerem Maßstab entwickelt. Die geologischen Verhältnisse und die Strukturen der hybriden Gesteine deuten darauf hin, daß bei der Assimilation der basischen Porphyrite und ihrer Tuffe ein hybrides Magma auftrat. Aus ihm entstanden pyroxenhaltige Gabbros und Diorite, die durch Übergänge mit den Granodioriten verbunden sind. Sehr charakteristisch ist, daß die hybriden Gesteine allgemein geringe Quarzbeimengungen enthalten. Die erwähnten Tatsachen zeugen davon, daß das Nebengestein vor Kristallisationsbeginn der Intrusion stellenweise stark zertrümmert war und daß das Magma mit seinen flüchtigen Komponenten in solche stark gestörten Bezirke strömte. Die Bedingungen für eine Assimilation der Dachgesteine durch das granitoide Magma lagen jetzt günstig. Es wird also die Entwicklung der Hybridisation durch die Gesamtheit der magmatischen und tektonischen Ursachen bestimmt. Wie schon erwähnt, zeugen der starke Anteil an Hornblende in den hybriden Gesteinen, der erhöhte Gehalt an Apatit, Erzmineral und Titanit, die Entstehung grobkörniger, manchmal pegmatoider melanokrater Gesteine, die Anwesenheit von Pyroxen in den Tonaliten und der breite Kontakthof mit Biotit davon, daß 1. das Magma der hier beschriebenen Intrusion einen großen Vorrat an Wärmeenergie besaß und eine Temperatur hatte, welche die Kristallisation des Pyroxens ermöglichte, und daß 2. das Magma der Intrusion reich an flüchtigen Komponenten war, deren Anwesenheit die Vorgänge der Hybridisation und der Assimilation begünstigte. Alle Tatsachen sprechen nun dafür, daß auch die Granodiorite selbst auf einer Hybridisation des Granitmagmas beruhen. Diese Hybridisation konnte schon auf dem Wege zum Erstarrungsraum beginnen und setzte sich dann hier fort. Während sie in den ersten Stadien zu einem Magma mit granodioritischer Zusammensetzung führte, entstanden im Bereich des Erstarrungsraumes gabbroide und dioritische Varianten.

Einige Forscher haben die Besonderheiten des Aufbaus dieser Intrusion unterschiedlich gedeutet. M. N. Althausen betrachtete sie als eine Einheit, die auf der Differentiation eines Dioritmagmas beruht. Er erklärte die gabbroiden Gesteine durch Assimilation von Dolomiten[1]. A. W. Glaskowskaja & P. N. Kropotkin (1940) teilten die intrusive Tätigkeit in zwei Abschnitte. Im früheren Abschnitt entstanden die Diorite und im zweiten Abschnitt drangen die Granodiorite ein. Noch weiter in dieser Richtung ging J. A. Bilibin, der nicht zwei, sondern drei Abschnitte der intrusiven Tätigkeit unterschied. Unsere Beobachtungen bestätigen die Schlußfolgerung von T. M. Dembo über die weite Entwicklung einer Hybridisation des granitoiden Magmas. P. N. Kropotkin widerspricht T. M. Dembo und unterstreicht, daß die Gesamtzusammensetzung des Nebengesteins im Vergleich zu den Hybridisationsprodukten stärker sauer ist. T. M. Dembo antwortet auf diesen Einwand, daß die melanokraten Vertreter von einer Veränderung gabbroider Porphyritgänge herrühren[2], welche die sedimentär-vulkanogene Gesteinsserie des Ordoviziums durchsetzen. In der Tat zeigen die Analysen dieser Porphyrite (I) und der Hornblendegesteine (II) einen sehr ähnlichen Gehalt der Hauptoxyde (Tabelle 8).

TABELLE 8

Chemische Zusammensetzung der Porphyrite (I) und der Hornblendegesteine (II) in Prozenten

	SiO_2	Al_2O_3	Fe_2O_3	FeO	MgO	CaO	Na_2O	K_2O
I	46,82	14,10	4,37	8,00	7,00	11,37	2,34	0,67
II	43,83	12,38	3,55	7,75	13,23	11,61	2,06	0,82

Die Übergänge von den Graniten zu den Hornblendegabbros und Hornblenditen werden auch durch chemische Analysen bestätigt, die hier nur in Zahlenwerten angeführt sind.

Die Zahlenkennwerte im beigefügten Diagramm (Abb. 1) entsprechen den Angaben der Tabelle 9. Außerdem enthält das Diagramm kennzeichnende Größen für Durchschnittstypen von Eruptivgesteinen nach Daly unter den gleichen Nummern, wie sie in Nachschlagewerken gegeben werden (Sawarizki, 1941, S. 72 und 73).

Aus der Betrachtung der rechten Hälfte des Diagramms ergibt sich folgendes:

a) Für hybride Gesteine hat im Vergleich zu normalen Typen die Lage der Variationslinie einen größeren Zahlenkennwert „a“.

b) Der melanokrate Charakter hybrider Gabbroide findet seinen Ausdruck — im Vergleich zu normalen Gesteinen — in höheren Zahlenkennwerten „b“. Dasselbe gilt auch für den Teil der hybriden Gesteine dioritischer Zusammensetzung.

---

[1] Dolomite konnte man jedoch in den Dachgesteinen bisher nicht finden.

[2] Sie sind nach unseren Unterlagen effusiv und äußerst gering entwickelt.

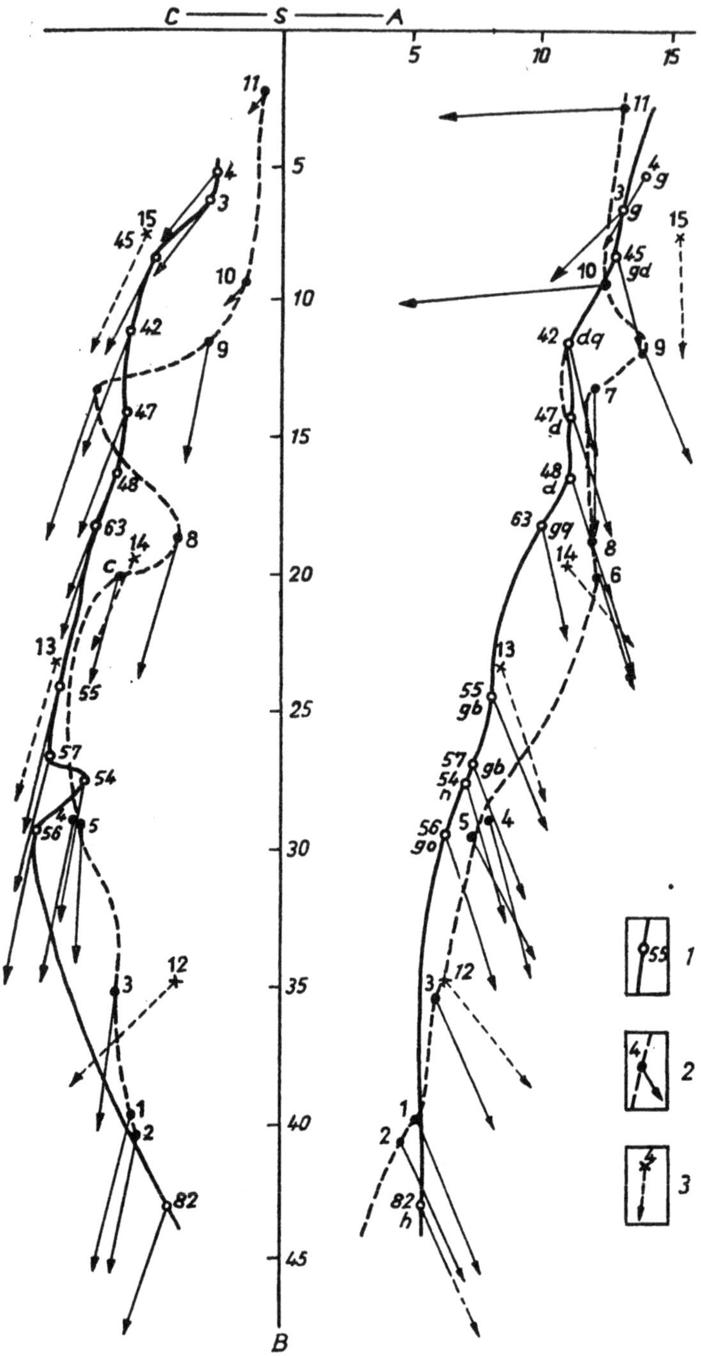

Abb. 1. Diagramm der Zahlenkennwerte für neutrale Typen der Eruptivgesteine nach Daly sowie von Gesteinen einer der Granodioritintrusionen mit nachgewiesener Assimilation und Hybridisation.

1 — Variationslinie und chemische Kennwerte für neutrale Typen von Eruptivgesteinen nach Daly; g — Granit, gd — Granodiorit, dq — Quarzdiorit, d — Diorit, gq — Quarzgabbro, gb — Gabbro, n — Norit, go — Olivingabbro, h — Hornblendit; 2 — Variationslinie und chemische Kennwerte eruptiver und hybrider Gesteine; 3 — chemische Kennwerte der Dachgesteine. Die Zahlen auf den Kurven entsprechen den Nummern der Analysen (nach dem Handbuch von A. N. Sawarizki und nach Tabelle 9)

TABELLE 9

Zahlenkennwerte der Gesteine des Kurtukul-Massivs

Analysen-Nr.	Analysierte Gesteine	a	c	b	s	a'	f'	m'	c'	n	φ	t	Q	$\frac{a}{c}$	SiO_2 in Gew.-%
1	Hornblendit	5,5	5,2	40	49,3	—	25,3	54,0	20,7	78,6	7,2	3,4	17,6	1,06	43,83
2	Hybride Gesteine gabbroidischer Zusammensetzung	4,6	5,2	40,5	49,7	—	28,4	48,5	23,1	82,2	10,9	4,2	15,0	0,9	43,91
3	desgl.	5,9	6,1	35,4	52,6	—	31,0	46,6	22,4	88,6	12,1	3,0	12,7	0,96	45,64
4	desgl.	8,0	7,6	29,3	55,1	—	29,4	52,1	18,5	73,7	9,5	1,9	13,4	1,05	46,72
5	desgl.	7,2	7,3	29,5	56,0	—	34,9	44,1	21	92,3	13,6	1,18	9,7	1,0	47,37
6	HybrideGesteine dioritischer Zusammensetzung	11,9	6,0	20,2	61,9	—	52,1	35,6	12,2	78,6	23,8	1,5	6	1,98	51,80
7	desgl.	11,4	6,8	13,4	68,4	—	43,2	54,7	2,1	74	11,6	1,34	7,2	1,64	57,46
8	desgl.	11,4	3,7	18,7	66,2	—	33,1	50,5	16,3	77,4	17,4	1,0	5,9	3,08	58,00
9	Quarzdiorit	13,4	2,6	11,7	72,3	—	39,2	42,6	18,2	78,2	14,8	0,73	15,2	5,1	64,83
10	Granit	12,0	1,4	9,6	77,0	73,8	19,0	7,3	—	59,4	4	0,25	28,6	8,7	71,2
11	desgl.	12,8	0,8	3,0	83,4	65,2	32,6	2,2	—	48	13	0,08	40,4	16	76,64
12	Porphyrit (nach T. M. DEMBO)	6,2	3,5	34,8	55,5	—	33,8	35,3	30,9	48,3	11,3	1,1	12,0	1,8	46,82
13	Porphyrittuff	8,2	7,4	23,5	60,9	—	37,6	45,8	16,6	76	7,8	1,0	2,0	1,1	51,22
14	Hornfels, gebildet aus Porphyrittuff	10,7	5,4	19,6	64,3	—	50	28	22	69,2	14	1,0	1,8	2,0	55,48
15	Hornfels, gebildet aus tuffogenem Sandstein	14,2	4,8	7,6	73,4	—	57	43	—	68,2	0	0,8	13,6	3,0	64,40

c) In einigen Fällen weisen die hybriden Gesteine auch höhere Zahlenkennwerte „m“ auf als die normalen Gesteine.

Aus der linken Hälfte des Diagramms wird trotz der Gewundenheit der Variationslinien leicht ersichtlich, daß in hybriden Gesteinen die Zahlenkennwerte „c“ kleiner sind als in normalen Gesteinen, d. h., sie haben eine relativ kleinere Zahl an Kalziumatomen, die in das Anorthitmolekül eingehen können. Zu erwähnen ist noch, daß die Kennwerte der Analysen 1 und 2 sehr eng beieinander liegen. Die erste Analyse entspricht aber einem Hornblendit und die zweite einem Gabbro. Es handelt sich also um heteromorphe Bildungen.

Die Analysen 13, 14 und 15 stammen von den am weitesten verbreiteten Dachgesteinen der Intrusion. Nach ihren Kennwerten haben sie andesitische Zusammensetzung. Die hybriden Gesteine sind stärker basisch und melanokrat. Das trifft auch auf das am stärksten basische Dachgestein, den Porphyrit, zu (siehe Analyse 12). Vermutlich folgte also auf die Hybridisation eine Differentiation. Dabei wanderte ein Teil (Ca, Mg und Fe) des assimilierten Stoffes und sammelte sich erneut an. So bildeten sich die basifizierten melanokraten Hornblende- und Hornblende-Plagioklasgesteine. Sehr kennzeichnend ist der metasomatische Entwicklungsgang der Hornblende auf Rechnung des Plagioklases und die Bildung von Hornblendegesteinen auf diesem Wege. Eine Übertragung von Mg und Fe wird dadurch bestätigt. Beide Elemente wurden auch über den eigentlichen Intrusionsbereich hinaustransportiert. Davon zeugt die Ansammlung des Amphibols in den Hornfelsen des Exokontakts.

Durch Assimilation und Differentiation werden die komplizierten Wechselbeziehungen und die Zusammensetzung der Gesteine in der hier beschriebenen Intrusion besonders überzeugend erklärt.

4. Die Krykkuduk-Intrusion

Kürzlich erst ist eine Arbeit von W. I. Gonschakowa (1950) erschienen, die zusammen mit uns 1947 an der Untersuchung der Hybridisation im Bereich des Krykkuduk-Massivs arbeitete. Aus ihren veröffentlichten Unterlagen wird ersichtlich, daß im Bereich dieser Intrusion der gleiche Gesteinskomplex entwickelt ist, wie wir ihn weiter oben beschrieben haben. In den Exokontakten der Krykkuduk-Intrusion kommen gewöhnlich Hornblende- und Pyroxen-Hornblendehornfelse vor. Die Gesteine haben blastoporphyrische, porphyroblastische, porphyrisch-poikiloblastische und hypidiogranoblastische Gefüge. In vielen Fällen bleibt es jedoch nicht bei der Bildung gewöhnlicher Hornfelse. Bei einer intensiveren Einwirkung der Intrusion auf das Nebengestein gehen die Hornfelse an den Kontakten mit Granodioriten in körnige, häufig sogar grobkörnige und uneinheitliche melanokrate Gesteine von sehr unbeständiger mineralogischer Zusammensetzung über. In manchen Fällen sind sie äußerlich den Amphiboliten ähnlich. Entsprechen sie ihrer Zusammensetzung nach melanokraten Gabbroiden, so muß man sie als Plagioklas-Pyroxengesteine bezeichnen. Ihr massiges Aussehen hat manche Forscher dazu verleitet, sie als Eruptivgesteine mit gabbroider, gabbronoritischer usw. Zusammensetzung zu beschreiben. Als erster bemerkte

E. I. Ryzk ihre besondere mineralogische Zusammensetzung und ihre besonderen Strukturen. Er wies ihre Umwandlung aus den Dachgesteinen nach und bezeichnete sie als grobkörnige Hornfelse.

Wir wollen nun einige Lokalitäten beschreiben, an denen diese Gesteine auftreten.

In einer Entfernung von 1,5 bis 2 km nordwestlich des Tastykul-Sees, am Fuße einer vom See gut sichtbaren spitzen Kuppe, streichen viele melanokrate Hornblende-Gabbrodiorite aus. Auf geringe Entfernung gehen sie in Diorite und dann in Quarzdiorite und Granodiorite über. Die Kuppe selbst besteht aus sehr frischen mittel- bis sehr grobkristallinen, taxitischen, porphyrähnlichen Pyroxen-Labrador-Gesteinen. Zwischen den großen Körnern aus monoklinem Pyroxen und Plagioklas liegen Hornfelsaggregate mit den gleichen Mineralen. Der Pyroxen wird teilweise durch Hornblende substituiert. Auf den Verwitterungsflächen sind reliktische Bruchstrukturen der umkristallisierten Ausgangsgesteine gut zu sehen.

In den westlichen Exokontakten des Massivs und in seinem Dachgesteinen in Höhe des Tastykul-Sees und südlich davon findet man Amphibolite mit ungleichmäßigen und ungleichkörnigen granoblastischen Strukturen. Die melanokraten Partien sind reichlich mit Amphibol und Biotit gesättigt und enthalten manchmal monoklinen Pyroxen. Pyroxen und auch Plagioklas werden durch Hornblende verdrängt. In den stärker leukokraten Bereichen — sie sind mit den melanokraten durch allmähliche Übergänge verknüpft — überwiegen jedoch Plagioklas (Labrador, in seltenen Fällen Bytownit). In den leukokraten grobkörnigen Bezirken ist die Einwirkung der Intrusion deutlich sichtbar. Ihrer Zusammensetzung nach entsprechen sie Quarzdioriten. Sie bestehen aus großen Körnern von gewöhnlich serizitisiertem Plagioklas (Oligoklas mit 28% An) und Quarz. Die Zwischenräume sind mit einem feinkörnigen Aggregat ausgefüllt. Es besteht vorwiegend aus Hornblende mit untergeordneter Entwicklung von Plagioklas sowie aus Quarz und einer Beimengung von Mikroklin. Die feinkörnige Masse korrodiert die größeren Körner und enthält frischen, stärker basischen Andesin mit 36% An. In der Amphibolitmasse schwimmen noch Reste des Daches. Es sind das Linsen aus kontaktmetamorphen Porphyriten und Tuffen. Sie erreichen Längen von 10 bis 15 Metern und Breiten zwischen 1,5 und 2 Metern. Sie gehen allmählich in die Amphibolite über, sind jedoch manchmal auch scharf begrenzt. In den Übergangszonen haben die Amphibolite gewöhnlich eine gute Paralleltextur und sind ungleichkörnig.

Unter dem Mikroskop erkennt man porphyroblastische Strukturen mit Porphyroblasten von Labrador (60 bis 68% An), die von feinkörniger Hornblende verdrängt werden. Die Hauptmasse dieser Gesteine besitzt aber noch die alten Hornfelsstrukturen und enthält den alten Labrador mit 68 bis 70% An sowie Beimengungen von Biotit und Quarz.

Auf Grund der beschriebenen Tatsachen wird festgestellt: 1. eine Bildung der Amphibolite aus den Dachgesteinen, 2. die Bildung melanokrater Amphibolite bei der Substitution des Plagioklases durch die Hornblende, 3. das Vorhandensein von Stoffzufuhr aus der Intrusion mit Auftreten von Mikroklin, Biotit und Quarz.

Im Folgenden wollen wir noch Beispiele anführen, die S. M. USSATSCHEWA untersucht hat.

Gesteine von sehr interessanter Zusammensetzung liegen an der Basis der Granodiorite etwas südöstlich der Ortschaft Krykkuduk, wo sie eine schroff hervortretende Kuppe bilden. Diese Kuppe hat einen Durchmesser von etwa 2 km. Sie besteht aus äußerlich einheitlichen dunkelgrauen grob- und mittelkörnigen Gesteinen, in denen örtlich Porphyroblasten von Hornblende mit einer Größe bis zu 3 cm vorkommen. Wie die mikroskopische Untersuchung zeigt, gibt es unter den Pyroxen-Plagioklasgesteinen zwei Varietäten. Sie sind durch allmähliche Übergänge miteinander verknüpft. Eine dieser Varietäten ist ein Olivingabbroid und enthält bis zu 57% Plagioklas mit 53 bis 68% An, monoklinen Pyroxen (20 bis 30%), Hornblende (10 bis 20%), Olivin (8%) und Akzessorien. Die Strukturen sind heteroblastisch, in manchen Bereichen auch poikiloblastisch. Die zweite Varietät ist weiter verbreitet. Der Gehalt an einem etwas stärker blastischen Plagioklas mit 72% An ist etwa derselbe wie in der ersten Varietät. Hypersthen kommt reichlich vor (30%), Klinopyroxen (10%) und Hornblende (5%) haben untergeordnete Bedeutung.

Die zweite Varietät der Hypersthen-Plagioklasgesteine liegt in den zentralen Teilen des Aufschlusses. Weiter entfernt vom Zentrum gehen sie allmählich in olivinhaltige Gesteine über, die an die Diorite aus dem Endokontakt der Intrusion grenzen. Bei der ersten Durchsicht ist man der Meinung, daß diese Pyroxen-Plagioklasgesteine ophitisches Gefüge wie in magmatischen Gabbroiden haben. Bei aufmerksamer Betrachtung entdeckt man jedoch zwei Merkmale, die sie von normalen magmatischen Bildungen unterscheiden. Das erste Merkmal besteht darin, daß am Plagioklas nur die Flächen (010) idiomorph sind. Er hat deutlich plattigen Habitus. Die Flächen des Basispinakoids (001) sind nicht entwickelt. Die Korngrenzen verlaufen hier gezahnt und unregelmäßig.

Das andere Merkmal ist ihr heteroblastisches Gefüge. Geringe Schwankungen in den Abmessungen der Komponenten lassen keine sichtbaren Gesetzmäßigkeiten erkennen, die sonst für magmatische Gesteine kennzeichnend sind. Außerdem fällt die geringe Breite der Zwillingsstreifen beim Plagioklas auf, die mehr für neutrale und nicht für basische Plagioklase typisch ist. Aus diesen Gründen kann man die Strukturen der beschriebenen Gesteine am ehesten als hypidiogranoblastisch bezeichnen. Die Minerale sind somit erneut zum Sprossen angeregt worden.

Für die beschriebenen kontaktmetamorphen Gesteine ist folgendes charakteristisch:

1. Man kann zwei Abschnitte der Kontaktmetamorphose unterscheiden. Im ersten Abschnitt erfolgt die Bildung der Hornfelse. Der zweite Abschnitt wird von Bewegungen und vom Zubruchgehen der Hornfelse begleitet. Es entwickeln

sich Injektionen magmatischen Stoffes, in deren Nachbarschaft der Hornfels intensiv amphibolitisiert ist.

2. Aus den vulkanogenen Dachgesteinen bilden sich Pyroxen-Plagioklasgesteine.

3. Der Anorthitgehalt der Plagioklase ist im Bereich eines Aufschlusses der Pyroxen-Plagioklasgesteine sehr unbeständig. Man findet Werte von Andesin bis Bytownit. Rhombischer Pyroxen tritt in der Nähe der Kontakte zu der Intrusion auf. Hier findet man auch manchmal Olivin. Zu betonen ist die ungewöhnliche Assoziation dieser Minerale mit Biotit und mit Quarz.

4. Die Strukturen der Gesteine sind granoblastisch. Bei intensiver Umkristallisation sind sie hypidiogranoblastisch und manchmal schwer von magmatischen Strukturen zu unterscheiden.

Das erklärt uns, weshalb man diese Gesteine früher als eruptive Bildungen beschrieben hat.

R. E. Kwjatkowski (1941) wies z. B. auf Endokontakte aus Gabbronoriten und Gabbros in der Intrusion hin, unter Hinweis auf die von uns weiter oben beschriebenen Punkte (z. B. Kujanbai). Hieraus werden auch die Differenzen zwischen den verschiedenen Standpunkten verständlich, welche die metamorphe Natur dieser Gabbroide nicht berücksichtigt haben. So sind nach R. E. Kwjatkowski die Gabbros und die Diorite durch allmähliche Übergänge mit den Granodioriten verbunden. Nach Ansicht J. A. Bilibins ist die Intrusion mehrphasig. Es intrudieren hintereinander Gabbronorite, Tonalite und Adamellite.

Auf Grund der dargelegten Angaben möchten wir die besonderen Gesteinsvarietäten der Krykkuduk-Intrusion vor allem durch die gut entwickelte Hybridisation erklären. Sie hat vielleicht schon beim Aufsteigen des Magmas vor dem Erreichen dieses Raumes begonnen. Auf Hybridisation beruhen die uneinheitliche Zusammensetzung der Gesteine dieser Intrusion und die allmählichen Übergänge zwischen ihnen. Über die Merkmale finden wir viele Hinweise bei R. E. Kwjatkowski (1941). Noch stärker basische Gesteine als Tonalite und Adamellite aus dem Endokontakt lassen keine Beziehung zum Gehalt an Einschlüssen erkennen.

Bei der Bildung von Gabbrodioriten, Dioriten und Syenitdioriten in den Endokontakten haben sich farbige Minerale angesammelt. Der Gehalt an Kalifeldspat und Quarz hat sich verringert. In der Nähe der Kontakte entstehen an Stellen der intensivsten Einwirkung der Intrusion auf die Hornfelse des Daches metasomatische uneinheitliche Kontaktgesteine, die ihrer Zusammensetzung nach leicht zu den Pyroxeniten, Gabbroiden und verschiedenartigen Dioritoiden gerechnet werden können. Das ist auch tatsächlich geschehen. In allen diesen Gesteinsvarietäten spielt Hornblende eine wesentliche Rolle. Sie zeugt zusammen mit den pegmatoiden Strukturen von der großen Rolle flüchtiger Komponenten in den Prozessen der Umkristallisation. Der große Gehalt an Hornblende im Endokontaktgestein läßt uns daran denken, daß die Kontaktzone ganz allgemein mit flüchtigen Komponenten angereichert war. Beachten wir 1. das melanokrate Aussehen der sich in den Exokontakten bildenden Pyroxen-Plagioklasgesteine und Amphibolite und 2. das Absinken des Anorthitgehaltes der Plagioklase sowie des Gehalts an Pyroxen, je weiter man sich vom Kontakt entfernt, so lassen diese Tatsachen vermuten, daß mindestens die Elemente Mg und Fe, teilweise vielleicht auch Ca, zugeführt wurden. Es ist also eine Basifizierung des Nebengesteins durch das Material erfolgt, das früher vom Granitmagma bei seiner Hybridisation assimiliert wurde.

5. Ein weiteres Beispiel einer kleinen Intrusion hybrider Gesteine

Wir wollen jetzt nur noch ein Beispiel für kleine intrusive Körper quarzdioritischer Zusammensetzung geben, in dem eine Hybridisation des Magmas in der Tiefe angenommen werden kann. Dieser Intrusionskörper hat eine ovale, fast rundliche Form bei einer Fläche von 0,3 km². Die Kontakte sind steil, häufig senkrecht. Das Nebengestein besteht aus tuffogenen Sandsteinen des Caradoc. Im Liegenden sind Andesitporphyrite und ihre Tuffe nachgewiesen. T. M. Dembo nahm an, daß diese Quarzdiorite bei der Aufnahme von Dachgesteinen im Granitmagma entstanden seien.

Diese Annahme ist durch die letzten Arbeiten nicht bestätigt worden. Das Massiv hat nämlich einen normalen Intrusionskontakt zu den Hornfelsen des Nebengesteins.

Unter den Intrusionsgesteinen haben Quarzdiorite den größten Anteil. In geringerem Maße sind Diorite und Gabbrodiorite entwickelt. Außerdem sind in zwei oder drei Fällen Funde von Granodioriten und Graniten bekannt (Zusammensetzung des Granodiorits: Quarz — 19,9%, Mikroklin — 24%, Plagioklas — 43,3%, Biotit — 12,8%). Alle aufgezählten Gesteine sind durch Übergänge miteinander verbunden. Unter den Mineralen überwiegen Hornblende und zonar gebauter Andesin. In den stärker basischen Varietäten entdeckt man in der Hornblende Relikte von Klinopyroxen, der manchmal mit Hypersthen verwachsen ist. Die Basenzahl des Plagioklases steigt hier bis zum Labrador (55% An) an. Quarz ist allen Varietäten beigemengt. Biotit und Mikroklin sind im allgemeinen gering verbreitet. Akzessorien sind durch Rutil- und Titanomagnetit vertreten. Besonders verbreitet sind Apatit und Titanit.

In chemischer Beziehung sind die Diorite den hybriden Gesteinen aus der vorher beschriebenen Intrusion analog. Für sie ist gleichfalls die Anreicherung mit Magnesium und der hohe Zahlenkennwert „b“ bezeichnend.

In den Randteilen der Intrusion kommen grüngraue, mittelkörnige, gefleckte melanokrate Quarz-Gabbrodiorite zum Vorschein. Sie enthalten große kurzprismatische Hornblendekörner oder ihre Verwachsungen, in denen Relikte von Pyroxen liegen. Die Hornblende umschließt häufig kleine Plagioklaskörner. Stellenweise führen die Gesteine kleine, unscharf begrenzte grobkristalline pegmatoide Hornblende- und Plagioklasaggregate. Die gefleckten Varietäten gehen in gleichkörnige Diorite und Quarzdiorite über. In ihnen ist die Hornblende prismatisch ausgebildet und häufig strahlig zusammengewachsen. Der Hornblendegehalt liegt zwischen 30 und 60%.

In den Quarz-Gabbrodioriten beträgt der Quarzgehalt 14%, in melanokraten Quarzdioriten liegt er zwischen 6 und 19%, in Granodioriten und Graniten beträgt er 18 bis 27%. Von den farbigen Mineralen in stärker melanokraten Varietäten überwiegt stark die Hornblende, die nur in einigen Granodioriten hinter dem Biotit zurücktritt. Der Plagioklasgehalt liegt vorwiegend bei etwa 40%. Kalifeldspat, der in Gabbrodioriten und Quarzdioriten gewöhnlich fehlt, ist in Granodioriten mit 8 bis 15% enthalten.

Nach dem Aussehen können unter den hier beschriebenen Gesteinen zwei der am weitesten verbreiteten Varietäten unterschieden werden: 1. die prismatisch-körnige Varietät mit deutlich entwickelter, langprismatischer Hornblende und 2. die fleckige Varietät mit Putzen aus farbigen Mineralen und mit Pyroxenrelikten. Diese fleckige Varietät ist manchmal porphyrartig. Die prismatisch-körnigen Strukturen sind unter den Quarz-Gabbrodioriten und den am stärksten melanokraten Dioriten verbreitet, während die fleckigen und porphyrartigen Strukturen vorwiegend in Quarzdioriten, Granodioriten und Tonaliten vorkommen.

In der fleckigen Varietät der Quarzdiorite gruppiert sich die Hornblende in Ansammlungen und an den Stellen der substituierten Pyroxenkörner. In diesem Gesteinstyp kann man deutlicher zwei Generationen von Mineralen feststellen, was in einzelnen Fällen zur Entwicklung porphyrartiger Strukturen führt. Der reichlich anwesende Quarz füllt große Felder und umschließt idiomorphe Hornblende- und Plagioklaskörper. Es entsteht eine eigenartige poikilitische Struktur.

In den zentralen Teilen der Hornblendehäufchen liegen manchmal Körner aus monoklinem Pyroxen von 1 bis 3 mm Größe oder Verwachsungen von monoklinem Pyroxen mit Hypersthen. Sie werden mehr oder weniger breit von prismatischen unregelmäßigen Körnern braungrüner Hornblende umsäumt. Am Außenrand der Hornblenden konzentrieren sich manchmal Biotitblättchen, die den Amphibol substituieren. Auf diese Weise entstehen Gruppierungen, die an Kranzstrukturen erinnern. Häufiger jedoch ist der Pyroxenteil der „Flecken“ nicht erhalten geblieben. An seiner Stelle bildeten sich blastische Aggregate unregelmäßiger Aktinolithkörner und sehr selten Biotit pseudomorph nach Hypersthen.

Die Hornblende und der Aktinolith haben kleine, 0,2 bis 0,3 mm lange, häufiger eher rundliche als etwas eckige Konturen, die mit grünlichem faserigem Serpentinmineral angefüllt sind und von kleinen Magnetitkörnern durchsetzt werden. Der chrysotilähnliche Charakter des Serpentinminerals ist für die Substitutionsprodukte des Olivins kennzeichnend. Aus der Menge des Magnetits, der sich bei der Veränderung des Chrysotils gebildet hat, kann man auf einen eisenhaltigen Olivin schließen. J. A. Bilibin hat allerdings nur einen einzigen Olivinkristall entdecken können.

Vermutlich hat also ganz zu Beginn der Kristallisation der Gesteine eine Ausscheidung eisenreichen Olivins stattgefunden, dessen Körner in dem später gebildeten, monoklinen und rhombischen Pyroxen blockiert und eingeschlossen waren. Deshalb entstanden an den Grenzen der Pyroxensubstanz die Reaktionssäume und Aggregate grünbrauner Hornblende. Es besteht eine natürliche und direkte Beziehung zwischen dem Gehalt an farbigen Mineralen und der Menge der Pyroxenrelikte.

Die Zwischenräume der „Flecken“ der farbigen Minerale sind mit großen idiomorphen Plagioklasen und mit wenigen xenomorphen Quarzkörnern ausgefüllt. Selten sind die großen Plagioklaskörner gegenüber monoklinem Pyroxen idiomorph. In anderen Partien bestand die Hauptmasse der Gesteine gleichfalls aus großen Plagioklaskörnern und aus Häufchen von farbigen Mineralen. Zwischen den früher ausgeschiedenen Mineralen kommt jedoch eine feinkörnige Generation idiomorpher Plagioklase und grüner Hornblende vor, die in Quarz eingebettet ist. Äußerlich erinnern solche Quarzkörner mit poikilitischen Einschlüssen von Plagioklas und Hornblende außerordentlich stark an die, welche wir als Amphibolite und Xenolithe beschrieben haben.

Die besondere qualitative und quantitative Zusammensetzung der Gesteine dieser Intrusion stellt sie beim ersten Blick ins Mikroskop außerhalb der Reihe der normalen Intrusivgesteine. Analoge Zusammensetzungen und Strukturen bis zur Wiederholung von Einzelheiten hat man in vielen kleinen Intrusivkörpern Nordkasachstans finden können.

Bei der Erklärung der Entstehungsart der beschriebenen Gesteine müssen folgende Momente beachtet werden:

1. Im Bereich der dioritischen Gesteine gibt es auch Aufschlüsse von Granodioriten und Graniten, während die wenigen Gänge aus den für Granitintrusionen typischen Ganggraniten, Mikrograniten, Apliten und Pegmatiten bestehen. Diese Assoziation der Ganggesteine weist auf direkte genetische Bindung der Diorite an die Granite hin (Polkwoi 1950).

2. Die Struktur der Diorite zeugt davon, daß sie durch Kristallisation entstanden sind. Gegen die von T. M. Dembo angenommene Hybridisation des Magmas an Ort und Stelle sprechen folgende Gründe: a) Der Intrusivkörper hat sehr geringe Ausmaße. Man kann sich in seinem Bereich eine weit fortgeschrittene Hybridisation schwer vorstellen. b) Das Nebengestein besteht aus tuffogenen Sandsteinen. In ihnen liegt der obere Teil der Intrusion. Dieses Nebengestein enthält Quarz und wenig Eisen-Magnesium-Komponenten. c) Die scharfen intrusiven Kontakte der Diorite mit allen Gesteinen des Nebengesteins, darunter mit andesitischen Porphyriten und ihren Tuffen, sind eigentlich nur durch das Eindringen eines schon in der Tiefe hybridisierten Granitmagmas zu erklären. Der letzte Grund wiegt am schwersten.

3. Der außerordentlich starke Anteil der Hornblende an der Zusammensetzung der Diorite, die große Menge an akzessorischen Mineralen und die pegmatoiden Varietäten der Gesteine beruhen auf einem hohen Gehalt an flüchtigen Komponenten im hybridisierten Magma. Die Bildung stärker basischer Gesteine in den Randteilen des Massivs können wir nur mit den oben angeführten Ursachen erklären.

III. Die Bedeutung der Hybridisation bei der Bildung der stofflichen Zusammensetzung der granitoiden Intrusivkomplexe

Obgleich wir uns in der vorliegenden Arbeit mit der Beschreibung nur eines Teils des vorliegenden Materials über Hybridisation begnügen müssen, sind uns trotzdem schon folgende Schlußfolgerungen möglich:

1. Da die vulkanogenen Gesteine des unteren Paläozoikums und auch die Granite sehr kontrastreich zusammensetzt sind, so sehen wir das als ein Anzeichen an, daß die Hybridisation in Zentralkasachstan recht weit verbreitet ist. In der vorliegenden Literatur über Kasachstan sind diese Erscheinungen jedoch unbemerkt geblieben, oder sie wurden ein Opfer der Differentiationstheorien, oder die Beschreibung war nur oberflächlich. Das gilt aber nicht nur für Zentralkasachstan. Von den sowjetischen Forschern hat nur D. S. BELJANKIN (1937) konsequent auf Kontaktvorgänge und ihre Bedeutung für die Petrogenese geachtet. An der entstandenen Situation hat Schuld, daß man die theoretischen Schlußfolgerungen N. L. BOWENS unkritisch übernommen hat, in denen er es für möglich hält, daß ein Magma diejenigen festen Phasen konservieren kann, an denen es übersättigt ist. Nach BOWEN können also basische Gesteine nicht durch das Granitmagma aufgelöst werden. Es waren aber nicht nur in der sowjetischen, sondern auch in der ausländischen Literatur schon längst entgegengesetzte Tatsachen bekannt, und es gab Stimmen, die vor den Ansichten BOWENS warnten. Als Beispiel soll dienen, daß K. FENNER eine Auflösung basischer Gesteine durch rhyolithisches Magma nachweisen konnte, die offensichtlich einer Kristallisationsdifferentiation widerspricht. Ihrem Wesen nach berühren diese Differenzen eine wichtigere und allgemeine grundsätzliche Frage, die Frage über den Einfluß der geologischen Umgebung auf die stoffliche Zusammensetzung magmatischer Prozesse.

Aus den gleichen Ursachen gibt es in der Literatur der letzten Zeit ein Wirrwarr in der Terminologie, die für die Produkte der Hybridisation verwendet wird. So ist im Zusammenhang mit der Verbreitung der Theorie von N. L. BOWEN der Gebrauch des Terminus „Assimilation" in der letzten Zeit sehr zu Unrecht stark eingeschränkt worden.

Wenden wir uns der gegenwärtig verwendeten Terminologie zu und berücksichtigen wir die Überlegungen, die in dieser Hinsicht seinerzeit A. N. SAWARIZKI (1937) ausgesprochen hat.

a) Assimilation (vom französischen Wort *assimilation*). Der Terminus bezeichnet den Prozeß der Aufnahme, d. h. der Einschmelzung und Auflösung von Fremdmaterial durch das Magma.

b) Den Begriff der Hybridisation und der hybriden Gesteine hat HARKER (1905) eingeführt. Der Terminus wird vom lateinischen Wort *hibridae* abgeleitet und bezeichnet etwas von zweifacher Herkunft. Der Autor dieses Terminus bezeichnete mit ihm Gesteinstypen, die entweder bei der Assimilation bereits erstarrter Magmatite durch eine jüngere Schmelze oder aber durch Vermischung zweier Magmen entstanden sind. W. N. LODOTSCHNIKOW (1927, S. 70) unterstreicht mit Recht, daß der Terminus „hybrides Gestein" vollkommen neutral ist und nur auf die zweifache Herkunft der Bestandteile des Gesteins hinweist. Er hält es für angebracht, diesen Terminus auch für solche Gesteine anzuwenden, die bei einer Einwirkung des Magmas auf Hornfelse entstehen, d. h. für Bildungen, die wir für die Exokontakte der Intrusionen beschrieben haben.

Zuzustimmen ist der Einschränkung von A. N. Sawarizki, Hybridisation nur auf solche Gesteine anzuwenden, die man auf Grund ihrer Zusammensetzung und ihres Gefüges nicht zu den Derivaten normaler Magmen rechnen kann.

c) Kontamination (Verunreinigung) — ein Terminus, der in der letzten Zeit weite Verbreitung gefunden hat. H. H. Read hat diesen Terminus 1923 eingeführt, um lediglich nur den Prozeß einer Assimilation von Sedimentmaterial durch das Magma zu bezeichnen. Als Produkt dieses Vorgangs entstehen kontaminierte (verunreinigte) Gesteine.

Wenn man also die erwähnten Termini in ihrer ursprünglichen Bedeutung anwendet, so umfaßt der Terminus Hybridisation die Erscheinungen, die sich auf magmatische Gesteine beziehen und der Terminus Kontamination die Aufnahme sedimentärer Bildungen durch das Magma. Gegenwärtig werden die Termini hybride und kontaminierte Gesteine sowie auch die Termini Assimilation und Kontamination gewöhnlich in gleichem Sinne angewandt. Das rechtfertigt allerdings nicht, daß beide Termini notwendig sind und gleichzeitig benutzt werden.

Es ist natürlich, daß die praktische Benutzung der Termini ihnen häufig einen neuen Inhalt gibt. Wenn dieser neue Inhalt auf einem Fortschritt der wissenschaftlichen Erkenntnisse beruht, erhält er ein Bürgerrecht. Der ursprüngliche Sinn des Terminus erinnert dann nur an das erste Stadium der Untersuchung des Objekts.

Gegenwärtig wird der Terminus Kontamination in einer erweiterten Bedeutung gebraucht als bei Read. Er gilt auch, wenn das Material der Verunreinigung zu eruptiven Bildungen gehört.

Solche Bezeichnungen wie hybride Gesteine, Hybridisation und Hybridisationsprozesse haben heute einen allgemeinen Sinn. Man wendet sie dann an, wenn eine zweifache Herkunft ihrer materiellen Grundlage offensichtlich und nachgewiesen ist. Diese Termini geben das Wesen der Bildungsprozesse hybrider Gesteine nicht wieder.

Zur Bezeichnung der Prozesse werden zwei Termini verwendet: Assimilation und Kontamination. Den ersten Terminus wollen wir auf alle Fälle einer Aufnahme und Einschmelzung von magmafremdem Material beschränken. Nach der Assimilation bleiben Relikte des materiellen Gerüstes der aufgenommenen Gesteine erhalten, und es bildet sich auf diese Weise ein hybrides Magma. Bei der Kristallisation dieses Magmas entstehen Gesteine mit hybriden Merkmalen.

Der Terminus Kontamination setzt eine wechselseitige Reaktion zwischen den Bruchstücken der erfaßten Gesteine und dem intrudierenden Magma voraus, wobei in kontaminierten Gesteinen die Konturen des Bruchmaterials mehr oder weniger erhalten bleiben. In dem heutigen Terminus liegt die Vorstellung über die Aufnahme von Fremdmaterial durch das Magma auf dem Wege metasomatischer Reaktionen und das Überwechseln eines Teils der Reaktionsprodukte vermittels der flüchtigen Stoffe in das Magma. Kontamination und Assimilation können sich entsprechen. Sie entsprechen häufig auch in Wirklichkeit verschiedenen Stadien der Aufnahme von Fremdmaterial. Außerdem muß man hybride Gesteine injektions- und kontaktbedingter Herkunft unterscheiden. Begrenzte Mengen magmatischen Materials in Form von mit flüchtigen Komponenten angereicherten Injektionen sind bei ihrer Bildung in die zertrümmerten Zonen der Dachgesteine eingedrungen. Dabei können auch in diesem Falle die Dachgesteine teilweise eingeschmolzen werden. Da bei der Bildung hybrider Gesteine stets ein Kontakt zwischen verschiedenen Medien besteht, muß man Endokontakte und Exokontakte hybrider Bildungen unterscheiden.

Das angeführte Tatsachenmaterial und die Beobachtungen an anderen Intrusionen gestatten, einige Reihen hybrider Magmatite aufzustellen, die durch allmähliche Übergänge mit den Graniten verbunden sind.

I. Reihe: Gabbros — Gabbrodiorite — Diorite — Quarzdiorite — Tonalite — Adamellite und Granite.

Diese Reihe gilt in vielen Regionen als die Hauptreihe. Die anderen Reihen haben gewöhnlich geringere Bedeutung und sind eigentlich nur Variationen der Hauptreihe.

II. Reihe: Gabbrodiorite — Quarzdiorite — Quarzsyenitdiorite — Adamellite und Granite.

III. Reihe: Gabbrodiorite — Syenitdiorite — Quarzsyenitdiorite — Adamellite und Granite.

Endlich sind in den Endokontakten der Intrusionen Übergänge von Graniten zu Syeniten und Granosyeniten bekannt:

IV. Reihe: Syenite — Granosyenite — Granite.

In einer Anzahl von Fällen besteht eine reziproke Beziehung zwischen der Größe der Körper und dem Grad der Hybridisation, d. h. je kleiner die Dimensionen der Intrusionen, um so weiter ist in ihnen die Hybridisation fortgeschritten. Das beruht vermutlich auf den verschiedenen Mengenverhältnissen zwischen dem intrusiven und dem aufgenommenen Material sowie auf dem hohen Gehalt an flüchtigen Komponenten im Magma. Eine ähnliche Beziehung hat N. A. Jelissejew (1938) für den Altai festgestellt.

Für hybride Gesteine sind Xenolithe, ihr melanokrates taxitisches Aussehen und eine mittelkörnige, häufig porphyrartige Zusammensetzung charakteristisch.

Häufig gibt es auch Diorite und Hornblendegabbros mit auffallend langprismatischer Hornblende. Diese Varietäten sind mit den fleckigen durch allmähliche Übergänge verknüpft, manchmal im Bereich eines Handstückes. Sehr typisch sind die schnellen Änderungen der Körnung und der quantitativ-mineralogischen Zusammensetzung mit Übergängen von leukokraten zu vorwiegend melanokraten Varietäten. Pegmatoide Abscheidungen in Dioriten und im Gabbro unterstreichen die große Rolle der flüchtigen Komponenten bei der Assimilation.

In den Randgebieten einer Reihe von Injektionen, darunter auch in zur Schichtung des Nebengesteins diskordanten Endokontakten, ist ein flächiges und ein lineares Parallelgefüge entwickelt. Sie zeugen von einer Kristallisation des Magmas bei Bewegungen.

Zur qualitativ-mineralogischen Zusammensetzung der hybriden Gesteine gehören alle Glieder der Reaktionsreihe. Als farbige Minerale kommen vor: Olivin (sehr selten), rhombischer Pyroxen (selten), monokliner Pyroxen (gewöhnlich), Hornblende sehr häufig, Biotit (in den sauren Gliedern der Reihe). Monokliner Pyroxen ist durch Augit und Diopsid vertreten. In Nordkasachstan liegt am häufigsten der Pyroxen der Reihe Diopsid—Hedenbergit vor.

In basischen Gesteinen verläuft die Hybridisation unter höheren Temperaturen und führt zu der Paragenese Klinopyroxen (der Reihe Diopsid — Hedenbergit) — basischer Plagioklas. Pyroxen und auch der Plagioklas werden in der folgenden Entwicklung intensiv von Hornblende verdrängt.

Die Hornblende ist rotbraun und grün. Die rotbraune Varietät ist früher gebildet. Als Beimengungen, manchmal auch als wesentliche Komponenten, kommen Mikroklin und Quarz vor.

Die quantitativ-mineralogische Zusammensetzung der hybriden Diorite und Gabbroide wird gekennzeichnet: a) durch die Unbeständigkeit und b) durch den anormal hohen Gehalt an Hornblende, der durchschnittlich etwa 50%, manchmal bis 70% des Gesteinsvolumens ausmacht, bei gleichzeitiger Anwesenheit von Pyroxen und von Beimengungen an Kalifeldspat und Quarz. Die Ansammlung der Hornblende führt zum Auftreten von Gesteinen, die den Hornblenditen nahestehen. Zusammen charakterisieren die erwähnten Merkmale mit einem erhöhten Gehalt an Apatit, Erzmineral und Titanit hybride Gesteine (Sawarizki 1937).

Ein gutes Kennzeichen für hybride Diorite und teilweise auch für Gabbros sind poikilitische Gefüge. Sie haben: a) zahlreiche Einschlüsse an idiomorphen Plagioklasen und Hornblende in großen Quarzkörnern; der Quarz ist wie eine Basis, er füllt die Zwischenräume der früher ausgeschiedenen Minerale aus; b) Einschlüsse von Plagioklas in Hornblende und Quarz und c) idiomorphe Einschlüsse von Hornblende und Plagioklas in großen Kalifeldspäten.

Ähnliche poikilitische Gefüge hat A. N. Sawarizki in den Syenitdioriten des Berdjausch-Plutons gefunden. Bei den poikilitischen Gefüge unterscheidet man solche, die durch die Reihenfolge der Kristallisation bedingt sind (Kristallisationsgefüge), und solche, die sich im Verlauf von Substitutionsprozessen bilden. Als Beispiel für die letzteren können Gefüge dienen, die bei der intensiven Substitution des Plagioklases durch Hornblende entstehen.

In den hybriden Injektions-Kontaktzonen, darunter auch in den Xenolithen, sind die Gefüge vielfältiger: Hornfelsgefüge, granoblastische und panidiomorphkörnige Gefüge, Übergange zu echten hypidiomorphkörnigen Gefügen. Eine solche Unbeständigkeit und Vielfalt der Gefüge zeugt von verschiedenartigen Vorgängen bei der Verarbeitung des Dachmaterials. Sie beginnen mit einer einfachen Umkristallisation. Schließlich treten größere oder geringere Mengen einer hybridisierten Flüssigkeit, der Schmelze, auf.

In einer bestimmten Richtung verändern sich die untersuchten Xenolithe und nähern sich in ihrer Zusammensetzung und in ihren Gefügen Eruptivgesteinen. Sie werden dabei teilweise aufgelöst, es tritt eine Interstitialflüssigkeit auf und magmatisches Material dringt in Xenolithe ein.

Stark umkristallisierte Xenolithe vulkanogener Gesteine werden zu blastoporphyrischen melanokraten Amphiboliten und zu Amphiboliten mit Kalifeldspat und mit Quarz. Die Grenzen solcher Xenolithe mit dem Nebengestein sind weniger deutlich als bei Einschlüssen von Hornfelsen. Die Xenolithe der Grünsteine sind in mehreren Abschnitten umgewandelt: 1. Hornfelse, 2. Amphibolite, 3. Amphibolite mit Mikroklin und Quarz (teilweises Schmelzen), 4. Auflösung der Xenolithe bei Bildung eines hybriden Magmas gabbroidischer und dioritischer Zusammensetzung. Diese vier Abschnitte der Kontamination und Assimilation entsprechen im allgemeinen den vier Magmatisierungsabschnitten, wie sie D. S. Korshinski (1946) festgelegt hat. Ihr Vorhandensein erklärt die Vielfalt der Gefüge bei den Xenolithen.

Auf das melanokrate Aussehen der Xenolithe und der hybriden Gesteine des Berdjausch-Plutons wies auch A. N. Sawarizki (1937) hin. Viele Autoren haben angenommen, daß die veränderten Bruchstücke zu basischen Gesteinen gehörten. D. L. Reynolds (1950) hat dieser Frage eine große zusammenfassende Arbeit gewidmet. Von den wichtigsten Ergebnissen dieser Arbeit sind für uns folgende von Interesse:

1. Die Xenolithe durchlaufen zwei Veränderungsabschnitte. Der erste Abschnitt wird als Basifizierung bezeichnet. Es erfolgt eine verstärkte Zufuhr der Basen Ca, Mg und Fe aus den Intrusionen. Apatit und Titanit werden neu gebildet. Im zweiten Abschnitt werden Silizium und Alkalien zugeführt. Reynolds bezeichnet ihn als Granitisierung.

2. Die Untersuchungen anderer Forscher und ihre eigenen wertet die Autorin in der wichtigen Schlußfolgerung aus, daß tonige Gesteine Xenolithe ergeben können, die nach ihrer mineralogischen und chemischen Zusammensetzung sowie nach ihrem Gefüge mit umgewandelten Einschlüssen basischer und dioritischer Gesteine identisch sind. Die beiden Veränderungsabschnitte findet D. L. Reynolds auch in den Xenolithen umgewandelter basischer Gesteine. Zu bemerken ist noch, daß die Autorin alle Schlußfolgerungen mit in chemischer Hinsicht gut untersuchten Beispielen begründet. Zu solchen Beispielen gehört auch der von Schwarz beschriebene interessante Fall: Grünsteine in Xenolithen sind in Hornblendite und Grünsteine in Exokontakten in Hornblendeschiefer mit einem Amphibolitgehalt bis zu 95% übergeführt worden. Chemische Analysen der veränderten Gesteine zeigen eine Erhöhung des Gehalts an Ca, Mg und Fe. Sehr interessant sind auch die Angaben der Autorin für das Niuri-Gebiet. Hier kommen in den Exokontakten basische oder eruptivähnliche Gesteine vor. Sie sind mit dem Nebengestein durch Übergänge verknüpft und haben kristalloblastisches Gefüge. Hierbei vermerkt D. L. Reynolds, daß Bilder einer ähnlichen metasomatischen Basifikation für viele Intrusionen Großbritanniens typisch sind. Sie verbindet diese Erscheinungen mit einer Migration von Ca, Mg und Fe aus der Tiefe,

deren Front vor dem Saum der Granitisierung verläuft. Ein großer Mangel der Arbeit von D. L. Reynolds ist, daß sie die in vielen Fällen gründlich untersuchten Tatsachen isoliert von der Bildung der Intrusion selbst und der geologischen Situation verwendet.

Kommen wir jetzt zu unseren Beispielen. Die Folgerungen: a) Anreicherung von Amphibol in den Exokontaktgesteinen und Xenolithen, b) die Entstehung basischer Gesteine in Exokontakten, manchmal mit rhombischem Pyroxen, Olivin und grünem Spinell, c) unsere Schlußfolgerungen über das Hinausdringen von Ca, Mg und Fe in das Nebengestein — sie alle sind auch in den Arbeiten von D. L. Reynolds enthalten. Wenn wir jedoch unsere Beispiele betrachten, so stoßen wir auf die magmatische Seite der Frage. In der Tat zeigt uns ein Vergleich der Angaben der Tabelle 9 die Richtung der Veränderungen, die bei den Assimilationsprozessen mit der Bildung gabbroider Endokontaktfazies (Analysen 12, 1, 2, 3) vor sich gingen. Aus diesem Vergleich folgt, daß die Assimilation a) von einer Desilifikation (Vergrößerung der negativen Zahl „Q"), b) von Ansammlung an Titan, c) von Ansammlung an Magnesium im farbigen Teil, d) von einer Erhöhung des Basengehaltes im Plagioklas (Zahl „c"), e) einer Erhöhung des Gehalts an farbigen Komponenten (Zahl „b") und f) einer Verringerung der Menge an Alkalien (Zahl „a") begleitet war. Demzufolge erscheinen an den Endokontakten Gesteine, die stärker basisch sind als die assimilierten Gesteine (Analyse 12). Vermutlich müßten aus einfacher Assimilation stets Produkte neutraler Zusammensetzung resultieren. Die von dieser Folgerung abweichenden Tatsachen lassen sich eigentlich nur erklären, wenn bei der Assimilation der Grünsteine gleichzeitig eine Migration von Mg, Fe und Ca zu den Kontakten erfolgte. Die drei Elemente wurden bei der Assimilation des Stoffes aus dem Nebengestein herausgezogen. Sie dringen (besonders Mg) erheblich über den Bereich der Intrusion hinaus und verursachen die deutlich ausgeprägte Amphibolisation der Hornfelse. Nur auf eine solche Weise kann man sich die Bildung von Gabbroiden mit sehr stark basischem Plagioklas in den Endokontakten sowie das Auftreten von Hornblenditbezirken in einer Reihe von Intrusionen vorstellen. Es handelt sich zusammen mit sehr seltenen Pyroxeniten um hybride Grenzgesteine.

Die Assimilation des Nebengesteins wurde also manchmal schon im magmatischen Zustand von Differentiationen begleitet, da bewiesen ist, daß die Amphibolisation in den Exo- und Endokontakten vor dem Erkalten der Intrusion vor sich ging. Die Rolle der flüchtigen Komponenten bei diesen Prozessen ist offensichtlich. Deshalb können diese Differentiationen mit Recht mit einer Stoffabgabe verbunden werden. In den devonischen Granitintrusionen sind sowohl diese Erscheinungen als auch die Hybridisation erheblich schwächer ausgeprägt. Sie bedingen den konzentrischen Aufbau der Intrusionen (Borowoje, Dshukei).

Die Desilifizierung und die Basifizierung steht also in unserem Fall nicht mit der „Basifizierungsfront" nach D. L. Reynolds in Zusammenhang. Ihre Existenz ist überhaupt mehr als zweifelhaft.

Alle erläuterten Beispiele aus Zentralkasachstan ermutigen uns nicht, der Differentiation im Verlauf der Bildung von Granitintrusionen eine große Bedeutung zuzuerkennen. Zu anderen Schlußfolgerungen kam N. A. JELISSEJEW (1938) für den Altai bei der Untersuchung der Gesteine des Smeinogorsk-Komplexes. Er findet in den Intrusionen alle allmählichen Übergänge von normalen Graniten über Adamelliten zu Dioriten und Gabbrodioriten, sogar bis zu Hornblenditen. Charakteristisch ist, daß Pegmatite fehlen. Nach N. A. JELISSEJEW beruht die Bildung von Dioriten, Gabbros und Hornblenditen in den Endokontakten auf der Assimilation von Karbonat- und Mergelschiefern des Nebengesteins. Er nimmt für die Massive des Smeinogorsk-Komplexes ein Ausgangsmagma adamellitischer Zusammensetzung an. Im Verlauf von Prozessen der Kristallisationsdifferentiation und beim Vorhandensein großer Assimilationsmaßstäbe bilden sich Intrusionen von Gabbronoriten, Granodioriten und Tonaliten heraus.

Hinweisen möchten wir darauf, daß W. N. LODOTSCHNIKOW (1934) die Kalba-Diorite als hybride Gesteine angesehen hat.

Analogien für die verschiedenen Hybridisationen in den Intrusionen Kasachstans kann man auch in anderen Regionen der Sowjetunion finden. Wir erwähnten schon, daß D. S. BELJANKIN in seinen Arbeiten (1937, 1944, 1947) die Fragen der Petrogenese der Kontakte sehr aufmerksam behandelt hat. Er betonte grundsätzlich, daß bei ihrer Untersuchung Ergebnisse erzielt werden, welche die Möglichkeiten für wissenschaftliche Spekulationen sehr einengen.

Von großem Interesse ist die Behandlung der Hybridisation in der schon erwähnten Monographie von A. N. SAWARIZKI für den Berdjausch-Pluton (1937). In dieser Arbeit werden Hybridisationsfragen für petrographische Assoziationen berührt, die den unseren nahekommen. Die Arbeit enthält eine eingehende Analyse der Tatsachen, gibt ein reichhaltiges Literaturverzeichnis und behandelt allgemeine Fragen der Hybridisation.

Für den gleichen Ural-Westhang hat G. A. SOKOLOW (1935) hybride Syenitdiorite beschrieben. Sie ähneln den Berdjausch-Gesteinen und sind bei der Assimilation alter Gabbros durch Granite entstanden.

Für den Osthang gibt B. M. ROMANOW an, daß sich die Granodiorite der Endokontakte durch Assimilation bilden. Genügend eingehend charakterisiert B. M. KUPLETSKI (1947) die Hybridisation für Granite des Ural-Osthanges. Er findet sie — altersmäßig gesehen — in den ersten zwei Intrusivkomplexen.

Viel Raum widmet A. P. LEBEDEW der Beschreibung hybrider Gesteine in seiner Arbeit über den Nördlichen Altai (1937). Er behandelt die gegenseitigen Beziehungen der Gefüge verschiedenartiger Dioritoide. Granite haben hier alte Gabbros assimiliert. LEBEDEW weist auch auf den Zusammenhang zwischen flächigem Parallelgefüge und Hybridisation hin.

Aus anderen Gebieten des Ostens der UdSSR wollen wir die Angaben von A. L. DODIN über die kaledonischen Intrusionen des Kusnezker Alatau erwähnen. Die Hybridisation dieser Intrusionen beruht auf der Assimilation von Kalksteinen, Porphyriten und basischen Gesteinen durch Granite. In seiner 1950 erschienenen Arbeit beschreibt W. P. JEREMEJEW Granitintrusionen aus dem zentralen Teil von Tuwa. Ihre Exokontakte führen breite Diorit- und Quarzdioritzonen, die aus einer Assimilation von Diabasen herrühren. Recht reichhaltig ist die Literatur über den Kaukasus und über Transkaukasien. Viele interessante Angaben sind in den Arbeiten des Sammelbandes „Die Intrusivkörper Transkaukasiens" gegeben (Dodin, Sitkowski & Gruschewoi, 1941).

Nach dem Schema von I. N. Sitkowski bilden sich bei einer Aufnahme von Ca aus sedimentärem Nebengestein nur Gabbrodiorite und Gabbros, während die Diorite hauptsächlich durch Differentiationen entstehen. A. L. Dodin & I. N. Sitkowski (1941) wollen diese Prozesse auch beweisen. Ihre Argumente sind aber nicht stichhaltig. Die gleichen Tatsachen kann man auch durch Hybridisation erklären.

W. G. Gruschewoi (1941) betont gleichfalls die Rolle der Assimilation des Nebengesteins bei der Bildung der Randfazies von Intrusionen in Nordarmenien.

Sehr gründlich behandelt M. A. Faworskaja die Beziehungen der Granite zu den früheren basischen Gesteinen in ihrer Arbeit über die Neointrusionen Oberswanetiens (1947). (Es handelt sich um die Kurzfassung ihrer Dissertation.) Den Aufbau des Intrusivkomplexes der Kirar-Gruppe erklärt Faworskaja unter dem Gesichtspunkt S. R. Nockolds über die sogenannte Kontaktdifferentiation. Nockolds nimmt an, daß sich in der Tiefe bei der Aufnahme basischer Sialgesteine durch überhitztes Magma die sauren Differentiationsprodukte sehr erhöhen. Faworskaja stellt mit Recht fest, daß weder Nockolds noch der gegen ihn opponierende A. Holmes ihre Vorstellungen über den Mechanismus der Differentiation konkretisieren. Zwar spricht Nockolds von einer häufigen Verknüpfung basischer und saurer Gesteine, doch geht er weder auf konkrete geologische Beispiele ein, noch behandelt er die Geschichte magmatischer Prozesse. Es muß jedoch betont werden, daß der eigentliche Schöpfer dieser Konzeption R. A. Daly ist, der die Erscheinungen der Syntexis in einem weiteren Aspekt sah. Mit solchen Schlußfolgerungen werden wir unter anderem auch bei der Behandlung der Arbeiten W. A. Sobolews über die Ukraine zu tun haben.

Fragen der Hybridisation berührt kurz auch W. F. Morkowkina (1950) für die Granitoide des Zentralkaukasus (Ossetien). Die Autorin behandelt die Hybridisation von Granodioriten.

Einen großen Raum widmet G. D. Afanassjew (1950) der Hybridisation in seiner Monographie über paläozoische Intrusionen im Nordwestkaukasus. Der Autor weist auf ihre große Bedeutung in dioritischen Gesteinen der Endokontakte und der kleinen Intrusionen hin. Afanassjew erklärt, daß die stoffliche Zusammensetzung bei den Gliedern einer Reihe intrusiver Komplexe von den Granodioriten bis zu den Alaskiten auf Differentiationen eines granodioritischen Ausgangsmagmas beruht.

Die bereits betrachtete Literatur über den Kaukasus zeigt also, daß in dieser Region die Hybridisation eine erhebliche Rolle in der Petrogenese spielt, obgleich die meisten Autoren ihr im Vergleich zur Differentiation einen zweitrangigen Platz zuweisen.

Über die ukrainische kristalline Scholle haben W. S. Sobolew (1947) und W. I. Lutschizki (1950) zwei Arbeiten veröffentlicht.

W. S. SOBOLEW befaßte sich mit der Petrologie des Korosten-Plutons der Rapakiwigranite. Dieser Forscher ist Anhänger der palingenen Granitgenese. Granite entstehen durch Umschmelzen von Sialgestein durch ein Basaltmagma. Die nachfolgende Kristallisationsdifferentiation führt nach Meinung SOBOLEWS zur Bildung von Anorthositen. SOBOLEW behauptet, daß keinerlei Labradoritmagma existiert hat. Der Rapakiwigranit ist nach seiner Meinung ein hybrides Gestein und gleichzeitig das Produkt von Prozessen syntektischer Kristallisationsdifferentiation. Wie uns scheint, wird in diesem geänderten Schema nach R. A. DALY, von dessen genauerer Festlegung SOBOLEW Abstand genommen hat, die Frage außerhalb von Zeit und Raum betrachtet. Ungeklärt bleibt die Hauptsache: Wie kann durch Umschmelzung ein Magma entstehen, welches fast nur Feldspatkomponenten einer Reaktionsreihe enthält, während die farbigen Komponenten ausgefällt wurden? Der Plagioklas der Labradorite hat denselben Anorthitgehalt wie im ursprünglichen Basaltmagma. Auffallend ist a) die Anwesenheit von Beimengungen an Quarz und an Kalifeldspat in den Labradoriten und b) der Reichtum an Ca bei unbedeutendem Gehalt an Mg und Fe. Deshalb fehlen in diesen Gesteinen auch die farbigen Minerale. In der Mineralparagenese der Labradorite finden wir also die gleichen Merkmale wie in den hybriden Gesteinen. Vermutlich konnten die Labradoritmassen auch bei einer Assimilation der Kalksteine durch ein sehr aktives Granitmagma entstehen. Erwähnt sei, daß A. P. LEBEDEW (1946a) dem Auftreten von Kalzit in Labradoriten eine besondere Arbeit gewidmet hat. Eine Reihe von Merkmalen des Mikrogefüges spricht dafür, daß Labradorite aus einer Schmelze auskristallisierten. So erklärten sich die grobkristalline Struktur der Labradorite und die Anomalien ihrer stofflichen Zusammensetzung. Es werden auch solche Einzelheiten verständlich, wie die melanokraten pegmatoiden Bildungen in den Labradoriten, die Olivin, Pyroxen, Hornblende, Plagioklas, Kalifeldspat, seltener Biotit, Apatit und Zirkon enthalten. Solche pegmatoiden Bildungen unterscheiden sich grundsätzlich nicht von denen, die A. P. LEBEDEW in den hybriden Dioriten des nördlichen Altai beobachtet hat. Es ist schwer vorstellbar, daß die pegmatoiden Schlieren mit einer solchen Mineralkombination von den mit flüchtigen Komponenten angereicherten Restschmelzen herrühren sollen. Was die erforderlichen Wärmevorräte sowie bei dieser als auch bei jener Erklärung anbelangt, so hat ein überhitztes saures Magma eine nicht geringere gesetzmäßige Existenzbegründung als ein überhitztes basisches Magma.

Die Arbeit von W. I. LUTSCHIZKI (1950) enthält nur allgemeine Angaben über die Rolle der Hybridisation in verschiedenen Serien des Präkambriums der Ukraine.

Bleibt noch ein Hinweis auf einige Arbeiten über die Hybridisation im Gebiet Mittelasiens. E. L. BUTAKOWA (1948), die die kleinen Granodioritintrusionen in Gebieten des nordöstlichen Mogol-Tau untersucht hat, erklärt ihre Bildung durch Hybridisation des Magmas in der Tiefe. Auf einen Zusammenhang der Granodiorite mit den Graniten und auf die Bildung von Granodioriten und Dioriten durch Hybridisation und Basifizierung des Granitmagmas wies B. M. KUPLETSKI für den Turkestanischen Gebirgsrücken hin (1936).

In der Arbeit von CH. M. ABDULLAJEW (1950a) sind den Assimilationsfragen viele Seiten gewidmet. Der Autor kritisiert mit Recht die Folgen der Begeisterung über die Ideen N. L. BOWENS. Sie hat Schuld, daß man Assimilation und Hybridisation in der Praxis der geologsichen Arbeiten so wenig beachtet hat. Der schwächste Punkt der Arbeit CH. M. ABDULLAJEWS ist, daß gut begründete Vorstellungen über die Gesetzmäßigkeiten in der Entwicklung intrusiver Komplexe fehlen.

Eine Gegenüberstellung der Angaben von N. A. JELISSEJEW (1938) und CH. M. ABDULLAJEW für hybride Gesteine, die einmal durch Assimilation von Karbonatsedimenten und zum anderen durch Assimilation von Grünsteinserien (Zentralkasachstan) entstanden sind, führte uns indirekt zu einer Charakterisierung neutraler Typen von Eruptivgesteinen (nach R. A. DALY) (siehe Tabelle 10).

TABELLE 10

Vergleich hybrider Gesteine mit neutralen Typen der Eruptivgesteine (in Zahlenkennwerten nach A. N. SAWARIZKI)

Hybride Gesteine, die sich bei der Assimilation von Karbonatsedimenten gebildet haben	Hybride Gesteine, die sich bei der Assimilation von Effusionen andesitisch-basaltischer Zusammensetzung gebildet haben
Niedriger Zahlenkennwert „a“ Erhöhter Zahlenkennwert „c“ Niedriger Zahlenkennwert „m'“	Erhöhter Zahlenkennwert „a“ Niedriger Zahlenkennwert „c“ Erhöhter Zahlenkennwert „m'“

Außerdem ist zu bemerken, daß 1. der Zahlenkennwert für „a'“ (Übersättigung mit Tonerde) in das Dioritfeld fällt und daß die Werte für die Zahl „f“ (Übersättigung mit Alkalien) keine Gesetzmäßigkeiten erkennen lassen. Die angeführten Unterschiede sind sehr kennzeichnend, wobei sie in der Variationskurve für die Gesteine des Altai (Karbonatsedimente) am stärksten ausgeprägt sind.

Aus den behandelten Literaturangaben folgt, daß die gleichen Erscheinungen von verschiedenen Forschern unterschiedlich gedeutet worden sind. Bei der Behandlung theoretischer Erklärungen muß stets mit einem „Ideendruck“ gerechnet werden. So ist seinerzeit, als die Vorstellungen von DALY weite Verbreitung gefunden hatten, in vielen Arbeiten das Zubruchgehen des Daches beschrieben worden. Die Theorie N. L. BOWENS schuf eine neue Richtung, die Kristallisationsdifferentiation. Die Gerechtigkeit fordert die Feststellung, daß bei zwei großen zeitgenössischen Gelehrten der Sowjetunion, F. J. LEWINSON-LESSING und W. N. LODOTSCHNIKOW, diese Theorie keine Unterstützung gefunden hat. Die genannten Forscher wollten ihr keine universelle Geltung zuerkennen. Wie wir jetzt sehen, hat die Begeisterung über die Theorie N. L. BOWENS praktisch viele Forscher dazu verführt, die Rolle der geologischen Umgebung bei der Bildung der stofflichen Zusammensetzung magmatischer Bildungen zu unterschätzen oder abzulehnen.

Außerdem benutzt man in vielen Fällen solche genetischen Schemata, in denen die Bildung der Granodiorite und der sie begleitenden stärker basischen Gesteine sowohl durch die Theorie von R. A. DALY als auch durch die von N. L. BOWEN erklärt wird. So nimmt R. E. KWJATKOWSKI (1941) an, daß die kaledonischen Intrusionen Nordkasachstans von einer Einschmelzung der Sialhülle durch Basalte herrühren. Die Produkte dieser Syntexis sind hinterher bei ihrer Kristallisation differenziert worden. Ein gleiches Schema wurde für die Assoziation der basischen Gesteine und des Rapakiwi des Gebiets Korosten (Ukraine) von W. A. SOBOLEW (1947) vorgeschlagen. Dann wurden auch Erklärungen vorgelegt, welche die Kristallisationsdifferentiation und die Assimilation berücksichtigen. Diese Positionen nehmen N. A. JELISSEJEW für den Altai (1938) und I. N. SITKOWSKI für Transkaukasien (DODIN u. a. 1941) ein. Schließlich kennen wir noch Versuche einer Erklärung durch Substitution. Eine Wiedergabe dieser Vorstellungen P. N. KROPOTKINS (1941, 1948) ist bei CH. M. ABDULLAJEW (1950a) zu finden. In diesem Schema spielen die Vorstellungen von der Erzkontamination eine große Rolle. P. N. KROPOTKIN verneint mit Recht die Rolle der Differentiation für die Granite.

Für Zentralkasachstan sind wir zu der Schlußfolgerung gekommen (KOPTEW-DWORNIKOW 1952), daß das Ausgangsmagma aller intrusiven granitoiden Komplexe eine Zusammensetzung aufwies, die leukokraten Graniten entsprach, und daß die Vielfalt ihrer Gesteine durch unterschiedliche Assimilierbarkeit zu erklären ist.

Die vorhandenen Ansichten über die große Rolle flüchtiger Komponenten bei den Hybridisationen werden durch die mineralogische Zusammensetzung (reicher Gehalt an Hornblende, Apatit u. a. m.) und alle anderen Besonderheiten unserer hybriden Gesteine bestätigt.

Der Zusammenhang der Hybridisation mit dem Auftreten von Xenolithen aus der Tiefe oder auch örtlicher Herkunft und mit Bruchzonen der Dachgesteine weist darauf hin, daß die tektonische Situation die Rolle eines zusätzlichen und sehr wichtigen Faktors spielt, der den Entwicklungsmaßstab der Hybridisationsprodukte bestimmt. Allein diese tektonische Situation macht es nach der Darlegung von A. N. SAWARIZKI (1937, S. 319) erst möglich, daß die flüchtigen Komponenten aus dem Magma entweichen und sich in bestimmten Zonen des Daches festsetzen.

An den Beispielen aus Nordkasachstan wird ersichtlich, daß eine Nichtberücksichtigung der Hybridisation einige Forscher (KROPOTKIN, BILIBIN) zu der falschen Vorstellung geführt hat, daß der Stabilisierungsprozeß der Intrusionen in Richtung auf immer stärker saure oder basische Magmenportionen in mehreren Zeitphasen („polychron" im Original, Anm. d. wiss. Red.) abgelaufen sei. Ich verneine allgemein, daß in der Natur Intrusionen, die eine gemeinsame Gangserie haben, in mehreren Zeitphasen erfolgt sind.

Die Erforschung der Hybridisation ist nicht nur von rein petrographischem Interesse. Unsere Untersuchungen haben gezeigt, daß Intrusionen hybrider Granodiorite eine Reihe spezifischer Merkmale der Metallogenese aufweisen, die bei der Planung von Prospektionsarbeiten berücksichtigt werden müssen.

W. W. LJACHOWITSCH

Die endomorphe Veränderung der jungen Baksan-Granite am Kontakt mit Kalksteinen

Trudy instituta geologitscheskich nauk, wyp. 148, geologitscheskaja serija (Nr. 44), str. 70—91, Moskwa 1953

INHALT

Der Fluß Baksan durchschneidet in seinem Mittellauf ein junges Granitmassiv und bildet hierbei die fast genau in Ost—West-Richtung verlaufende Baksan-Schlucht. Einer der linken Zuflüsse des Baksan, der Fluß Maly Mukulan, zerteilt das Granitmassiv in einer tiefen steilen Schlucht in nahezu meridionaler Richtung und erschließt den Kontakt dieses Massivs mit einer Kalksteinschicht unterkarbonischen Alters.

Sowohl am unmittelbaren Kontakt des Granitmassivs mit den Kalksteinen als auch in den zahlreichen in die Kalksteine hineingehenden Granitgängen ist nicht nur eine starke Metamorphose der Kalksteine, sondern auch eine recht gut ausgeprägte endomorphe Veränderung des Granits ausgebildet. Es treten einzelne kleine Kristalle von rosafarbenem Granat und grünem Pyroxen auf, die dem unveränderten Granit fremd sind. Weiterhin gibt es Stellen, die ganz aus Anorthoklaskörnern oder aus Leisten des basischen Plagioklas bestehen. Dieses unterscheidet die weiter unten beschriebenen Veränderungen des Granits in gewissem Maße von den üblichen Fällen, in denen dioritische oder sogar gabbroide Gesteinstypen im Endokontakt entstehen, wie es B. M. KUPLETSKI (1942), CH. M. ABDULLAJEW (1950), S. A. ASISBEKOW (1947), A. LACROIX (1898), A. BERGEAT (1909) u. a. beschrieben haben.

I. Geologie

Das wichtigsteNebengestein desGranitmassivs sind die stark thermometamorphen Sandschiefergesteine unterkarbonischen Alters, die in Biotithornfelse umgewandelt sind. Manchmal kann nach den grobkörnigeren Zwischenmitteln und Linsen, die in den feinkörnigen Hornfelsen auftreten, ihr Streichen gemessen werden. Es verläuft etwa Ost–West. Am Kontakt zu den Biotithornfelsen zeigt der Granit keine wesentlichen Veränderungen, obgleich er örtlich mit Biotit oder Anorthosit angereichert ist.

An einigen Stellen, so im Gebiet der Orlinaja Skala, der Schlucht des Maly Mukulan, in der oberen Eldshurta-Schlucht und im Mittelteil der Tschilmian-Schlucht hat das Granitmassiv unmittelbaren Kontakt mit den Kalksteinen; in den beiden letztgenannten Fällen jedoch in sehr geringer Länge von nur einigen zehn Metern. Deshalb bezieht sich die gesamte weitere Beschreibung hauptsächlich auf die Kontakte in der Schlucht des Maly Mukulan und im Bereich der Orlinaja Skala.

In der Schlucht des Maly Mukulan streicht der Kontakt des Granits mit den Kalksteinen etwa Ost–West und fällt allmählich nach Süden mit 20 bis 25° ein. Der Kontakt ist scharf und verläuft diskordant zur Schichtung der Kalksteine. Sie streichen zwischen NW 60° und 80° und fallen steil mit 60 bis 65° nach Norden ein. Parallel zu den Schichtungsflächen in den Kalksteinen liegen kleine Adern mit Skarnmineralen (vorwiegend mit Granat). Sie sind leicht zu verfolgen. Vom Granit führen viele Gänge und Apophysen in die Schichtfugen der Kalksteine hinein. Sie haben Mächtigkeiten von einigen Zentimetern bis zu 1 und 1,5 m. Einschlüsse von Kalk im kontaktnahen Teil des Granits wurden nicht gefunden. Sehr selten sind sie auch in den Gängen. Der marmorisierte Kalkstein ist dann in Pyroxen-Granat- oder in Wollastonitskarn umgewandelt.

Die Aufschlüsse des Granits im Gebiet der Orlinaja Skala haben im Grundriß eine nahezu ovale Form. Der Granit tritt hier an der Basis der kompliziert verzweigten Schluchten zutage, welche die Kalksteinschicht zerschneiden. Die seitlichen Kontakte sind ziemlich steil, mit einem Einfallswinkel von 30 bis 40°; der Körper selbst stellt offenbar eine größere Apophyse des Granits im Kalkstein dar.

Am Hauptkontakt des Granits und an den Gängen, die ihm folgen, tritt in den Kalksteinen eine skarnische, vorwiegend granitische Saumzone auf. Dieser Skarnsaum weist am Kontakt mit dem Granitgang eine gut ausgeprägte Zonalität auf. An der Berührungsfläche liegt eine Granatlage, dann folgt pyroxenhaltiger Skarn. An einigen Stellen sind die Verhältnisse umgekehrt. Mit dem Goniometer wurde der Brechungsindex eines solchen Skarngranats ermittelt. Er beträgt $n = 1{,}764$. Das entspricht einem Grossular mit etwa 20% Andradit-Molekülen.

Der Granit der Kontaktzone wird häufig von Skarngängen mit Wollastonit, Granat oder Pyroxen geschnitten.

Endokontaktveränderungen reichen manchmal bis zu 30 m in den Granit hinein. Unmittelbar am Kontakt liegt graugrüner bis sehr heller feinkörniger Granit. Hier fehlen farbige Minerale fast vollständig. Weiter weg vom Kontakt nimmt die Korngröße allmählich zu, ohne daß die Zusammensetzung des Granits sich ändert. In den Gängen kommen vorwiegend helle aplitartige Granitvarietäten vor. Häufig kann man jedoch auch allmähliche Übergänge aus fast weißen mittel- und feinkörnigen Abschnitten zu dunkelgrauen oder grünlichen beobachten.

Der Granit der Orlinaja Skala unterscheidet sich am stärksten vom gewöhnlichen porphyrartigen Granit. Zum größten Teil besteht er aus leukokraten Graniten mit feinkörniger Grundmasse und recht großen porphyrischen Quarzkörnern. Die Kontaktvarietäten führen rosafarbenen Granat (Abb. 1). Außerdem kommen im gesamten Verbreitungsgebiet Schlieren und Linsen einer sehr hellen feinkörnigen und aplitähnlichen Granitvarietät vor. Porphyrquarz ist sehr selten. Biotit fehlt praktisch ganz. Selten sind gerade, kleine Quarzgänge.

II. Petrographie

Der megaskopisch unveränderte Granit aus dem Zentrum des Massivs hat graue oder graurosa Farbe und ist deutlich porphyrartig. Er besitzt große (bis 5 mm) Anorthoklaskristalle und feine Schuppen aus dunklem Glimmer, die Aggregate bilden (Abb. 2). Unter dem Mikroskop sieht man Plagioklas, Anorthoklas, Quarz und Biotit. Als Akzessorien treten Apatite auf. Sekundäre Minerale sind Chlorit, Serizit und teilweise auch Albit (in Perthitausscheidungen). Doch sind sie sehr gering entwickelt.

Der Plagioklas ist ein Oligoklas mit 20 bis 25% An. Sehr kennzeichnend ist der häufig vorkommende Zonarbau. Der Anorthitgehalt steigt im Zentrum bis auf 26, 30, 33 und sogar 36% an. Mengenmäßig herrscht Anorthoklas über Plagioklas vor (s. Tab. 1). Der Anorthoklas bildet im Schliff schwachpelitisierte Körner. Sie haben gewöhnlich gut ausgeprägte Spaltbarkeiten nach einer oder zwei, (010) und (001), Flächen. Seine Porphyroblasten sind im allgemeinen nach dem Karlsbader Gesetz verzwillingt. Auf den Rissen sind häufig Minerale der zweiten Generation, hauptsächlich Quarz und Biotit, eingedrungen. Feinste Perthiteinwüchse sind verhältnismäßig selten, während graphophyrische Durchwachsung von Anorthoklas und Quarz eine durchaus übliche Erscheinung darstellt.

Die Bestimmung der Orientierung der optischen Indikatrix des Anorthoklases ergab folgende Resultate:

	Z[1]	Y	X	$2V$
(001)	84°	7°	85°	—40°
	85°	6°	86°	—41°
(010)	5°	89°	87°	—45°

Die nach der Immersionsmethode bestimmten Brechungsindizes hatten folgende Werte:

$$1{,}530 < n_z < 1{,}533$$
$$1{,}527 < n_y < 1{,}530$$
$$1{,}518 < n_x < 1{,}521$$

Der Anorthoklas ist das Hauptmineral des Gesteins.

[1] Anm. d. wiss. Red.: Im Original stehen für $X — Y — Z$ die Symbole BNp — BNm — BNg und für $n_X — n_Y — n_Z$ die Symbole Np — Nm — Ng

Der Quarz bildet auch Porphyroblasten. In der Grundmasse sind es unregelmäßige xenomorphe Körner, welche die früher ausgeschiedenen Minerale korrodieren.

Der Biotit, das einzige dunkelfarbige Mineral, ist, wie auch der Anorthoklas und der Quarz, in zwei Generationen vertreten. Er zeigt den gewöhnlichen Pleochroismus. Chloritisiert ist er nur wenig, hauptsächlich an den Rissen parallel zur Spaltbarkeit. Einige Biotitschuppen sind optisch zweiachsig. Der Winkel der optischen Achsen, gemessen im Konoskop, erreicht 12°. Die Bestimmung der Brechungsindizes im Refraktometer ergab folgende Werte:

$$n_Z = 1{,}620 \quad n_X = 1{,}580 \quad n_Z - n_X = 0{,}040$$

$$n_Z = 1{,}590 \quad n_X = 1{,}554 \quad n_Z - n_X = 0{,}036$$

Ein solcher Wert der Doppelbrechung entspricht einem Gehalt von 10 bis 15% Annit im Molekül, d. h. es liegt ein magnesiumreicher (phlogopitischer) Biotit vor. Die geringe Entwicklung sekundärer Minerale verleiht dem Granit der zentralen Teile des Massivs ein sehr frisches Aussehen. Mikroskopisch lassen sich die Endokontaktvarietäten des porphyrartigen Granits und seiner in den Kalkstein eingedrungenen Gänge deutlich vom unveränderten Granit unterscheiden. Sie sind strukturell sehr uneinheitlich und in der modalen Zusammensetzung sehr unbeständig.

TABELLE 1

Quantitativ-mineralogische Zusammensetzung des Granits aus den zentralen Teilen des Massivs[1] (in Volumen%)

Minerale	1	2	3	4	5	6	7	8	Mittelwert
Biotit	10,16	10,28	5,13	9,10	5,50	8,47	5,98	8,08	7,84
Plagioklas (20—25% An)	28,40	40,23	35,83	20,73	21,63	39,61	32,37	33,80	31,56
Anorthoklas	29,02	29,79	34,60	49,00	44,41	20,25	38,59	30,60	34,53
Quarz	31,98	19,27	24,22	20,82	28,13	31,18	22,76	27,15	25,70
akzessorische Minerale	0,44	0,43	0,22	0,35	0,33	0,49	0,30	0,37	0,37
Summe	100	100	100	100	100	100	100	100	100

Außer den für unveränderten Granit kennzeichnenden Mineralen kommen hier z. B. Plagioklas mit einer dem Labrador und dem Bytownit ähnlichen Zusammensetzung, Pyroxene und Granate vor, die dem Granit ganz fremd sind. Es werden auch recht häufig Ca-haltige Minerale angetroffen, wie Fluorit, Sphen, Epidot und Klinozoisit. Sie findet man nie im Zentrum des Massivs. Der beschriebene Kontaktzonengranit setzt sich also in der Hauptsache aus Plagioklas, Anorthoklas, Quarz und Biotit zusammen. Pyroxen und Granat treten seltener auf.

[1] Entnommen aus der Arbeit von L. A. WARDANJANZ.

Abb. 1. Kontaktnaher feinkörniger Granit mit eingesprengtem rosafarbenem Granat (schwarze Punkte)

Abb. 2. Unveränderter porphyrartiger Biotitgranit aus dem Zentrum des Massivs

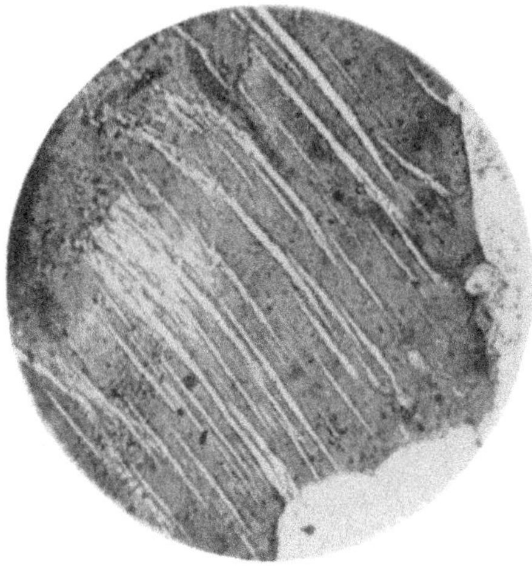

Abb. 3. Stark perthitisierter Anorthoklaskristall im kontaktnahen Granit. Gekreuzte Nicols, Vergr. 75 ×

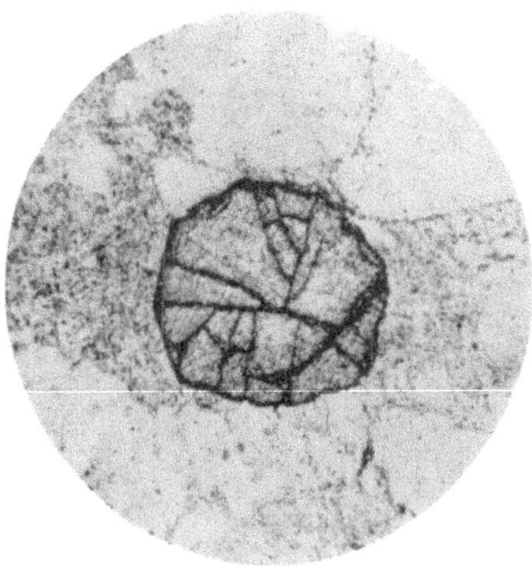

Abb. 4. Granatkorn im kontaktnahen Granit. Ohne Analysator, Vergr. 46 ×

Akzessorien sind Apatit, Fluorit und Sphen, sekundäre Minerale Albit, Chlorit, Muskovit, Epidot und Klinozoisit.

Gegenüber dem Plagioklas in den zentralen Teilen des Massivs hat der Plagioklas der kontaktnahen Bezirke eine sehr veränderliche Zusammensetzung. Sein Anorthitgehalt schwankt zwischen 82 und 30—40%. Außerdem kommen stellenweise häufig Leisten aus Albit oder Albit–Oligoklas vor. Doch sind sie stets später gebildet.

Die basischen Varietäten der Plagioklase (40—80% An) treten in den dünnen, den Kalkstein durchsetzenden Granittrümern oder am Hauptkontakt auf. Sie sind kurzprismatisch und haben deutliche Zwillingslamellen[1]. Epidot, Klinozoisit und Karbonate belegen eine starke Zersetzung. Diese Minerale werden von Pyroxen und Quarz korridiert und stellen in allen Fällen frühere Ausscheidungen dar.

Ein charakteristisches Merkmal der Plagioklase im kontaktnahen Granit ist ihr fast überall anzutreffender Zonarbau (besonders an Plagioklasporphyroblasten). In der Tabelle 2 sind die Resultate einiger Messungen angeführt. Die Anorthitgehalte über 50% in den Kernen sind recht hoch.

TABELLE 2

Anorthitgehalt in % von Plagioklasen mit Zonarbau

Teil des Kristalls	1	2	3	4	5	6	7	8	9	10
Kern	60	53	60	60	73	70	46	45	44	41
Mitte	—	—	40	40	—	—	33	35	32	32
Rand	32	30	26	28	40	35	28	28	22	25

Die Kerne zonaler Plagioklase sind recht häufig karbonatisiert. Sie sehen in manchen Fällen gefleckt aus, wobei die Flecken die gleiche optische Orientierung wie die saure Peripherie aufweisen. Manchmal wird der Plagioklas vollständig durch Quarz ersetzt, in dem dann häufig einzelne Plagioklasrelikte liegen. Ein gutes Kennzeichen (zum Unterschied vom typischen Granit) ist für die hier beschriebenen kontaktnahen Granite das Auftreten feiner Albitleisten (5 bis 12% An), die in der Grundmasse konzentriert sind oder als kleine Kränze die Anorthoklaskörner umgeben. Der Albit ist erst ganz zuletzt auskristallisiert.

Der Anorthoklas der Randzonen ist stark perthitisch. Die Albitsubstanz ist gewöhnlich gang- und spindelartig eingelagert (Abb. 3). Da diese Adern und Streifen stets die gleiche optische Orientierung wie das Mutterkristall haben, liegt es nahe, sie als Zerfallsperthite anzusehen. Der Anorthoklas wird von Quarz korrodiert und bildet Relikte im Quarz. Große Anorthoklaskörner enthalten häufig als Einschlüsse Leisten eines früheren Plagioklases und seltener auch feine Apatitnadeln. Der Anorthoklas kommt viel seltener in den porphyrartigen Varietäten vor als im Plagioklas. Er ist besonders in der Hauptmasse konzentriert.

Quarzkörner enthalten oft Relikte des durch ihn substituierten Plagioklas und Anorthoklas, dann viele kleine Schuppen plattiger Minerale und schließlich noch

[1] Beachtlich ist die weitgehende Entwicklung komplizierter Zwillingsgesetze.

kettenförmig gestreckte Bläschen mit flüssigen und gasförmigen Einschlüssen. Der Quarz der Granophyrdurchwachsungen weist diese Besonderheiten nicht auf. In manchen Fällen wachsen die Quarzkörner längs der Grenzflächen benachbarter Minerale ein, wobei sie einzelne Bezirke korrodieren und abtrennen. Solche Körner haben charakteristische gelappte Umrisse.

Pyroxen findet man in unmittelbarer Kontaktnähe innerhalb des Granits, besonders häufig aber in den in die Kalksteine eingedrungenen Granitgängen. Im Schliff sind die kurzen säulenförmigen Pyroxenkörner schwach grün gefärbt; nach ihrer Optik gehören sie zum Diopsid mit 20 bis 40% Hedenbergitmolekülen (Tab. 3).

TABELLE 3

Optische Konstanten des Pyroxens

$2V$	c/Z	$n_Z - n_X$	% Hedenbergit-moleküle
54°	44°	0,027	23
59°	43°	0,025	40
56°	47°	—	—
57°	47°	0,026	34

Die Kontaktbeziehungen zwischen Pyroxen und anderen Mineralen lassen auf zwei Pyroxengenerationen schließen. Der Pyroxen der ersten Generation hat die säulenförmigen Kristalle. Sie werden durch die Andesin-Labrador-Leisten korrodiert und schneiden auch selbst diese Leisten. Sie sind etwa gleichzeitig auskristallisiert. Zur zweiten Generation gehören kleinere unregelmäßige Körner, die mehr in den Kornzwischenräumen liegen. In Gemeinschaft mit diesem Pyroxen kommen Sphen und leukoxenisierter Titanomagnetit vor. Manschmal entwickelt sich in Pyroxenbezirken grüne Hornblende, die wiederum von Biotit substituiert wird.

Der Granat bildet gut begrenzte kleine rosafarbene Kristalle (Abb. 4). Der nach der Immersionsmethode ermittelte Brechungsindex ergab $n = 1{,}766$ bis $n = 1{,}782$, was einem Grossular mit etwa 25% Andraditmolekülen entspricht. Der Granat wird von Anorthoklas und Quarz korrodiert und ist also vor ihnen auskristallisiert.

Der Biotit bildet die für ihn üblichen Plättchen mit normalem Pleochroismus, manchmal freilich in etwas helleren Farbtönen. Er wird von Anorthoklas und Quarz korrodiert. In verhältnismäßig kleinen Mengen kommt feinschuppiger Biotit in Mineralrissen und -zwischenräumen vor. Das ist Biotit der zweiten Generation.

Das Merkmal des kontaktnahen Biotits ist einerseits der starke Grad seiner Zersetzung und andererseits die enge Assoziation mit vielen Sphenkörnern.

Beim Zerfall wird der Biotit häufig trübe und schwach pleochroitisch. Seine Kanten werden chloritisiert, in seltenen Fällen auch entfärbt und gehen dann in Muskovit über. Das bezieht sich besonders auf Biotiteinschlüsse im Quarz, die sich gewöhnlich in ein Muskovitaggregat verwandeln, während in der Mitte der Schuppe dunkelgefärbter Biotit erhalten bleibt. Bei der Verdrängung des Biotits scheiden sich punktförmige Erzpartikel aus. Auf den Spaltflächen dringen häufig kleinste Quarz- und Karbonataggregate in den Biotit ein. Auf solchen zerfallenen Biotiten treten keil- und spindelförmige Sphenkörner mit hohem Relief hervor. Erst in 100 Meter Entfernung vom Kontakt hat der Biotit die für ihn typische Frische.

Im Gegensatz zu den zentralen Teilen des Massivs sind die sekundären Minerale gut entwickelt. Es kommen Albit mit 5 bis 12% An, Muskovit und Chlorit vor. Der Chlorit ist nach der niedrigen Doppelbrechung von 0,0035 zum Pennin zu zählen. Der basische Plagioklas ist in Epidot ($2V = -72°$, $n_z - n_x = 0{,}048$) und Klinozoisit ($2V = 83°$, $n_z - n_x = 0{,}014$) zersetzt. Die sauren Plagioklasvarietäten sind serizitisiert. In den Interstitien ist unregelmäßig Karbonat ausgeschieden.

Der oben beschriebene kontaktnahe Granit besteht aus einigen Varietäten. Sie unterscheiden sich sowohl in ihren Mineralparagenesen als auch in ihrer modalen Charakteristik (s. Abb. 12). Es sei hier jedoch darauf hingewiesen, daß sie keine selbständigen Körper bilden, sondern nur Bezirke mit verschiedenen Besonderheiten im Vorland des eigentlichen Granites darstellen.

Es folgt nun die Beschreibung der einzelnen Varietäten des kontaktnahen Granits.

1. Granit- und Granodioritvarietäten

Diese Varietäten sind in der Hauptmasse des mit den Kalksteinen im Kontakt stehenden Granits weit verbreitet. Viel seltener trifft man sie in den Granitgängen, die in die Kalksteine hineingehen. Sie sind eng miteinander verflochten. Das ist durch das abwechselnde Vorherrschen entweder von Plagioklas über Anorthoklas oder umgekehrt bedingt. Ihre gemeinsame Beschreibung ist deshalb zweckmäßig.

Beide Varietäten haben hellgraue Farben und sind deutlich porphyrartig ausgebildet. Große (1×3 mm) Kristalle von gewöhnlich zonar gebautem Plagioklas, von perthitisiertem und an den Kanten stark korrodiertem Anothoklas oder von Quarz bilden die Porphyroblasten. In Anreicherungen erreicht der Biotit Größen von 2×4 mm. Die Hauptmasse ist quarzitisch-anorthoklasisch, allotriomorphkörnig, mit einer Korngröße bis zu 0,2 mm. Infolge der zahlreichen graphischen Durchwachsungen von Quarz und Anorthoklas kann die Struktur der Hauptmasse manchmal als granophyrisch bezeichnet werden.

Die wichtigsten gesteinsbildenden Minerale sind Plagioklas mit 28 bis 30% An, Anorthoklas, Quarz und Biotit. Viel seltener kommen Pyroxen und Granat vor. Akzessorische oder sekundäre Minerale sind Apatit, Sphen, Albit, Epidot, Serizit, Chlorit und Karbonat.

Im Vergleich zum Granit aus dem Zentrum des Massivs unterscheiden sich diese Varietäten durch einen erhöhten Gehalt an Plagioklas und einen niedrigeren Anteil an Anorthoklas. Die Menge des Biotits verändert sich nicht wesentlich. Im Diagramm nach B. M. Kupletski (1942) nehmen diese Varietäten die ent-

TABELLE 4

Modale Zusammensetzung der Granit- und Granodioritvarietäten aus kontaktnahen Bezirken (in Volumen%)

Minerale	1	2	3	4	5	6	7	8	9	10	11	12	13
Biotit (zerfallen)	—	7,35	6,74	0,33	8,93	3,09	12,04	6,93	3,23	7,77	5,15	6,06	12,96
Plagioklas (28% An)	53,80	38,45	36,54	55,58	40,51	31,27	39,65	30,69	34,74	35,15	54,53	41,00	30,18
Anorthoklas	17,07	27,56	31,45	15,30	23,36	18,55	24,03	33,43	21,65	37,52	26,39	27,15	26,48
Quarz	28,35	25,22	23,85	18,84	25,92	43,99	24,28	28,95	37,94	19,56	13,93	24,88	30,38
Sonstige Minerale (in der Hauptsache Sphen, Karbonat und Apatit)	0,78	1,42	1,42	9,95	1,28	3,10	—	—	2,44	—	—	0,91	—
Summe	100	100	100	100	100	100	100	100	100	100	100	100	100

sprechenden Felder des Granits und des Granodiorits ein. Die modale Zusammensetzung von 13 Proben dieser Gesteine ist in Tabelle 4 wiedergegeben.

Wie schon erwähnt, findet man in den kontaktnahen Granitvarietäten kleine Einsprengungen rosafarbenen Granats (Abb. 1). Bei mikroskopischer Untersuchung erwies sich dieser Granit als dem oben beschriebenen völlig analog. Er enthält sehr schön begrenzte, gehäuft angeordnete, nicht selten von Quarz durchwachsene Granatkristalle. Die Menge des Granats erreicht in einzelnen Bezirken 8% des Gesteinsvolumens. In Tabelle 5 ist die modale Zusammensetzung zweier Proben des kontaktnahen Granites verzeichnet.

Abschließend möchte ich die hellen aplitischen Varietäten beschreiben. Sie bilden unregelmäßige Körper von Schlieren- und Linsenform im gesamten Granit des Aufschlusses bei Orlinaja Skala. Ihre Grenze zu dem oben beschriebenen Granit, aus dem das Hauptmassiv besteht, ist nicht scharf. In diesen aplitartigen Varietäten liegen Granitoidlagen und -linsen mit einem noch feinkörnigeren Aufbau und vollkommen weißer Färbung. Die Grenze zwischen diesen beiden Varietäten ist deutlich, jedoch nicht scharf ausgeprägt. Sie wird am Farbwechsel sowie dem vollkommenen Fehlen von Porphyrquarz erkannt, dessen kleine Körner in den leukokraten Varietäten des ersten Typs so reichhaltig sind. Die Mächtigkeit der Granitoidpartien ist außerdem erheblich geringer und beträgt gewöhnlich nur einige Zentimeter.

Petrographisch haben die aplitartigen Varietäten folgende Merkmale: Feinkörnige, hypidiomorphe Struktur. Mittlere Korngröße von 0,2 bis 0,4 mm. Die Hauptmasse des Gesteins bilden stark perthitisierte xenomorphe Anorthoklase, idiomorphe Plagioklasleisten und unregelmäßige Quarzkörner. In Tabelle 6 sind diese Varietäten quantitativ-mineralogisch charakterisiert.

Diese leukokraten aplitartigen Granitoide unterscheiden sich vom Hauptkörper des Granits durch folgende Besonderheiten:

Der Plagioklas ist sauerer und entspricht in der Hauptsache einem Albit–Oligoklas mit 12 bis 15% An. Die Zwillingstextur, hauptsächlich nach dem Albit- und dem Karlsbader Gesetz, ist deutlich ausgeprägt. Ein Zonarbau wird nicht beobachtet. Außer Albit–Oligoklas kommt der eigentliche Albit mit 5 bis 10% An vor. Er bildet kleine Kränze um die Anorthoklase oder entwickelt sich an

TABELLE 5

Minerale	1	2
Biotit	0,37	0,28
Plagioklas	17,07	22,39
Anorthoklas	47,53	40,05
Quarz	32,07	28,56
Granat	2,96	8,72
Summe	100	100

TABELLE 6

Quantitativ-mineralogische Charakteristik aplitartiger Granitoide (in Volumen%)

Minerale	1	2	3	4	5	6	7
Plagioklas (10—15% An)	24,48	9,63	12,28	23,60	20,50	20,37	75,61
Anorthoklas	41,44	59,16	56,68	47,83	44,20	44,97	7,12
Quarz	32,25	30,33	29,96	28,57	35,30	34,44	15,62
Biotit	1,83	0,88	1,08	—	—	—	—
Muskovit	—	—	—	—	—	0,22	0,55
Karbonat	—	—	—	—	—	—	1,10
Summe	100	100	100	100	100	100	100

ihren Kontaktflächen. Dann liegt er auch in einzelnen Flecken an der Peripherie des Anorthoklaskorns. Diese Flecken dringen manchmal weit zum Zentrum des Korns vor, vereinigen sich und verdrängen vollständig ihren ursprünglichen Wirtskristall.

Der Grenzfall einer Substitution des Anorthoklases durch den Albit führt zur Entstehung eigenartiger Quarz-Albitgesteine (s. Tab. 6, Probe 7), aus denen sich auch die weißen Streifen in Bezirken des hier beschriebenen leukokraten aplitartigen Granits zusammensetzen. Der Gehalt an Albit–Oligoklas erreicht in ihnen 75 Volumenprozent.

Weiterhin gehört zu den Besonderheiten der aplitartigen Granitoide das trübe Aussehen des Anorthoklases. Es rührt von kleinsten Schuppen eines grünlichen Glimmers her und von einer Trübe, deren Substanz schwer bestimmbar ist. Der

Anorthoklas ist sehr zersetzt und perthitisiert. Dieser Zerfall ist bei den aplitartigen Granitoiden viel stärker als im Hauptgranit entwickelt. Er wird durch schmale Perthitspindeln angezeigt, die manchmal zu breiteren Streifen zusammenfließen.

Kennzeichnend ist auch die gelappte Form des Quarzkorns. Es enthält Plagioklas- und Anorthoklasreste sowie recht erhebliche Mengen an Flüssigkeits- und Gasbläschen, die ihre Lage bei Drehung des Mikroskop-Objekttisches nicht ändern. Gasbläschen finden sich meist in spitzwinkligen Räumen. Sie liegen ungeordnet, oft jedoch in Kettenform. An diese Bläschenketten sind häufig spätere feinste Risse gebunden. Die Quarzkörner sind im Dünnschliff sehr unregelmäßig verteilt. Einige Stellen des Schliffes bestehen überwiegend aus Quarz, andere wiederum überwiegend aus Albit–Oligoklas-Körnern. Zuletzt ist noch auf das fast völlige Fehlen von Biotit hinzuweisen, dessen Anteil selten 1,8% erreicht. Die Biotitschuppen sind stark chloritisiert oder entfärbt und in Muskovit umgewandelt. Die nicht veränderten Schuppen haben einen vom normalen Biotit etwas abweichenden Pleochroismus: Z = rotbraun, X = strohgelb. Biotit gehört zu den Spätkristallisationen und sitzt gewöhnlich an den Berührungsflächen der Plagioklas- und Anorthoklaskörner.

Fassen wir alle diese Erscheinungen noch einmal zusammen, also die sehr starke Perthitisierung und Albitisierung des Anorthoklases, die Entfärbung des Biotits, die beträchtliche Substitution von Anorthoklas und Plagioklas durch den Quarz, das Vorhandensein einer großen Zahl flüssiger Einschlüsse im Quarz, das Fehlen normaler Kontakte (mit Verringerung der Korngröße usw.) sowie die anomale quantitativ-mineralogische Zusammensetzung (Tab. 6), so können wir eine autometamorphe Entstehung dieser weißen aplitartigen Gesteine annehmen. Stellen wir uns also vor, daß sich dort, wo der Granit kuppelförmig in die Kalksteine vorspringt, Fluide angesammelt und auf den primären Granit eingewirkt haben.

2. Dioritvarietäten

Zu dieser Gruppe gehören einzelne Ganggranite, die durch einen erhöhten Gehalt an buntfarbigen Mineralen (Abb. 5) und einen verhältnismäßig niedrigen

TABELLE 7

Modale Zusammensetzung dioritischer Varietäten (in Volumen%)

Minerale	1	2
Anorthoklas	1,87	25,86
Plagioklas (30—40% An)	62,74	39,39
Quarz	8,71	12,57
Pyroxen	21,14	0,98
Biotit	1,68	21,20
Karbonat, Epidot, Sphen	3,86	—
Summe	100	100

Abb. 5. Granittrum im Kalkstein (unterer Teil der Aufnahme). Er enthält bis zu 21 Volumenprozent Pyroxen und Biotit und sieht deshalb so dunkel aus.

Abb. 6. Granit im Kontakt mit Kalkstein. Die Plagioklasleisten mit 45 bis 47% An sind sehr stark von Quarz substituiert. „Labradoraplit" mit 51% Plagioklas und 49% Quarz. Gekreuzte Nicols, Vergr. 20× (Nachzeichnung)

Abb. 7. Plagioklasgefüge eines Granittrumes mit 40 bis 50% An. Gekreuzte Nicols, Vergr. 76 × (Nachzeichnung)

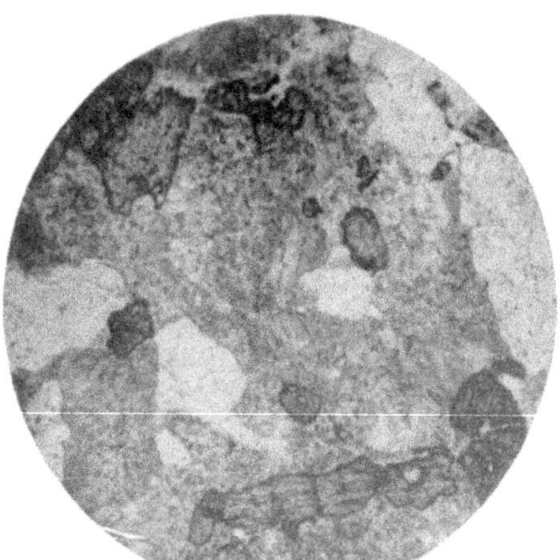

Abb. 8. Granitgang im Kalkstein. Grau — Anorthoklas; weiß — Quarz; dunkel — Pyroxen. Ohne Analysator, Vergr. 46 ×

Quarzgehalt gekennzeichnet sind. Ihre modale Zusammensetzung ist in Tab. 7 gegeben.

Die beschriebenen Granite sind bedingt in die Gruppe der dioritischen Varietäten gestellt worden, hauptsächlich auf Grund ihres hohen Gehalts an dunkelfarbigen Mineralen mit bis zu 21% Pyroxen oder Biotit. Während die erste Probe (Tab. 7) infolge des sehr geringen Gehalts an Anorthoklas und an Quarz eher einem Quarzdiorit entspricht, könnte die zweite richtiger zum Granodiorit gezählt werden.

3. *Labrador-Aplitvarietäten*

In diese Gruppe sind Gesteine aufgenommen worden, die hauptsächlich aus Plagioklas und Quarz bestehen. Sie erinnern an die Varietäten leukokrater Granitoide, die im gleichen Gebiet entwickelt sind und denselben Mineralgehalt haben. Einige Forscher (L. A. WARDANJANZ 1937) sehen sie als eine selbständige intrusive Phase an. Die quantitativ-mineralogische Originalzusammensetzung dieser Varietäten ist in Tabelle 8 aufgeführt.

TABELLE 8

Modale Zusammensetzung der Labrador-Aplitvarietäten (in Volumen%)

Minerale	1	2	3
Plagioklas (40—50% An)	50,20	50,75	54,83
Anorthoklas	1,15	—	—
Quarz	31,76	48,95	45,17
Pyroxen	8,37	—	—
Karbonat u. a.	8,52	0,30	—
Summe	100	100	100

Diese Varietäten bilden entweder die kontaktnahen Partien der Gänge oder liegen an den Orten ihres Auskeilens.

Unter dem Mikroskop erinnert die Struktur dieser Gesteine sehr an die von Hornfelsen. Das Gestein besteht aus trüben, stark karbonatisierten basischen Plagioklasen. Die kurzen prismatischen Kristalle sind infolge der starken Korrosion durch Quarz sehr unregelmäßig begrenzt. Quarz füllt auch alle Räume zwischen ihnen aus (Abb. 6).

Der Plagioklas gehört zum Andesinlabrador oder zum Labrador. An einzelnen Stellen ist er sehr stark karbonatisiert. In diesen Karbonatflecken liegen Epidote. Die starke Substitution von Plagioklas durch Quarz zwingt zu der Annahme, daß diese Varietäten ursprünglich vorwiegend aus basischem Plagioklas bestanden haben.

4. *Anorthositvarietäten*

Megaskopisch sind es weiße, dichte bis feinkörnige Gesteine, aus denen sich einzelne kontaktnahe Zonen des Granits zusammensetzen. Basischer Plagioklas herrscht im Vergleich zu allen anderen Mineralen stark vor.

Der Plagioklasanteil erreicht bis 95%, wie aus Tabelle 9 ersichtlich ist.

TABELLE 9

Modale Zusammensetzung der Anorthositvarietäten (in Volumen%)

Minerale	1	2
Plagioklas (40—65% An)	90,68	94,50
Anorthoklas	2,34	0,30
Quarz	1,11	0,12
Pyroxen	3,27	3,51
Karbonat u. a.	2,60	1,57
Summe	100	100

Unter dem Mikroskop ist das Gestein feinkörnig, sein Gefüge allotriomorph. Es besteht aus untereinander eigenartig kombinierten, kurzprismatischen Plagioklaskristallen (Abb. 7). Sie weisen eine stark ausgeprägte feine Zwillingslamellierung auf und gehören zum Andesinlabrador oder zum Labrador.

In den Plagioklasen sind Karbonatflecken entwickelt. Auch umschließen sie große isometrische Apatite. In ihren Zwischenräumen liegen schwach grün gefärbte Diopside.

5. *Alaskit- und Quarzsyenitvarietäten*

Diese Varietäten sind durch weiße oder hellgraue Gesteine vertreten, welche kleine Gänge oder unregelmäßige Bereiche in größeren Gängen bilden. Unter dem Mikroskop sind sie feinkörnig mit hypidiomorpher Struktur und bestehen fast ganz (bis zu 90%) aus xenomorphen Körnern eines stark pelitisierten Anorthoklases. Die vorherrschende Rolle des Anorthoklases als gesteinsbildendes Mineral sowie der sehr geringe Quarzgehalt waren der Grund, einen Teil dieser Varietäten in die Gruppe der Quarzsyenite zu stellen (jedenfalls zu Gesteinen, die in ihrer Zusammensetzung an Quarzsyenite erinnern). Die Mehrzahl der Varietäten weist jedoch einen hohen Quarzgehalt und einen geringen Anteil an dunkelfarbigen Mineralen auf und kommt an typische Alaskite heran, d. h. an Gesteine, die aus Quarz und aus Alkalifeldspat bestehen (Abb. 8 und 9). Ihr quantitativer Mineralbestand ist in Tab. 10 angeführt.

Im Gelände kann man mit bloßem Auge sehen, daß die weiß oder hellgrau gefärbten Varietäten fast vollständig aus Feldspatkristallen bestehen. Unter dem Mikroskop ist das Gestein fein- oder mittelkörnig, mit allotriomorpher Struktur. Die Umrisse der Anorthoklase, welche die Hauptmasse des Gesteins ausmachen, sind unregelmäßig gezahnt. Außer Anorthoklas ist in erheblichen Mengen Quarz

Abb. 9. Granitgang im Kalkstein, bestehend aus 75% Anorthoklas- und 25% Quarzkörnern. Gekreuzte Nicols, Vergr. 20 ×

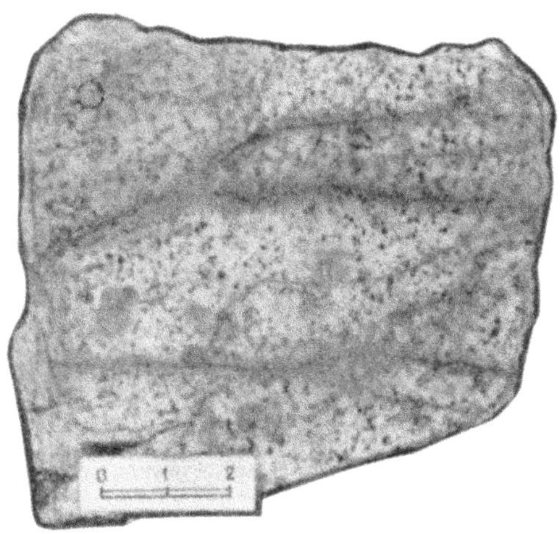

Abb. 10. Veränderung des Granits an Klüften, mit Bildung von Epidot, Klinozoisit und Karbonat

Abb. 11. Eine Skarnader mit Granat und Pyroxen schneidet den Granit

TABELLE 10

Modale Zusammensetzung der Alaskit- und Quarzsyenitvarietäten (in Volumen%)

Minerale	1	2	3	4	5	6	7	8
Plagioklas (20—30% An)	0,93	1,76	3,83	1,54	1,20	0,74	—	1,68
Anorthoklas	90,14	84,09	77,73	72,55	74,60	72,47	72,22	64,44
Quarz	5,89	13,57	16,36	19,45	24,20	23,24	22,00	27,22
Pyroxen	3,04	—	2,08	5,16	—	3,55	5,78	6,66
Karbonat u. a.	—	0,58	—	1,30	—	—	—	—
Summe	100	100	100	100	100	100	100	100

anwesend, der manchmal mit dem Anorthoklas granophyrisch verwachsen ist. Dunkelfarbige Minerale fehlen fast gänzlich, mit Ausnahme seltener Pyroxenkörner. Der Anorthoklas selbst ist trübe und stark pelitisiert. An den Berührungsstellen benachbarter Körner treten schmale Ränder (Kränze) von Albit auf.

Zum Abschluß der Charakteristik der Endokontaktvarietäten des Granits müssen noch Fälle einer Veränderung des Granits längs der Klüfte oder an Kontakten mit Skarngängen erwähnt werden. Die Klüfte stellen Zirkulationswege für postmagmatische Lösungen dar (Abb. 10). In allen diesen Fällen ist die Zone des umgewandelten Granits gering und beträgt nur einige Zentimeter. Die Plagioklase des veränderten Granits längs der Klüfte sind unter dem Mikroskop stark karbonatisiert. Feine Körner der Epidot-Zoisitgruppe sind entwickelt. Der Anorthoklas ist sehr trübe. Der Biotit wird bis zur Bildung von Pseudomorphosen durch feinkörnige Aggregate von Karbonat-, Epidot- und Sphenkörnern substituiert, zwischen denen einzelne abgerissene Chloritfetzen erhalten bleiben. Die Intergranularen enthalten verhältnismäßig viel Karbonat, Epidot und Eisenhydroxyd.

In Abb. 11 schneidet eine Skarnader den kontaktnahen Granit. Sie besteht aus Körnern anisotropen Granats. Die Zwischenräume sind mit Karbonat und Sulfiden ausgefüllt. Gleichfalls im Karbonat trifft man auch Säulen stark veränderten monoklinen Pyroxens an, der offensichtlich ein Diopsid ist. Die Granitminerale in der Nähe dieser Skarnader machen eine Veränderung durch, die sich in sehr starker Substitution des Plagioklases durch Karbonat und Epidot ausdrückt; der Biotit zerfällt und wird durch ein Aggregat von Sphen, Karbonat und Eisenhydroxyd ersetzt. Im Granit gibt es außerdem viele grobe Epidot- und Zoisitkörner, die in den Interstitien liegen.

III. Zusammenfassung

Alles hier über die Granitgänge in Kalksteinen und über den kontaktnahen Granit Gesagte gestattet, folgende Besonderheiten festzustellen:

1. Ihre außerordentlich unbeständige Mineralführung unterscheidet diese Endokontaktvarietäten stark von dem typischen Eldshurtu-Granit oder seiner in Biotithornfelsen eingelagerten Gangserie. Diese Unbeständigkeit beruht nicht

auf dem stark schwankenden Gehalt der für den Granit typischen Minerale, sondern auch auf dem Auftreten einer Reihe neuer Minerale, die im normalen Granit nicht vorkommen. Es sind dies in erster Linie basischer Plagioklas, Granat und Pyroxen.

Folgende Zahlen weisen die äußerst starke Anreicherung der einzelnen Minerale im Granit nach.

Der mittlere Biotitgehalt beträgt 2 bis 6%, steigt jedoch stellenweise bis 21% an (Tab. 7). Der Pyroxen, der hier durch Diopsid vertreten ist und der im normalen Eldshurtu-Granit fehlt, erreicht manchmal einen Gehalt bis zu 21% (Tab. 7), während der Granatgehalt bis 8,7% beträgt (Tab. 5). Obgleich im überwiegenden Teil des kontaktnahen Granits der Plagioklas vor dem Anorthoklas dominiert und er deshalb richtiger als Granodiorit bezeichnet werden sollte, kommen Bereiche vor, in denen der Anorthoklas das wichtigste gesteinsbildende Mineral darstellt und einen Gehalt bis zu 90% erreicht (Tab. 10). Der Gehalt an basischem Plagioklas steigt in einigen Partien bis 94,5% an (Tab. 9). Das Gestein ist dann fast monomineralisch.

2. Natürlich führen diese starken Schwankungen im Gehalt der gesteinsbildenden Minerale oder der mineralischen Neubildungen zur Entstehung einer ganzen Reihe von neuen Gesteinsvarietäten. Sie sind weiter oben beschrieben und bilden keine selbständigen Körper, sondern einzelne Bezirke, die untereinander durch allmähliche Übergänge mit Erhöhung oder Verringerung des Gehalts an den einzelnen Mineralen verknüpft sind. Der Unterschied zum normalen Granit ist im Diagramm nach B. M. Kupletski gut sichtbar.

3. Eine andere Besonderheit des mit den Kalksteinen in Kontakt stehenden Granits sind die Veänderungen, die der Granit kurz vor seinem Erkalten und auch später erfahren hat.

Die meisten Forscher nehmen an, daß mit der Kristallisation in der Restlösung eine Anreicherung derjenigen Komponenten vor sich geht, die nicht in den bisher ausgeschiedenen kristallinen Phasen enthalten sind, also eine Anreicherung der verschiedensten flüchtigen Verbindungen sowie von schwer- und leichtflüchtigen Elementen. Wichtig ist der Umstand, daß unter den Komponenten Wasser vorherrscht, das ein außerordentliches aktives Lösungsmittel bis hinab zu niedrigen Temperaturen bleibt. Die Endphasen wirken auf die früher ausgeschiedenen Minerale ein und rufen eine Reihe von Verwandlungen hervor. Kennzeichnend sind in unserem Falle folgende Veränderungen:

Die Albitisierung ist besonders stark in den Graniten von Orlinaja Skala entwickelt. Schmale Albitkränze umranden das Anorthoklaskorn. Der Albit entwickelt sich xenomorph an den Kontaktflächen der Anorthoklase und verdrängt sie schließlich ganz. Bei niedrigen Temperaturen und reichem Gehalt an Wasser und an flüchtigen Stoffen wird der Anorthoklas instabil und zerfällt unter Ausscheidung eines Albitmoleküls. Er ist hier stets durch Mikroperthit vertreten. Diese Erscheinung ist besonders im Bereich der Orlinaja Skala sehr intensiv entwickelt. Vermutlich ist hier der Granit kuppelförmig in die Kalksteine eingedrungen. Ein solcher Vorsprung kann natürlich als Konzentrationsstelle für die flüchtigen Komponenten dienen, welche eine so starke Umwandlung des Granitmaterials bedingt haben (der Albit-Oligoklasanteil erreicht 75,6 Volumen%; Tab. 6, Probe 7).

Chloritisierung und Entfärbung des Biotits. Diese Umwandlung erfaßt die Biotitschuppen von der Peripherie und dringt manchmal den Spaltflächen folgend in den Kristall hinein. Hierbei wird der zentrale Teil der Schuppen trübe. Häufig treten feine Ausscheidungen von Sphen sowie von Erz- oder Epidotmineralen auf.

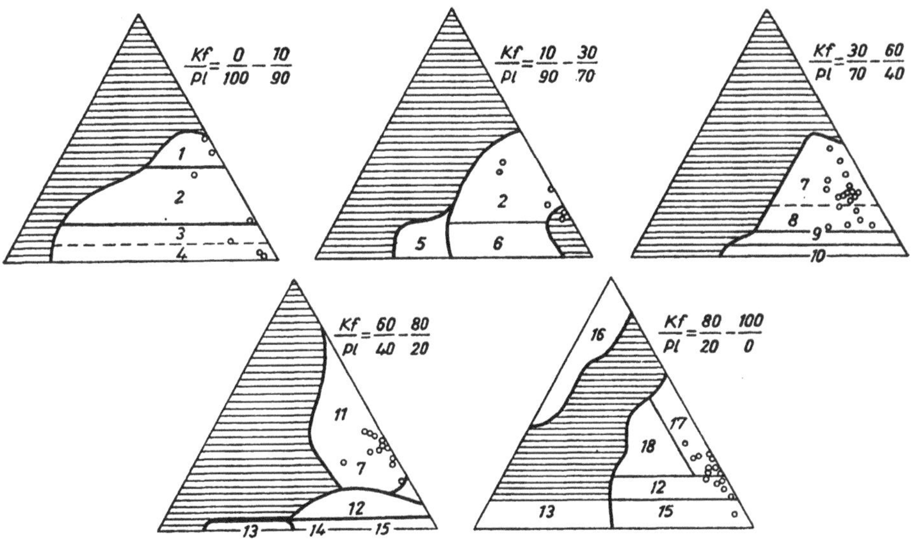

Abb. 12. Quantitativ-mineralogische Charakteristik des Eldshurtu-Granits im Kontakt mit Kalksteinen: 1 — Feld der Plagiogranite; 2 — Feld der Tonalite (Granodiorite); 3 — Feld der Quarzdiorite; 4 — Feld der Diorite; 5 — Feld der Meladiorite; 6 — Feld der Diorite und Monzonite; 7 — Feld der Granite; 8 — Feld der Adamellite; 9 — Feld der Quarzmonzonite; 10 — Feld der Monzonit- und Syenitdiorite; 11 — Feld der Leukogranite; 12 — Feld der Quarzsyenite; 13 — Feld der Shonkinite; 14 — Feld der Monzonite; 15 — Feld der Syenite; 16 — Feld der Gneise; 17 — Feld der Alaskite; 18 — Feld der Kaliumgranite

Die Verquarzung äußert sich in der Korrosion und der Substitution aller vorher ausgeschiedenen Minerale durch den Quarz. Er hat unregelmäßig gelappte Konturen und enthält häufig eine Menge flüssiger und gasförmiger Einschlüsse. Sie deuten an, daß er aus einem Medium auskristallisiert ist, das an diesen Komponenten reich war. In stark verquarzten Bezirken des Granits beträgt der Quarzgehalt 90 bis 100% vom Gesamtvolumen des Gesteins.

Die Epidotisierung hinterläßt feinkörnige Aggregate epidotischer Minerale. Sie häufen sich in den Partien mit zersetztem Biotit oder Pyroxen. Seltener sind sie im basischen Plagioklas entwickelt. Oft wird auch Pyroxen von Hornblende und Hornblende von Biotit ersetzt. Zum Teil dauerten diese Prozesse auch nach der Erkaltung des Granitmassives an. An den Kreuzungsstellen von Granit mit Skarngängen haben sie die Granitminerale albitisiert, karbonatisiert und epidotisiert (Abb. 10 und 11).

4. Die stärksten Veränderungen weist der Granit am unmittelbaren Kontakt mit den Kalken auf, wo auf der Granitseite ein schmaler Saum (1 bis 3 cm) verläuft, der durchweg aus basischem (40 bis 70% An) Plagioklas besteht. Obgleich diese Erscheinung sehr gut entwickelt ist, trifft man sie nicht überall an. In einer Reihe von Fällen finden wir sogar, daß am Kontakt mit dem Skarn Anorthoklas stark über Plagioklas dominiert.

5. Eine ganze Reihe von Merkmalen läßt auf eine Assimilation der Kalke durch das Granitmagma schließen. Sie erklärt die sehr verschiedenartigen Gesteine in den Bezirken des kontaminierten Granits:

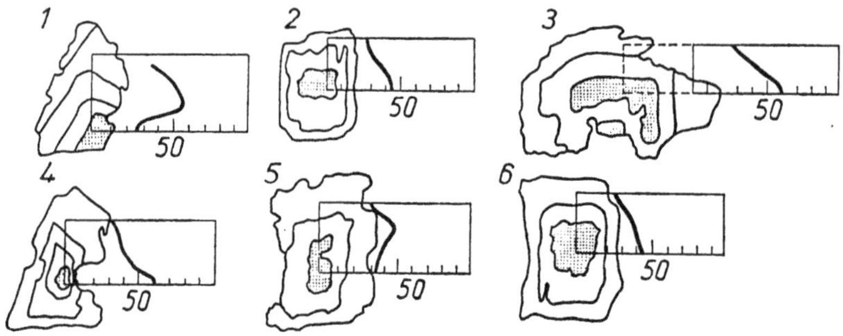

Abb. 13. Arten der Plagioklase mit Zonarbau aus dem kontaktnahen Granit

a) Gewöhnlich dominiert Plagioklas (40%) vor Anorthoklas (25%), während im Zentrum des Massivs ein umgekehrtes Verhältnis vorliegt (31 und 34%).

b) Der Plagioklas im kontaktnahen Granit ist stärker basisch (28 bis 35% An) als der Plagioklas im unveränderten Granit aus dem Zentrum des Massivs (21 bis 25% An).

c) Die Kerne zonargebauter Plagioklase sind im kontaktnahen Granit stärker basisch (bis zu 73% An) als im Zentrum des Massivs (nur bis zu 36% An).

Die zonale Ordnung verläuft normal, vom basischen Kern zur sauren Peripherie. Manchmal treten basische Zwischenzonen auf (Abb. 13).

Wenn die zonar gebauten Plagioklase keine primär-magmatischen Ausscheidungen sein sollen, sondern sich durch Ersatz von Oligoklas durch CaO-reiche spätere Lösungen gebildet haben, müßte man natürlich auch (zumindest in einigen Fällen) Plagioklase mit umgekehrtem Zonarbau antreffen. Sie konnten jedoch nicht beobachtet werden.

d) In einigen Partien, hauptsächlich in Kontaktnähe, treten basische Plagioklase mit 40 bis 82% An auf. Da eine lokale Bindung solcher Plagioklase an den Kontakt fehlt, da weiter die Form der Ausscheidung von basischem Plagioklas in allen Fällen primär ist, wird magmatischer Ursprung angenommen. In keinem einzigen Falle wurde irgend ein Mineral durch basischen Plagioklas ersetzt.

e) Im Granit treten blaßrosa gefärbte, gut begrenzte kleine Granatkristalle auf. Die Idiomorphie des Granats ist noch kein Beweis für seine magmatische Entstehung, da bei metamorphen Vorgängen häufig vorzüglich ausgebildete Kristalle entstehen. Wenn man bedenkt, daß er keine Granitminerale ersetzt, daß Skelettwachstum fehlt, welches für einige Bereiche des „skarnierten" Granits so kennzeichnend ist, und daß die Partien des mit Granat angereicherten Granits fleckig (und nicht zonal) angeordnet sind, so kann der Granat gleichfalls als eine magmatische Ausscheidung gelten.

f) Im Granit kommen häufig blaßgrüne Pyroxenkörner vor. Die Frage über die Natur des Pyroxens ist schon schwieriger. Wir haben es hier zumindest mit zwei Pyroxengenerationen zu tun. Die erste Generation hat kurzprismatische Kristalle und bildet Einschlüsse im Quarz und Anorthoklas. Außerdem wird der Pyroxen der ersten Generation in starkem Maße durch spätere Prozesse beeinflußt. In diesem Pyroxen entwickelt sich häufig Hornblende oder Biotit, während er stellenweise stark karbonatisiert ist. Die zweite Generation ist gewöhnlich ein feinkörniges Aggregat. Es liegt in den Intergranularen oder dringt durch Risse in größere Plagioklaskristalle ein. Während der Pyroxen der zweiten Generation später entstanden ist und mit der Skarnbildung zusammenhängt, wird der Pyroxen der ersten Generation vermutlich eine magmatische Ausscheidung sein, die auf eine Assimilation der Kalke durch das Granitmagma zurückgeht.

g) Ca-haltige Minerale, wie Fluorit, Apatit, Epidot und Sphen weisen gleichfalls auf den Kalkreichtum der Restlösungen hin, wenn sie auch als Spätkristallisationen gelten.

h) Der anomal hohe Gehalt an Kalziumoxyd in den chemischen Analysen (s. Tab. 11) zeigt ebenfalls eine Resorption von größeren Kalksteinmengen durch das Granitmagma an. Mineralogisch drückt sich das, wie aus den obigen Darlegungen ersichtlich, in der Bildung von basischem Plagioklas sowie von Granat und Pyroxen aus. Alle diese Besonderheiten unterscheiden den kontaktnahen Granit vom gewöhnlichen.

Natürlich könnte man jetzt fragen, weshalb sich trotz der Assimilation von Kalkmaterial Gesteine vom Typ der Anorthosite, Alaskite und leukokraten Granodiorite gebildet haben, in denen allgemein die dunklen Minerale sehr gering entwickelt sind oder sogar völlig fehlen. Warum entstehen nicht dioritische oder gabbroide Typen, wie sie A. N. Sawarizki am Berg Magnitnaja, B. M. Kupletski (1936) in den Graniten des Turkestanischen Gebirges, S. A. Asisbekow (1947) in einer Reihe von Granitintrusionen des Kaukasus und Ch. M. Abdullajew (1950b) in den Graniten des Tien-Schan beschrieben haben? A. Lacroix (1898) hat in den Pyrenäen Kontakte zwischen Granit und Kalken untersucht. Dort treten sogar solche basischen Gesteine, wie Hornblendenorit und Hornblendeperidotit auf.

Wir vermuten, daß diese Art der Endokontaktmetamorphose von dem sehr geringen Eisengehalt im primären Granitmagma abhängig war. Im Endergebnis wird der größte Teil des in das Magma gekommenen Kalziumoxyds in den baisschen Plagioklasmolekülen gebunden.

TABELLE 11

Chemische Zusammensetzung des normalen und des kontaktnahen Granits (in Gewichtsprozenten)

Oxyde	Granit aus dem Zentrum des Massivs[1]		Granit aus dem Kontakt mit Kalken	
	1	2	1	2
SiO_2	73,21	72,58	60,72	69,86
TiO_2	0,30	0,35	Spuren	fehlt
Al_2O_3	13,87	14,11	23,74	13,85
Fe_2O_3	0,23	0,57	0,48	0,80
FeO	1,59	1,53	0,56	0,28
MnO	0,02	0,04	0,08	0,06
MgO	0,63	0,65	0,68	0,29
CaO	1,64	1,72	7,45	5,74
Na_2O	3,57	3,17	4,79	2,00
K_2O	4,20	4,37	1,20	3,94
P_2O_5	0,11	0,11	—	—
B	0,03	0,03	—	—
F	0,06	0,06	—	—
Sonstiges	0,51	0,49	—	—
H_2O^+	0,09	0,08	0,24	1,13
H_2O^-	—	—	0,08	0,45
CO_2	0,02	0,02	fehlt	1,72
Summe	100,09	99,88	100,02	100,13
Analysen durchgeführt von:	M. Stukalowa	M. Seljutina	A. Rasshiwina	

Für diese Annahme sprechen der hohe Magnesiumgehalt des Biotits, der geringe Prozentsatz des Hedenbergitmoleküls im Pyroxen und des Andraditmoleküls im Granat, der sowohl in den Skarnen als auch in Form einer Neubildung im Granit vorkommt.

Sich selbst verändernd, verändert der Granit auch die Kalke. Der erste Abschnitt einer solchen Metamorphose war die rein thermale Einwirkung des Granits auf die Kalke mit ihrer Umwandlung in mittel- und grobkörnige Marmore. Der zweite Abschnitt war die Bildung von Skarnen. Sie enthalten eine große Menge von Mineralen, die für den Kalk nicht kennzeichnend sind. Es ist eine Metamorphose mit Stoffzufuhr. Als dritten und letzten Abschnitt, der am spätesten und mit der niedrigsten Temperatur abläuft, möchten wir einige Erscheinungen ansehen, die mit dem Zerfall früher gebildeter Minerale in Verbindung stehen. Es handelt sich um die Karbonatisierung von Pyroxen, Granat und Wollastonit.

Eine Gegenüberstellung der Skarnminerale zeigt unzweifelhaft, daß wir es hier zum Unterschied vom reinen, unverskarnten Kalkstein mit einer Zufuhr verschiedener Elemente zu tun haben. Diese Metamorphose mit Stoffzufuhr erreicht ihr Maximum in den letzten Bildungsstadien der Intrusion. Zu dieser Zeit sammeln sich riesige Mengen von Flüssigkeiten, Gasen und metallischen

[1] Die Analysendaten sind aus der Arbeit von L. A. Wardanjanz (1937) entnommen.

Elementen, die nicht in die bereits auskristallisierte Hauptmasse des Massivs hineingegangen sind. So gesehen ist also der Prozeß der Skarnbildung jünger als die Hauptkristallisation des Granites. Es ist deshalb nicht verwunderlich, wenn wir im Kontakt Skarngänge antreffen, die den Granit schneiden (Abb. 11).

Die meisten Forscher (SAWARIZKI 1926, NIGGLI 1937) führen zur Erklärung der Art der Stoffzufuhr aus dem Magma die Analogie mit den Fumarolenkristallisaten der Vulkane oder der Effusivgesteine an. Die Zufuhr ist mit einer Pneumatolyse gekoppelt, bei der Halogenverbindungen eine wesentliche Rolle spielen. Das an flüchtigen Verbindungen reiche Granitmagma wirkt natürlich am stärksten auf Karbonatgesteine ein, wobei Ca durch Mg- und Fe-Verbindungen substituiert wird. Ein Teil des Kalziums kann bei diesen Wechselreaktionen in das Magma geraten und es verändern (SAWARIZKI 1926). In der vorhandenen recht reichhaltigen Literatur über Kontakte zwischen Graniten und Kalken trifft man Beschreibungen ähnlicher Erscheinungen häufig an.

So hat P. P. SUSTSCHINSKI (1912) Kontakte zwischen Graniten und Kalken in Südwestfinnland untersucht. Er vermerkt, daß ihr kontaktnaher Granitteil hauptsächlich aus einem Aggregat von Quarz und basischem Plagioklas besteht. Der Plagioklas ist schon stärker basisch und wird durch Labrador, nicht durch Albit–Oligoklas, vertreten. Er weist auch auf die Substitution des Pyroxens durch den Biotit und auf die Ansammlung großer Mengen von Titanitkörnern im Granit hin. Im Kalkstein erscheinen typische Minerale wie Vesuvian, Granat, Diopsid und Skapolith. Ihre Bildung steht nach SUSTSCHINSKI mit der Stoffzufuhr aus dem Magma in Zusammenhang.

A. S. GINSBERG (1911), P. OSHEGOW (1899) und I. P. TOLMATSCHEW (1935) erwähnen bei der Beschreibung der Kontakte des Berdjausch-Granits (Ural) mit Kalken das Auftreten von Granat, Augit und Fluorit im kontaktnahen Granit.

A. BERGEAT (1909) erklärt die Granatkristalle im Ganggestein des Pietra Cargata durch Kristallisation des Granats aus dem Magma. Jedoch ist auch eine metasomatische Granatisierung des Granodiorits stärker entwickelt. Bei der abschließenden Behandlung der Art der Veränderungen an Kontakten zwischen Granodiorit und Kalkstein weist BERGEAT darauf hin, daß hier starke Stoffverschiebungen sowohl aus den Sedimentschichten in das Magma als auch aus dem Magma in die Kalke vor sich gingen. Aufgenommen wurde in der Hauptsache Kalk. Das erfolgte durch Resorption im noch flüssigen Magma und durch Diffusion in vollkommen oder teilweise erkalteten Gesteinen. Bei der Auflösung des Kalkes durch flüssiges Magma entstanden Granat und Diopsid.

SEDERHOLM (1893) unterscheidet die alten grauen Granite von den jüngeren postbottnischen Graniten, die Granate enthalten. Diese Besonderheit erklärt er durch ihre palingene Entstehung.

Bei der Beschreibung von Graniten, welche in das Archäikum des Baikalgebietes, in dem auch Kalke vorkommen, eingedrungen sind, vermerkt D. S. KORSHINSKI (1947), daß „der bei der Assimilation sich ergebende Kalziumüberschuß die Tonerde des Magmas als Plagioklas ausfällt und einen Kaliumüberschuß übrig läßt, der den Ursprung für alkalische Granite und Pegmatite ergibt“.

I. S. Ussenko

Über die Genese der alten Granitoide des Ukrainischen kristallinen Schildes

Doklady Akademii nauk SSSR, 104, Nr. 6, 895—898, Moskwa 1955

Der Ukrainische kristalline Schild hat mehrere Stockwerke, in denen metamorphe sedimentär-magmatische Komplexe aufeinanderfolgen. Die unteren Stufen sind älter, die oberen jünger. Im unteren Teil ist er gefaltet. Die Komplexe werden durch Brüche, welche offenbar verschiedenes Alter haben, in große Blöcke unterteilt, die unterschiedlich vertikal bewegt worden sind. So erklärt sich, daß heute die Erosion Gesteine verschiedener struktureller Horizonte erreicht hat, die sich sowohl im Alter als auch in ihrer stofflichen Zusammensetzung und dem Grad der Metamorphose unterscheiden.

Der gegenwärtige Anschnitt legt im Ukrainischen kristallinen Schild hauptsächlich die nordwestlichen Faltenstrukturen frei, die aus alten Gneisen, Granitoiden und Migmatiten bestehen. Sie nehmen insgesamt 80 bis 90% der Fläche ein.

Die alten Granitoide dieser nordwestlichen Faltenstrukturen, die man zum ältesten (bisher bekannten) geosynklinalen Zyklus des Ukrainischen kristallinen Schildes rechnet, sind in ihrer mineralogischen Zusammensetzung und ihrer Struktur sehr verschiedenartig. Zu ihnen gehören die Granodiorite an den Flüssen Berda und Mokraja Wolnowacha, die Granodiorite aus der Umgebung von Krementschug, Swenigorodka und anderen Ortschaften, die Plagioklasgranite am Fluß Saksagan, die Granite von Berditschew, die Granite von Shitomir und Kirowograd, sowie die mannigfaltigen Migmatite und diesen ähnliche Gesteine der Charnockit-Serie am Südlichen Bug.

Nach den Untersuchungen der letzten Jahre ist das Auftreten dieser Granitoide an die Faltung der alten Geosynklinale gebunden, und zwar liegen sie hauptsächlich in den antiklinalen Teilen der in nordwestlicher Richtung streichenden Faltensysteme. Die Faltenzüge selbst bestehen aus Gesteinen der metamorphen sedimentär-effusiven Schicht, die in der gleichen Geosynklinale vor der Faltung entstanden ist.

Der sedimentär-effusive Komplex besteht aus wechsellagernden Para- und Orthogesteinen. Die Paragesteine sind durch Quarzite und Gneise, und zwar Biotit-, Sillimanit-, Graphit- und andere Gneise, vertreten. Dann kommen aber auch dolomitisierte kristalline Kalksteine und Magnesit-Dolomite vor, die gewisse Mengen an Silikat, meist an Alumosilikat enthalten. Die Orthogesteine sind unterschiedlich metamorphosierte Intrusiva und Effusiva. Zu ihnen zählen Amphibolite, Gabbroamphibolite, einige Pyroxen-Plagioklasgneise, Pyroxenite, Peridotite, Serpentinite, Aktinolithite, Tremolitite, Amphibol-, Talk- und Chloritschiefer und auch verschiedene Talk-Karbonatgesteine, die in ihrer Norm an die unter den metamorphosierten Hyperbasiten des Ural weit verbreiteten Listvänite herankommen.

Die Untersuchung der alten Granitoide ergibt, daß sie alle in einem gewissen Grade hybridisiert sind und eine sehr enge genetische Verwandtschaft mit den Gesteinen des Daches, d. h. den Gesteinen des metamorphen sedimentär-effusiven Komplexes aufweisen.

So entstanden die alten Granitoide in verschiedenen Horizonten der nordwestlichen Faltenzüge. Einige davon, so die Berditschew-Granite, gehören zu den tiefsten Teilen dieses Faltungsgebietes; sie liegen unmittelbar in der Zone der Magmenbildung, d. h. im gefalteten Kern der Geosynklinale. Als Beweis dient, daß die massigen Berditschew-Granite allmählich in typische feingebänderte Migmatite mit gleicher Mineralparagenese übergehen. Andere aber, so die Granodiorite und Plagioklasgranite, die Granite von Kirowograd und Shitomir, lassen sich von Intrusionen des Magmas in höhere Horizonte des Faltungsgebietes herleiten. Ihre Zusammensetzung und ihr Gefüge sind einheitlich. Sie haben deutlich ausgeprägte Kontakte mit dem Rahmengestein.

Die enge Verbindung der Berditschew-Granite mit den Migmatiten, die ja ein typisches Produkt der Granitisierung darstellen, ist ein vollkommen eindeutiger Beweis für das Übergreifen der Granitisierung in die Magmabildung.

Die Bildungszone des Magmas (Berditschew-Granite) geht also allmählich in die Zone der Migmatite über und wird von ihr umhüllt.

Die thermodynamischen Verhältnisse der Hülle sind im allgemeinen im Gleichgewicht; das Magma, aus dem die Berditschew-Granite stammen, wurde offenbar nur im Bereich der eigenen Entstehungszone bewegt. Dieses thermodynamische Gleichgewicht ist durch die Ähnlichkeit in der mineralogischen Zusammensetzung und durch den allmählichen Übergang von einer Zone zur anderen bedingt. Das wird in gewissem Maße auch durch den Vergleich der mittleren chemischen Zusammensetzung der Berditschew-Granite und der mittleren Zusammensetzung der sedimentär-effusiven Schichtenreihe bestätigt, deren Umwandlungsprodukte sie darstellen.

Die mittlere chemische Zusammensetzung der sedimentär-effusiven Schicht wurde wie folgt bestimmt. Man geht von dem durch Clarke (1924) festgelegten Verhältnis der Hauptgruppen der Sedimentgesteine aus (80% Tongesteine, 15% Sandsteine und 5% Kalksteine). Dabei müssen wir in unserem Falle auch die basischen Effusiva berücksichtigen. Das Ergebnis der Analyse 11 (1 Amphibolit + 15 Gneise[1] + 3 Quarzite + 1 Kalkstein) der Tabelle 1 kann jedoch wohl kaum

[1] In die mittlere Zusammensetzung sind aufgenommen worden: Biotit-, Biotit-Hornblende-, Sillimanit-, Biotit-Granit- und andere Gneise mit einem Kieselsäuregehalt von 57,90 bis 74,09%.

TABELLE 1

	Granodiorit, Mittel aus 4 Analysen	Plagioklas-granit, Mittel aus 4 Analysen	Berditschew-Granit, Mittel aus 8 Analysen	Granit vom Typ Kiworograd, Mittel aus 8 Analysen	Granit vom Typ Shitomir, Mittel aus 21 Analysen	Mittel aus 15 Gneisen	Mittel aus 15 Gneisen + 1 Amphibolit	Mittel aus 15 Gneisen + 1 Amphibolit + 1 Quarzit	Mittel aus 15 Gneisen + 1 Amphibolit + 2 Quarzite	Mittel aus 15 Gneisen + 1 Amphibolit + 3 Quarzite	Mittel aus 15 Gneisen + 1 Amphibolit + 3 Quarzite + 1 Kalkstein
	1	2	3	4	5	6	7	8	9	10	11
SiO_2	63,86	68,41	66,61	69,31	71,36	66,33	65,12	66,98	68,64	69,96	66,89
TiO_2	0,55	0,33	0,43	0,47	0,32	0,48	0,60	0,56	0,50	0,50	0,50
Al_2O_3	15,61	15,36	15,26	14,51	14,61	16,70	16,38	15,51	14,77	14,15	13,50
Fe_2O_3	1,92	1,21	0,83	1,30	0,83	1,38	1,48	1,43	1,36	1,29	1,26
FeO	3,28	2,68	4,42	2,68	1,88	3,86	4,47	4,21	3,98	3,77	3,68
MnO	0,07	0,06	0,06	0,42	0,03	0,04	0,07	0,07	0,07	0,07	0,11
MgO	2,55	1,12	2,00	1,09	0,63	1,88	2,21	2,09	1,97	1,89	2,76
CaO	4,35	3,26	2,28	1,92	1,41	2,32	2,89	2,68	2,54	2,42	3,81
Na_2O	4,29	5,03	3,20	3,63	3,13	3,60	3,53	3,35	3,18	3,03	2,90
K_2O	2,53	1,47	3,80	4,13	5,91	2,41	2,28	2,15	2,04	1,94	1,85
Sonstige Stoffe	0,75	0,67	1,04	0,65	0,59	0,85	0,89	0,84	0,80	0,82	0,79
											CO_2 1,89
Summe	99,76	99,60	99,93	100,18	99,70	99,85	99,92	99,87	99,85	99,84	99,94
					Prozentuales Molekularverhältnis						
FeO	33	37	44	47	47	45	43	43	45	43	33
MnO	30	20	31	23	20	29	29	30	29	30	33,5
CaO	37	43	25	30	33	26	28	27	26	27	33,5

für denjenigen Teil der Schichtenreihe zutreffen, aus welchem im Verlauf der Granitisierung das Magma der Berditschew-Granite entstand, weil nämlich allgemein in Faltungsgebieten die unteren Schichtenreihen aufschmelzen, in denen Kalksteine gewöhnlich fehlen. Auch nach dem Gehalt an Silizium liegt hier offenbar eine Nichtübereinstimmung vor, da die in die Berechnung dieser Analyse einbegriffenen Quarzite fast monomikt sind, mit einem SiO_2-Gehalt von 94 bis 96%, während der mittlere Sandstein nach Clarke nur 78% dieser Komponente enthält. Die Analysen 6 bis 10 sollen die mittlere Zusammensetzung des sedimentär-effusiven Komplexes wiedergeben. Es sind Mittelwerte verschiedener Verhältnisse von Gneis-, Amphibolit- und Quarzitanalysen (ohne Analysen von Kalkstein!). Sie entsprechen zweifellos besser der Gesteinsfolge, die als Material für das oben erwähnte Magma in Frage kommt.

Wie ein Vergleich zeigt, stimmt der mittlere Berditschew-Granit (Analyse 3) fast mit der mittleren Zusammensetzung der Sedimentserie überein, die durch die Analyse 8 (Mittel aus 15 Gneisen + 1 Amphibolit + 1 Quarzit) repräsentiert wird. Nahe an den Berditschew-Granit heran kommen auch die Analysen 6 (Mittel aus 15 Gneisen) und 7 (Mittel aus 15 Gneisen + 1 Amphibolit), die sich nur ein wenig im Tonerdegehalt unterscheiden. So etwas ist aber gut verständlich, da die Paragneise einen höheren Tonerdegehalt haben als die Granite. Recht nahe an die Berditschew-Granite kommt auch die Analyse 9 (Mittel aus 15 Gneisen + 1 Amphibolit + 2 Quarzite).

Den Analysen 6 bis 10 ist gemeinsam, daß sie alle im Vergleich zu den Berditschew-Graniten einen merklich geringeren Gehalt an Kalium haben. Offenbar wird das Kalium von den granitisierenden Lösungen zugeführt, unter deren Einfluß sich das Magma dieser Granite bildet. Die Umwandlung der Sedimentgesteine in Gneise und Migmatite beruht auf der gleichen Granitisierung. Die von der Zone der Magmenbildung entfernten Gneise wurden weniger von den granitisierenden Lösungen erreicht und haben demzufolge einen geringeren Zuwachs an Alkalien als die Migmatite, die im Verlauf der Granitisierung zum Magma der Berditschew-Granite ausreiften. Hierauf ist also wahrscheinlich der geringere Kaliumgehalt der Gneise zurückzuführen.

Die Kirowograd- und Shitomir-Granite liegen in höheren Horizonten des Faltungsgebietes. Sie sind zweifellos Abkömmlinge des Magmas der Berditschew-Granite. Diese Folgerung gründet sich auf 3 Tatsachen geologischen Charakters.

1. Nach oben grenzen diese Granite in allen Fällen an Gesteine der gleichen alten sedimentär-effusiven Schichtfolge. Sie liegen in der Hauptsache in den Antiklinalen der nordwestlich streichenden Faltenzüge.

2. Sie haben im allgemeinen die gleiche Mineralparagenese wie die Berditschew-Granite. Am Kontakt mit den umgebenden Gesteinen gehen sie jedoch in Granodiorite über.

3. Endlich findet die Schlußfolgerung über ihre Abstammung vom Magma der Berditschew-Granite in gewissem Maße in den Daten der petrochemischen Untersuchung eine Bestätigung. Der genetische Zusammenhang zwischen den Shito-

mir-, den Kirowograd- und den Berditschew-Graniten wird genügend deutlich im Vektordiagramm nach A. N. Sawarizki ersichtlich.

Eine gewisse Eigenart in der Zusammensetzung weisen die Granodiorite und die Plagioklasgranite auf. Sie unterscheiden sich von den Berditschew-Graniten durch den höheren Gehalt an Kalzium und einen merklich geringeren Gehalt an Kalium. Eine derartig unterschiedliche Stoffverteilung wird leicht erklärt, wenn das Magma beim Aufstieg Sedimente assimiliert, die mit zweiwertigen Metallen, besonders mit Kalzium, angereichert sind. Das gilt ganz allgemein. Kalkige Sedimente liegen gewöhnlich in höheren Horizonten des geosynklinalen Verbandes. Ihre Assimilation durch das Magma der Berditschew-Granite führt nur zur Bildung der Granodiorite und Plagioklasgranite, die gewöhnlich einen geringeren Gehalt an Feldspat haben. Außerdem gehen die Granodiorite am Kontakt mit den Rahmengesteinen in Plagioklasgranite und die Kirowograd-Granite in Granodiorite über. Diese Abstufung bestätigt die fortschreitende Assimilation.

Die Kirowograd- und Shitomir-Granite haben im Vergleich zu den Berditschew-Graniten einen höheren Gehalt an Kaliumoxyd. Das hängt offenbar nicht nur mit der Assimilation, sondern auch mit der Differentiation des Magmas zusammen. Es gibt nämlich alle möglichen Zwischentypen. Außerdem kann man unmittelbar beobachten, wie beide Granite ineinander übergehen. Diese beiden Tatsachen weisen sehr deutlich auf eine Differentiation des Magmas hin.

Für einen genetischen Zusammenhang zwischen den Berditschew-, den Shitomir- und den Kirowograd-Graniten spricht auch die deutliche chemische und kristallographische Einheitlichkeit der Zirkone, die in diesem Umfang nicht mehr zufällig sein kann.

Interessant ist, daß die Shitomir-Granite gangförmig die Berditschew-Granite durchsetzen. Außerdem kommen Einschlüsse von Berditschew-Granit im Shitomir-Granit vor. Hier liegen zweifellos zwei Intrusionen vor, die aber beide noch in die Faltungsphase der Geosynklinale gehören.

I. M. Issamuchamedow

Die Rolle der Assimilation in der Petrogenese

Materialy k II. Wsesojusnomu petrografitscheskomu soweschtschaniju, 73—91, Taschkent 1958

INHALT

Unter den verschiedenen Anschauungen über die Entstehung magmatischer Gesteine nimmt die Assimilationstheorie eine wichtige Stelle ein. Erstmalig wurde sie von Kjerulf formuliert und von Michel-Levy, in der Sowjetunion von J. F. Lewinson-Lessing, entwickelt. Als eine der Ursachen für die Vielfalt der Eruptivgesteine sah F. J. Lewinson-Lessing die Assimilation von Fremdmaterial durch das Magma oder seine Aufspaltung durch den Einfluß derartiger Schmelzprozesse an. Diese Theorie wurde später, im Zuge eingehenderer Untersuchungen der Eruptivgesteine weiterentwickelt (W. N. Lodotschnikow (1927), A. N. Sawarizki (1926), D. S. Beljankin (1937) u. a.).

In den letzten Jahren ist die große Rolle der Assimilation bei der Bildung verschiedener Magmenkomplexe in mehreren Gebieten nachgewiesen worden, so im Kaukasus, in der Ukraine, in Transbaikalien, Usbekistan, Tadshikistan und Kasachstan.

Deshalb lassen sich heute die komplizierten Prozesse der Einwirkung des Nebengesteins auf die eindringende Schmelze umfassender vorstellen. Eine solche Wechselwirkung liegt in mehr oder weniger großem Umfang bei der Intrusion sowohl saurer als auch basischer Magmen vor.

Es soll im folgenden die Rolle der Assimilation bei der Bildung von Gesteinsderivaten eines saueren Magmas behandelt werden.

1. Die Hauptfaktoren bei der Entwicklung der Assimilation

Jede Theorie über die Entstehung der Eruptivgesteine geht von Vorgängen aus, die in den Tiefen der Erdrinde verlaufen. Nach den heutigen geophysikalischen Unterlagen befindet sich über der Peridotitschale die Sialhülle (Basalte, Granite und Sedimentgesteine), die zwar nur etwa 1,5% des Simavolumens ausmacht, jedoch eine erhebliche Mächtigkeit besitzt. Sie beträgt z. B. in Mittelasien 50 bis 60 km, wobei auf die Basaltschicht 15 und auf die Granitschicht 45 km entfallen. Es gibt mehrere Ansichten darüber, in welcher der erwähnten Zonen die magmatischen Schmelzen ihren Ursprung haben und welchen Prozessen sie ihre Entstehung verdanken.

P. N. Kropotkin (1941) ist der Ansicht, daß die sauren Schmelzen periodisch als leicht schmelzende eutektoide Teile dieser Schicht eingeschmolzen und herausgedrückt werden. Andere Forscher gehen von der Vorstellung aus, daß saures Magma aus Sialmassen oder aus der primären Basaltschicht entsteht, welche die granitischen und die ultrabasischen Differentiate liefert (N. L. Bowen, R. A. Daly 1933 u. a.). Richtiger sind in dieser Hinsicht die Vorstellungen, die W. I. Popow (1955) auf Grund von geologischen Untersuchungen in Mittelasien und in anderen Gebieten sowie nach Unterlagen der Geochemie, Geophysik und Kosmogonie entwickelt hat. Bei der Ausarbeitung seiner Kerntheorie der Entwicklung der Erdrinde stützt sich dieser Forscher unter anderem auf die Untersuchungsergebnisse verschiedener Geologen, die auf einen erheblichen Überschuß an radiothermischer Energie innerhalb der Erde hinweisen. Diese Wärmeenergie wird nach W. I. Popow „nur mit Hilfe der im Erdinnern entstehenden großen Massen mobiler, stark erwärmter magmatischer Schmelzen, Gase und Lösungen aus dem Erdinnern entfernt. Durch den Gravitationsdruck in der Tiefe werden sie zur Erdoberfläche gedrückt und führen eine große Wärmemenge mit sich" (1955, S. 8). Derartige Magmenergüsse verstärken nach W. I. Popow nicht nur die Basalt- und Granithülle, sondern deformieren sie auch. Außerdem bildet sich bei der Wechselwirkung der nach oben gelangenden Stoffe mit der Hydrosphäre und der Atmosphäre die Sedimenthülle. So weist Popow in seiner Theorie die allgemeinen Gesetzmäßigkeiten einer fortschreitenden Entwicklung der Sialhüllen der Erde nach. Dieser Vorgang geht in Form eng miteinander verbundener und abschnittsweise ineinander übergehender Bewegungsstile und einer Stoffentwicklung vor sich. Er umfaßt folgende Abschnitte:

1. Radiaktiver Zerfall der Atome;
2. radiothermisch bedingter Magmatismus und Wachsen der äußeren Sialhüllen der Erde;
3. primäre und sekundäre Tektogenese;
4. Sedimentbildung, die gleichzeitig mit der Tektogenese verläuft.

Primär in dieser Reihe sind die radioaktiven und magmatischen Stoffumwandlungen, keineswegs aber die sich daraus ergebenden tektonischen, d. h. mechanischen Deformationen der Erdrinde (Popow 1955, S. 8).

Die Folgerung W. I. Popows über die primäre Rolle der magmatischen Prozesse, die letzten Endes die Zusammensetzung und den tektonischen Aufbau der äußeren Erdhülle wesentlich verändern, entspricht damit offenbar gut den beobachteten Tatsachen.

Viele Forscher stimmen F. J. Lewinson-Lessing zu, der zwei Ursprungsmagmen von granitischer und von basaltischer Zusammensetzung für möglich hielt. Sie gehen auf die beiden selbständigen, geophysikalisch bestätigten äußeren Hüllen der Erde zurück. Man kann mit W. I. Popow (1955) annehmen, daß die

Peridotite bei der radiothermischen Erwärmung einer Differentiation mit Herausschmelzen der leichteren Teile unterliegen, was zu einem Wachstum der Basalthülle führt, aus der sich das Graniteutektikum bildet. Das Graniteutektikum kann auch durch Einschmelzen der Granithülle gebildet werden. Eine eingehende Untersuchung der Intrusivkörper zeigt, daß das primäre saure Magma in seiner Zusammensetzung den Alaskiten nahestand, da diese Merkmale assimilatorischer Entstehung aufweisen. Diese Merkmale sind bei ihnen schwächer ausgeprägt als bei den stärker basischen Gliedern, weshalb sie noch unlängst als Gesteine der reinen Linie galten (nämlich als Alaskite, die gewöhnlich die intrusive Tätigkeit in einem bestimmten, von sauren Intrusionen begleiteten Magmenzyklus abschließen).

Das sich in den Tiefen der Lithosphäre bildende Alaskitmagma dringt auf den Tiefenbrüchen empor. Sie entstehen nach Meinung einiger Forscher im Zusammenhang mit senkrechten Schwingungsbewegungen der Erdrinde, während andere Forscher annehmen, daß diese Brüche die primären Faktoren darstellen, welche die Struktur und die Entwicklungsgeschichte der Geosynklinalen bestimmen. Es muß jedoch erwähnt werden, daß die senkrechten Schwingungsbewegungen (wie wir weiter unten sehen werden) selbst die Folge magmatischer Prozesse sind und nicht primär sein können.

Das aus den Tiefenherden kommende Magma besitzt sogar nahe der Oberfläche eine starke Aufstiegskraft (endogene Kraft). Das ergibt sich nicht nur aus der Untersuchung tätiger Vulkane, sondern wird auch bei erodierten Intrusivkörpern sichtbar, bei deren Bildung die darüberliegenden sedimentär-metamorphen Schichten emporgehoben wurden. Im Erdinnern ist dieser Druck des Magmas wesentlich größer und stellt offenbar die Hauptursache für die Entstehung von Tiefenbrüchen dar. Hier verlaufen radiothermische Prozesse, die durch den Einfluß der Wärme aus tieferen Zonen weiter anwachsen und zum Aufschmelzen der umgebenden Bereiche, zur Veränderung der Stoffzusammensetzung und zur Volumenvergrößerung führen. Gerade die Volumenvergrößerung führt aber zu einer erheblichen Steigerung des Druckes, wodurch sich Risse in der darüberliegenden Erdhülle bilden. Ihre Weiterentwicklung erhalten sie mit der Volumenvergrößerung der Schmelze. Diese gelangt durch endogene Kräfte über die Brüche in verschiedene Horizonte der Erdrinde. Ursache für diese Kräfte sind die Differenz der spezifischen Gewichte von Magma und Nachbargestein, die chemische Aktivität der sauren Schmelze oder die Vergrößerung ihres Volumens infolge des verminderten Druckes oberhalb des Entstehungsherdes.

Die so entstehenden Tiefenbrüche spielen in der Entwicklungsgeschichte des Magmatismus und der Struktur geosynklinaler Gebiete eine außerordentlich große Rolle. Ihre Formen und Dimensionen sind in der Hauptsache von der Aktivität des Magmenherdes und der physikalisch-chemischen Beschaffenheit der Gesteine abhängig, durch welche sie hindurchziehen.

Ihren linearen Verlauf beweisen viele Intrusivkörper. So beträgt die Länge des Great Dyke in Rhodesien 500 km, die der Gabbromassive des Ural 600 km, während die Länge der granitoiden batholithischen Körper manchmal 2000 km erreicht. Brüche mit erheblicher Ausdehnung entstehen offenbar bei endogener Maximalkraft des Magmas. In den meisten Fällen erstrecken sie sich über einige zehn Kilometer und verzweigen sich an der Erdoberfläche in kleinen Spalten.

Das Aufreißen dieser Spalten, das Heben des Daches, die sich fortsetzende Assimilation usw. erfolgen in verschieden starkem Maße in den einzelnen Phasen der Magmenintrusion und führen dann zur endgültigen Formung des Massivs, welches manchmal isometrisch gestaltet ist. Diese Erscheinungen, die bei vielen mittelasiatischen Intrusivkörpern gut zu verfolgen sind, ermöglichen die Platznahme des Magmas. Das Raumproblem ist also für die „Magmatiker“ nicht so unüberwindlich, wie es den Verfechtern der Granitisierung manchmal erscheint. Eine derartige Verzweigung eines Bruches im oberen Teil der Gesteinshülle entsteht nicht auf einmal. Manche Brüche bilden sich früher, und ihre Ausgestaltung setzt sich bis zum Schluß einer bestimmten Aktivitätsperiode des Magmenherdes fort. Andere entstehen in einem der folgenden Abschnitte beim Eindringen des Magmas, wobei sie alle nach oben hin in verschiedenen, jedoch manchmal nahe beieinander liegenden Horizonten enden. Als Folge dieser Genese bestehen die Intrusivkörper gewöhnlich nur aus Gesteinen einer oder zweier Phasen; daneben treten auch mehrphasige Körper auf, obgleich im betreffenden Gebiet der Magmenherd für alle der gleiche war. An einzelnen Stellen konnte das Magma durch sehr viele Aufstiegskanäle empordringen (Popow 1955).

Durch die Assimilation in der Randzone, durch Aufnahme von Nebengestein beim Aufreißen der abyssischen Spalten und später unter dem Druck des aufsteigenden Magmas steht das intrudierende Magma die ganze Zeit in intensiver Wechselwirkung mit dem umgebenden Gesteinskomplex. Der Veränderungsgrad der Zusammensetzung des primären (alaskitischen) Magmas ist hierbei von vielen Faktoren abhängig, hauptsächlich:

1. von den Volumenverhältnissen zwischen der eindringenden Schmelze und den darin auftretenden Xenolithen, sowie von den Spaltenflächen;
2. von der Zusammensetzung des vom Magma durchdrungenen Gesteins;
3. vom thermischen Gesamtzustand des Magmas, d. h. von seiner Anfangstemperatur im Magmenherd und vom Absinken der Temperatur mit dem Aufstieg der Schmelze in die oberen Horizonte der Erdrinde (unter Berücksichtigung der geothermischen Tiefenstufe);
4. vom radioaktiven Zerfall der Atome einiger chemischer Elemente (Uran, Thorium u. a.), der sich in der intrudierenden Schmelze fortsetzt;
5. von der zusätzlichen Erwärmung des aufsteigenden Magmas durch transmagmatische Gase, die im Magma nach oben dringen (R. A. Daly 1933, D. S. Korshinski 1946);
6. von der Aufstiegsgeschwindigkeit des Magmas im Bruch;
7. von der Klüftung des Nebengesteins.

Das primäre, aus der Basalthülle ausgeschmolzene protogranitische Magma steigt aus einer tieferen Zone (von einigen zehn Kilometern) empor und bewahrt bis zur unteren Grenze der Sedimente fast vollkommen seine ursprüngliche Zusammensetzung.

Zu Assimiliationen kommt es, wenn die eutektische und sekundäre (in der Granitzone entstandene) Schmelze durch die Sedimentzone dringt. Hier ist die Änderung ihrer Zusammensetzung von der Menge der in die Schmelze geratenen Nebengesteinsschollen abhängig, worauf indirekt die verschiedenen Gesteinsarten der Intrusivmassive hinweisen. Mit den immer häufiger werdenden Xenolithen aus Schiefern, Marmoren und anderen Gesteinen tritt nämlich in den meisten Fällen eine durchgehende Gesteinsreihe von Alaskit über Granit, Adamellit, Granodiorit und Diorit bis zum Gabbro auf. Eine solche Steigerung zu stärker basischen Gesteinen (horizontaler Zonarbau) wird nicht nur in Richtung zum Nebengestein (direkter Zonarbau), sondern auch zum Zentrum der Massive beobachtet (umgekehrter Zonarbau, bedingt entweder durch starke Kontamination oder geringere Denudation des mittleren Teiles). In tief erodierten Intrusiven läßt sich noch ein vertikaler Zonarbau mit einer allmählichen Verringerung der Basizität der Gesteine nach unten beobachten. Je größer also der Umfang der in das Magma gelangten hybridisierenden Agenzien ist, um so stärker wird sich die Zusammensetzung des Magmas ändern. Eine große Bedeutung hat außerdem die unmittelbare Wechselwirkung zwischen Schmelze und Nebengestein längs des gesamten Aufstiegsweges der Schmelze im Tiefenbruch. Ihre Bedeutung wird gewöhnlich etwas unterschätzt. Man vergißt hierbei, daß eine solche Randassimilation auf sehr großen Flächen, die bis zu einigen 100 km² betragen können, vor sich geht. In Wirklichkeit ist diese Fläche noch viel größer, wenn die Oberfläche der Bruchwände in ihrer gesamten Ausdehnung berücksichtigt wird.

Eine direkte Abhängigkeit zwischen der Zusammensetzung des kontaminierten Magmas und der Art des Nebengesteins ist von vielen Forschern nachgewiesen worden. So hat W. N. Lodotschnikow (1927) Granite, Syenitgranite, Syenite und Quarzdiorite beschrieben, deren Entstehung mit dem Einfluß von Kalken und Dolomiten auf das saure Magma verknüpft ist. A. N. Sawarizki hat im Berdjausch-Pluton Syenitdiorite und andere Gesteine untersucht, die sich bei der Aufnahme basischer Gesteine durch das gleiche Magma gebildet haben. Bei der Untersuchung des Einflusses verschiedener sedimentär-metamorpher Serien auf das saure Magma im Gebiet des Tienschan konnte Ch. M. Abdullajew (1950b) den Assimilationsursprung der Granitoide dieses Gebietes nachweisen. Er unterschied drei Typen der Assimilation:

1. Karbonatische Assimilation — Anreicherung des Magmas mit Kalk (Adamellite, Granodiorite, Quarzdiorite und Diorite);
2. Eisen-Magnesium-Assimilation mit Bildung monzonitischer und dioritischer Gesteinsgruppen;
3. Alumosilikat-Assimilation mit Bildung von Graniten.

Das unterschiedliche Nebengestein reagiert mit dem sauren Magma verschieden. Nach dem Grad der Aufnahmefähigkeit durch das Magma läßt sich die Reihe Kalke — Schiefer — Eruptivgesteine aufstellen. Je ähnlicher die Zusammensetzung von Nebengestein und Schmelze ist, um so weniger wird es assimiliert.

Die Art der Veränderung des Magmas ist demzufolge von der Zusammensetzung der sedimentären (und möglicherweise auch der älteren Eruptiva) Gesteine abhängig, durch die der Tiefenbruch verläuft. Deshalb kann der Assimilationstyp nicht immer festgestellt werden, da im untersuchten Magmengestein alle chemischen Besonderheiten der unterschiedlich zusammengesetzten Nebengesteinsserien vorliegen können.

Der Einfluß des Nebengesteins auf die Schmelze ist außerdem von der Dauer der Wechselwirkung, d. h. von der Aufstiegsgeschwindigkeit der Schmelze abhängig. Hierzu fehlen genauere Angaben, und die Beobachtungsergebnisse an Lavaströmen geben wenig Anhaltspunkte für die in der Tiefe ablaufenden Prozesse. In manchen Intrusivkörpern mit einer Bildungstiefe von 2 bis 3 km stimmt die Orientierung der von oben eingetauchten Xenolithe mit den Lagerungselementen des Nebengesteins überein, was bei einem plötzlichen Eindringen wohl kaum der Fall wäre. Außerdem erfolgt das oben erwähnte Heben des Daches bei Intrusivmassiven so langsam, daß es durch die Erosion auf der Erdoberfläche ausgeglichen wird.

Auf der Grundlage dieser und anderer indirekter Daten kann angenommen werden, daß das Magma auf dem Tiefenbruch — jedoch nicht nahe der Erdoberfläche — außerordentlich langsam aufsteigt. Die Dauer der Intrusion begünstigt demzufolge gleichfalls die Assimilation des Nebengesteins. Eine große Bedeutung hat hierbei die Klüftigkeit des Gesteins. Dislokationen in sedimentären oder anderen Gesteinen beginnen, lange bevor die magmatischen Schmelzen allmählich in sie eindringen, da der Beginn der Hebung unten in der Erdrinde und die ersten sehr geringen Schwingungsbewegungen im oberen Teil der Sedimente zeitlich nahe beieinander liegen. Gleichzeitig und in enger Verbindung mit dem Aufstieg des Magmas in höhere Horizonte wird die tektonische Struktur der Erdrinde allmählich komplizierter. Diese Periode wird im allgemeinen durch positive Vertikalbewegungen (Hebungen) der Sedimentschichten gekennzeichnet, die sich bis zum Ende der Magmenintrusion und der Auskristallisierung fortsetzen. Im Verlauf dieser lang andauernden Bildung eines Tiefenbruches und des Aufstiegs der Schmelze findet unter Oberflächenbedingungen die tektonische Prägung des betreffenden Gebietes ihr Ende, und die Erosion setzt ein. Alle angeführten Lagerungsstörungen der älteren sedimentären oder eruptiven Gesteine führen zu Inhomogenitäten und machen sie für Assimilationsvorgänge empfänglicher. Hierbei kommt es zu einer Temperaturerhöhung und zu einem Eindringen flüchtiger Stoffe des Magmas. Vor der Intrusion wird also der Boden für die Platznahme des Magmas und für die Wechselwirkung mit dem Nebengestein vorbereitet. Das folgt eigentlich schon aus dem Bildungsprozeß der eigentlichen Bruchzone, die für das Eindringen riesiger Schmelzmassen gewöhnlich ausreicht. Es gibt keinerlei Angaben, die auf eine Bruchbildung durch Einschmelzen des Nebengesteins hinweisen, obgleich das in den unteren herdnahen Horizonten der Erdrinde offenbar der Fall ist. In den oberen Zonen wird der Bruch dadurch erweitert, a) daß das aufsteigende Magma das Nebengestein durch seinen Druck zertrümmert, b) daß die Bruchwände nahe der Erdoberfläche auseinandergerückt werden und c) daß Randassimilation eintritt. Die hierbei gebildeten zertrümmerten Abschnitte des Aufstiegskanals werden als Schollen und Xenolithe von der Stirn des aufsteigenden Magmas nach oben transportiert. Das läßt sich durch zahlreiche Tatsachen bestätigen; einige davon sollen im folgenden angeführt werden.

Aus dem Erdinnern stammende Dioritschollen hat A. N. SAWARIZKI bei Vulkanausbrüchen auf der Halbinsel Kamtschatka beobachtet. Im westlichen Usbekistan war mit der Bildung einer Reihe von Intrusivkörpern eine Zertrümmerung des Nebengesteins und ein Hochtransport der entstandenen Bruchstücke verbunden. Ähnliche Erscheinungen ließen sich in den Intrusivkörpern des Gissar-Gebirges und anderer Gebiete nachweisen. In Zentralkasachstan hat W. S. KOPTEW-DWORNIKOW (1955) im Borowoje-Massiv solche hochtransportierten Xenolithe festgestellt. Die meisten Xenolithe geraten offenbar in den ersten Abschnitten der magmatischen Tätigkeit in die Schmelze; sie werden dann aber in den folgenden Phasen weniger, und die Bruchzone wird mit der Zeit immer ärmer an Fremdschollen.

Falls keine Oberflächeneruption erfolgt, senken sich beim Erstarren des Magmas die darüberliegenden Schichten infolge Volumenverringerung des Intrusivkörpers. Dieser Prozeß, der von einer gegenseitigen Angleichung der Struktur des Nebengesteins und der Schmelze begleitet wird, ist in der späteren granitischen oder granodioritischen Phase der Intrusion entsprechend dem größeren Umfang der eindringenden Massen noch stärker ausgebildet. Hierbei dringen manchmal zusätzlich kleine Teile des noch flüssigen Magmas in höher liegende Bezirke des Daches ein, was zu einem Kontakt des Magmas mit anderen schwach metamorphierten Gesteinen führt, die deshalb leichter einer Assimilation unterliegen.

Begünstigt wird das durch die hohe Temperatur des Magmas, die hier noch nicht so weit abgesunken ist, daß eine Assimilation verhindert würde. Eine Bestätigung findet diese Tatsache darin, daß in Massiven, die in geringer Tiefe (2 bis 3 km) auskristallisiert sind, Xenolithe erhalten bleiben, die vom Magma transformiert worden sind.

Außerdem muß die Möglichkeit einer zusätzlichen oder wiederholten Erwärmung des Magmas schon unter Oberflächenbedingungen berücksichtigt werden, worauf R. A. DALY (1933) und W. I. POPOW (1955) hingewiesen haben. Die radioaktiven Elemente (Uran, Thorium u.a.), bei deren Zerfall Wärmeenergie entsteht, sind bekanntlich in der Erdhülle ungleichmäßig verteilt. Nach W. I. POPOW lagen diese Stoffe in erheblichen Mengen dort vor, wo später Ansammlungen verschiedener magmatischer sialischer Produkte entstanden, aus denen sich die Kontinentalkerne entwickelten. Dieses sialische Magma hat nach der Hypothese der Radiomigration von W. W. BELOUSSOW (1942—1943) „die radioaktiven Stoffe in sich aufgenommen und sie nach oben, in die an der Erdoberfläche gebildeten Keimzellen der Festlandskerne gebracht. Gleichzeitig mit der Entstehung der Festlandskerne begannen sich deshalb auch die dispersen radioaktiven Stoffe zu konzentrieren, und es entstand zusätzlich zu den früheren Tiefenherden eine zweite Erwärmungsquelle der Erdrinde (an ihrer Oberfläche)“ (POPOW 1955, S. 53).

Möglich ist außerdem die Entstehung zusätzlicher Wärmequellen, nämlich als exothermische Reaktionen der Schmelze mit der festen Phase, wenn diese Quellen einem gleichen Druck ausgesetzt sind und von der Ausfällung einer inkongruent schmelzenden Phase begleitet werden, sowie auch bei der Zuwanderung flüchtiger Stoffe aus den Xenolithen in das Magma, was zur Wärmeausscheidung führt. Der Einfluß dieser oberflächennahen Wärmequellen zeigt sich möglicherweise am stärksten bei vulkanischen Ausbrüchen, die periodisch in verhältnismäßig kurzen Zeitabständen erfolgen.

Alle hier betrachteten Besonderheiten in der Entwicklung des Magmatismus begünstigen die Assimilation. Ihr Ablauf ist jedoch noch nicht erforscht. Zweifellos verlaufen sie auf Grund unterschiedlicher Bedingungen verschiedenartig und treten auf dem gesamten Wege des Magmas innerhalb der Sedimentsphäre auf. Sowohl im Herd als auch in den anliegenden Bereichen (am Anfang der Aufstiegsspalte) werden infolge einer radiothermischen Erwärmung die benachbarten Bereiche der Erdrinde eingeschmolzen. Weiter oben wird dieser Prozeß bei sinkender Temperatur und niedrigerem Druck allmählich von einer metasomatischen Umwandlung des Nebengesteins (Granitisierung) abgelöst. Hierauf weisen die erheblichen Unterschiede in der Zusammensetzung und dem Aufbau der in verschiedenen Tiefen gebildeten Granitoidmassive hin. Die den archäischen und altproterozoischen Schiefern eingelagerten Massive stellen nach R. A. Daly (1933) und J. A. Kusnezow (1955) im allgemeinen konkordante akmolithische Körper — mit Migmatisierung als Begleitprozeß — oder aber eine durchgehende Granitisierungszone dar. Die allmählichen Übergänge dieser Granite in das Nebengestein, die Strukturen ihrer metasomatischen Substitution und die Relikttexturen beweisen ihre metamorphe Entstehung. Bei einem Vergleich dieser Eigenheiten mit den charakteristischen Merkmalen der Intrusiva aus mittleren Tiefen (ausgeprägte Kontakte, stärker basische Randfazies, schwache Entwicklung metasomatischer Erscheinungen u. a. m.) erwähnt J. A. Kusnezow mit Recht, daß „gerade die Ignorierung der faziellen Besonderheiten der Intrusivgesteine die Ursache der scharfen Differenzen zwischen den Magmatikern und den Transformisten darstellt“ (1955, S. 307).

Die Granitisierung stellt eine Art Randassimilation des Nebengesteins durch das Magma dar, die in größerem Maße in der Tiefe vor sich geht und in den oberen Bezirken der Erdrinde allmählich abklingt.

Auf der gesamten Wegstrecke des Magmas verändert sich außerdem seine Zusammensetzung unter dem Einfluß der hineingeratenen Bruckstücke des Nebengesteins. Die Fragen dieser Wechselwirkung des Nebengesteins mit dem Magma haben viele Forscher behandelt (W. N. Lodotschnikow 1927, D. S. Beljankin 1937, F. J. Lewinson-Lessing 1939, A. N. Sawarizki, N. L. Bowen, S. R. Nokkolds, W. A. Nikolajew, Ch. M. Abdullajew 1950b). Auf der Grundlage unserer Beobachtungen und unter Berücksichtigung der Angaben der angeführten Forscher stellen wir fest, daß bei der Assimilation die flüchtigen Komponenten eine große Rolle spielen. Sie begünstigen eine Diffusion von Stoffen aus dem Magma in die Fremdeinschlüsse und umgekehrt. Erleichtert wird das durch das Vorhandensein struktureller Richtungen in den Xenolithen (Schieferung und Schichtung in Hornfelsen, Parallelgefüge in Eruptivgesteinen, kapillare und größere Risse, die sich bei der Entstehung der Trümmer bilden). Bei hohen Temperaturen und Drucken sind die fluiden Komponenten (hauptsächlich Wasser) äußerst aktiv; sie lösen einige Minerale der Schieferxenolithe auf, die in vielen Granitoidkörpern korrodiert sind. Auch andere Tatsachen bestätigen das.

Das primäre Alaskitmagma ist reich an flüchtigen Komponenten. Sie konzentrieren sich durch Zufuhr aus den Xenolithen in deren Nähe. Je mehr Xenolithe in den einzelnen Bereichen des Massivs vorkommen, um so kräftiger sind ihre Minerale korrodiert. Infolge der unterschiedlichen Löslichkeit der Minerale geht die mechanische Verbindung verloren und die Restminerale zerstreuen sich im umgebenden Magma. Das haben Autor und andere Geologen durch eingehende petrographische Untersuchungen in Granitoidkörpern im Narutau-Gebirge nachgewiesen. Die gelösten Elemente werden durch die flüchtigen Stoffe in das Magma transportiert. Nach D. S. Korshinski (1956) gleichen sich hierbei die chemischen Potentiale der Komponenten aus, und im Endergebnis tritt ein Gleichgewicht zwischen der Zusammensetzung der Einschlüsse und der sie umgebenden Schmelze ein. Auf diese Weise mischt sich in das Magma Tonerde, Eisen, Magnesia, Kalk u. a., und es kristallisieren die stärker basischen (zonalen) Plagioklase und andere Minerale aus. Daneben sind in hybriden und hybridisierten Granitoiden Xenokristalle von Biotit, Amphibol, Plagioklas und auch andere Beimengungen enthalten. Die Xenokristalle des Plagioklases werden hierbei substituiert und von neuen Zonen umgeben. In den Zwischenstufen dieses Veränderungsprozesses zeigen sie häufig einen fleckigen Aufbau; die übrigen Xenokristalle machen weitere Veränderungen durch (Resorption, Verheilung, Substitution usw.) oder bleiben in teilweise korrodiertem Zustand zwischen den aus dem Magma neu auskristallisierenden Mineralen erhalten.

In ähnlicher Weise werden die älteren Eruptivgesteine (Granite, Granodiorite, Diorite u. a.) durch das Alaskitmagma assimiliert. Da ihre Xenolithplagioklase gewöhnlich stärker basisch sind als die der Schiefer, gelangt in diesem Falle mehr Kalk in das Magma. So erklären sich auch die basischen Kerne der Plagioklase in hybriden Gesteinen, die sich bei der Kontamination des Magmas durch Eruptivmaterial gebildet haben. Die Xenolithe aus Eruptivgesteinen sind in geringerem Maße einer mechanischen Desintegration unterworfen, da sie im Vergleich zu den Xenolithen der Sedimentgesteine eine massigere Struktur und eine einheitlichere Zusammensetzung aufweisen.

Infolge ihrer einfachen, manchmal monomineralischen Zusammensetzung, der schnellen Dissoziation der Karbonate und infolge anderer Ursachen treten Kalke und Dolomite leichter in Wechselwirkung mit dem Magma. Die Assimilation der Xenolithe aus Kalken und Dolomiten erfolgt nur durch wechselseitige Reaktion, bei hoher Temperatur und bei aktiver Teilnahme flüchtiger Verbindungen. So gelangen in das Magma Kalk und Magnesium und in das Nebengestein (oder in die Xenolithe) Kieselsäure und alkalische Alumosilikate. In diesem Zusammenhang lassen sich die Ansichten N. L. Bowens nicht bestätigen, nach dem die Umwandlung der Xenolithe nach dem Reaktionsprinzip vor sich geht und die höheren Glieder dieser kontinuierlichen Serie nicht aufgelöst werden können. So bleiben z. B. die aus den Xenolithen in die hybriden Gesteine geratenen akzessorischen Minerale in ihrem ursprünglichen Zustand erhalten. Minerale, die zu den oberen und unteren Gliedern dieser Reihe gehören, sind in gleicher Weise den verschiedensten Veränderungen unterworfen.

Bei der Auflösung der Minerale von Schieferxenolithen erhöht sich die Konzentration der Kalium-Alumosilikate, die in Anwesenheit großer Mengen flüchtiger Stoffe als große (5 bis 10 cm) Einsprenglinge mit poikilitischen Einschlüssen verschiedener Xenokristalle auskristallisieren. Gemeinsam mit den verheilten Plagioklasxenokristallen oder getrennt von ihnen verleihen sie den hybriden und hybridisierten Gesteinen ein porphyrartiges Aussehen. Eine ähnliche Genese von Kalifeldspatporphyroblasten in den Graniten des Ural haben B. M. Kupletski (1947) und andere Forscher festgestellt.

Auf diese Weise erfolgt die Wechselwirkung des Magmas mit dem Nebengestein und den Xenolithen. Der allgemeine komplexe Einfluß der unterschiedlich zusammengesetzten Schichten des Nebengesteins drückt sich im Chemismus der hierbei aus dem primären Alaskitmagma entstehenden stärker basischen Gesteine aus. Die Übernahme der Zusammensetzung des Nebengesteins durch die Granitoide wird auch im Gehalt an akzessorischen chemischen Elementen beobachtet. Die Resultate von Spektralanalysen der Intrusivkomplexe und ihres Nebengesteins bestätigen das. Auf Grund der erwähnten spezifischen Entwicklung der Assimilation möchte ich deshalb den Ansichten Ch. M. Abdullajews beipflichten, daß bei Wechselwirkung des Magmas mit dem Nebengestein das Magma mit verschiedenen Metallen angereichert wird, die gemeinsam mit den metallogenetischen Möglichkeiten des Magmas selbst die Art der genetischen mit den Gesteinen der Kontaminationsreihe verbundenen Lagerstätte bestimmen können.

2. Einige allgemeine Gesetzmäßigkeiten in der Entwicklung des Magmatismus

Im Lichte der Assimilationstheorie der Gesteinsentstehung ist es von gewissem Interesse, die Magmenentwicklung einzelner Gebiete der UdSSR zu verfolgen. Vor allem muß erwähnt werden, daß in Übereinstimmung mit dem geologischen Aufbau der betreffenden Gebiete Magmatismus in verschiedener Form auftritt. Bei einem Vergleich des Tatsachenmaterials für einen bestimmten Magmenzyklus muß der unterschiedliche Untersuchungsgrad in den einzelnen Gebieten berücksichtigt werden, in manchen Fällen auch die ungenügende relative Altersbestimmung der Eruptivgesteine.

Bei regionalen geologischen Untersuchungen ist eine bestimmte Bildungsfolge der Eruptivgesteine festgestellt worden. Bisweilen diente diese Abfolge als eines der Merkmale für die Gliederung in geosynklinale Entwicklungsetappen. W. I. Serpuchow unterscheidet fünf Abschnitte in der Entwicklung solcher Gebiete. In der ersten Etappe herrschte eine effusive Tätigkeit vor, danach folgte die

Bildung basischer und ultrabasischer Gesteinsformationen. Die mittlere Etappe ist durch ein starkes Vorherrschen von Granitoiden in der Reihenfolge a) Diorite, Porphyrite, b) granodioritische Batholithe, c) normale Granite, d) Alaskite, gekennzeichnet. In den letzten beiden Abschnitten folgen Liparite, Dazite und Andesite, während sich von den Intrusiven saure Glieder bilden.

W. A. Peiwe unterscheidet bei der Bildung der Geosynklinalen drei Stufen mit etwa den gleichen Besonderheiten der Magmatismus.

Als konkretes Beispiel für ein Geosynklinalgebiet möchte ich die Kuraminsker Unterzone anführen. Sie gehört zu den typischen Kernbezirken und enthält zwei Magmenzyklen, den kaledonischen und den variszischen. Der kaledonische Zyklus begann in der ersten Etappe und in den frühen Entwicklungsabschnitten der Mobilzone (Untersilur[1]) mit submarinen Ergüssen (Spilit-Porphyrit-Serie), danach folgten Eruptionen von Tuffen und Ignimbriten liparitischer und dazitischer Zusammensetzung, die im Unterdevon endeten.

Im variszischen Zyklus, der zu dem mittleren und den folgenden Entwicklungsabschnitten der Mobilzone gehört, werden fünf Abschnitte sowohl des Tiefen- als auch des Oberflächenvulkanismus unterschieden. Anfangs bilden sich mächtige Serien andesitischer Zusammensetzung, die von Lockerprodukten und Laven der gleichen oder etwas stärker saueren Zusammensetzung und dann von Dazitporphyren mit ihren Tuffen abgelöst werden. Die etwa gleichalte oder etwas jüngere Tiefenfazies ist durch verschiedene Granitoide vertreten, unter denen in der Reihenfolge ihres relativen Alters von den älteren zu den jüngeren folgende Gesteinsgruppen auftreten:

1. Gabbros, Grabbronorite;
2. Gabbros, Diorite, Quarzdiorite, Granodiorite;
3. Quarzdiorite, Granodiorite;
4. Alaskite und Granite.

Die Gesteine der folgenden Phase bilden sich gleichfalls im Verlauf von vier Subphasen als effusive, subvulkanische und hypabyssische Fazies. Die sehr mächtigen Effusiva sind kompliziert zusammengesetzt, jedoch verändern sie sich im allgemeinen gesetzmäßig im Profil von unten nach oben von basischen zu sauren Gesteinen. Gleichzeitig oder etwas später bilden sich die Tiefengesteine des Tschatkal-Kuraminsker Batholithen, unter denen Gesteine folgender vier Subphasen in der Reihenfolge von den älteren zu den jüngeren entwickelt sind:

1. Gabbros, Diorite;
2. Diorite, Quarzdiorite;
3. Granodiorite;
4. Alaskite und Granite.

Ich habe nur die am weitesten verbreiteten Gesteine genannt. Außer ihnen treten noch verschiedene Typen der Randfazies wie Syenit, Syenitdiorit und ihre porphyrischen und porphyrähnlichen Varietäten auf.

[1] Untersilur = unteres Gotlandium (Anm. d. wiss. Red.)

Die folgenden Entwicklungsstufen sind im Kuraminsker Gebiet nach dem Umfang ihres Auftretens verhältnismäßig unbedeutend, wobei auch hier eine Änderung in der Zusammensetzung der Gesteine von basischen zu sauren (bis zu Alaskiten) festzustellen ist. Ein solcher normaler Wechsel der Gesteine in der Zeit ist für viele Intrusivkörper des nördlichen, zentralen, südlichen und westlichen Tienschan kennzeichnend.

Nach den Angaben von S. S. Smirnow, I. M. Lutschizki und anderen Forschern lassen sich unter den paläozoischen einphasigen Intrusionen des östlichen Transbaikaliens auch komplexe Intrusionen ausscheiden, in denen folgende Gesteinsgruppen auftreten (in der Reihenfolge ihrer Bildung):

1. Granodiorite, Tonalite und Quarzdiorite;
2. porphyrartige Biotit-Amphibolgranite;
3. „Rauch"granite und vergneiste Granite (offenbar Alaskite).

Unter den variszischen Granitoiden im südöstlichen Teil Osttransbaikaliens unterscheidet W. N. Koserenko folgende Serien (von den älteren zu den jüngeren):

1. Granodiorite und die mit ihnen verknüpften basischen (häufig alkalischen) Gesteine;
2. Biotit-Hornblendegranite und Granodiorite;
3. leukokrate Granite (Alaskite).

In den Intrusivkomplexen des Erzaltai sowie in Gebieten des Bergaltai und in Kasachstan wird der gleiche Gesteinswechsel beobachtet.

Die Ablösung stärker basischer Eruptivgesteine (von Andesitporphyriten und ihren Tuffen u. a. m.) durch verhältnismäßig saure Intrusionen hat T. M. Dembo im Kusnezker Alatau festgestellt.

In der Ukraine unterscheidet A. N. Proskurko im Dnestr-Gebiet folgende Gesteinsgruppen in der Reihenfolge ihrer Entstehung:

1. Amphibolite (?);
2. Gabbros und Gabbronorite (unteres Archäikum);
3. Hypersthengranite (Charnockite);
4. rosafarbene Granite (oberes Archäikum).

Eine gleiche Reihe nacheinander entstandener Gesteine gibt N. P. Semenenko für die ebenen Gebiete der Ukraine an. Hier werden fünf Zyklen unterschieden. In jedem dieser Zyklen kristallisieren zuerst die basischen und dann die sauren Gesteine aus. Diese normale Folge gilt auch für andere Intrusivkörper der Ukraine. Ähnliche Bildungsgesetze bestehen im Ural, wie aus den Arbeiten von B. M. Kupletski, A. N. Sawarizki und vieler anderer Forscher hervorgeht.

Im Magmatismus des Nordkaukasus unterscheidet G. D. Afanassjew (1950) eine erste Assoziation mit vorwiegend natriumhaltigen Gesteinen, die mit der Entwicklung der Magmenherde in der Basalt- und Peridotithülle zusammenhängt; zu einer zweiten Assoziation gehören Granitoidgesteine, die in der Reihenfolge einer abnehmenden Basizität aus den Magmenherden der Sialhülle gebildet wurden. Etwa die gleiche Reihenfolge (von Peridotiten und Gabbroamphiboliten über Zwischentypen bis zu Alaskiten) stellt A. M. Demin (1957) für den Hauptgebirgsrücken (Nordkaukasus) fest.

Das Chrami-Massiv in Grusinien ist nach den Angaben von G. M. Saridse und anderen Forschern aus stärker basischen Gesteinen zusammengesetzt, in die saure Gesteine bis zu Alaskiten intrudierten.

Die Bildungsfolge der Granitoide von stärker basischen zu sauren Gliedern stellt — da sie in vielen Gebieten vorkommt — offenbar eine allgemeine Erscheinung dar. Aus dem gleichen Grunde schrieb R. A. Daly, daß „die überwiegende Abfolge plutonischer Eruptionen von basisch zu sauer verläuft" (1936, S. 137).

Über die Ursachen der normalen Gesteinsabfolge, wie sie in bestimmten Magmenzyklen beobachtet wird und sich infolge ihrer ungleichmäßigen Kontamination ergibt, besteht keine einheitliche Meinung.

W. S. Koptew-Dwornikow (1955) unterscheidet für Zentralkasachstan zwei Intrusionsreihen mit fünf Phasen in der ersten und zwei Phasen in der zweiten Reihe. In den ersten Phasen des kaledonischen und des variszischen Zyklus spielen Assimilationen eine große Rolle; sie werden jedoch gegen Ende dieser Zyklen schwächer und der Magmatismus schließt mit Alaskiten ab.

W. S. Koptew-Dwornikow betont, daß eine solche Aufeinanderfolge in der Entwicklung des Magmatismus auch für andere Gebiete kennzeichnend ist (Nordkaukasus u. a.). Die gesamte Variationsbreite der Gesteine im ersten Entwicklungsabschnitt einer Geosynklinale bringt er mit der Magmendifferentiation in Zusammenhang, während er für die Gesteine der folgenden Abschnitte zwei Möglichkeiten der Genese annimmt: „1. Liparite, Andesite und Basalte entstehen als Ergebnis einer Differentiation eines palingenen Magmas. 2. Das Granitmagma und die Effusiva kommen aus verschiedenen Quellen, wobei die Liparite beim Einschmelzen sialischer Massen in das Basaltmagma entstehen, während das Granitmagma als eine Schmelze, die zum Aufstieg in die oberen Strukturstufen fähig war, jedesmal nur bestimmten Zeitabschnitten der geologischen Geschichte entspricht, und zwar intensiven, faltenbildenden Bewegungen" (1955, S. 129). In bezug auf die oben erwähnte Kontaminationsreihe der Gesteine schreibt er: „... Unterschiede in der Assimilationsfähigkeit des Granitmagmas, d. h. das Vorhandensein von Granitoidreihen, können durch gesetzmäßige Veränderungen der Wärmeverhältnisse oder der Zusammensetzung von Lösungen und anderem mehr in den Tiefenherden der Magmenbildung zu bestimmten Abschnitten der Geosynklinalentwicklung erklärt werden" (1955, S. 129).

G. D. Afanassjew bejaht die Rolle der Assimilation bei der Entstehung einiger Gesteine und schließt sich damit der Ansicht F. J. Lewinson-Lessings über das selbständige Auftreten zweier Magmen an, wobei er die Granitoide als Differentiate eines Tiefenmagmas granodioritischer Zusammensetzung auffaßt. G. D. Afanassjew betont die große Bedeutung der Wechselwirkung zwischen dem Magma und den Gesteinen des Substrats. Nach J. A. Kusnezow (1955) bildet das granitoide Magma bei Assimilation von Fremdmaterial die stärker basischen Gesteine der Randzone. Hierbei hält er die Abspaltung einer Dampfphase während der

Metasomatose und der Vergreisung für möglich. Er lehnt eine Kristallisationsdifferentiation bei der Bildung der meisten sauren Intrusionen ab.

Ohne auf die Ansichten anderer Autoren einzugehen, ist zu erwähnen, daß die Anhänger einer Differentiation des primären Magmas, wie uns scheint, den Einfluß des Nebengesteins auf die Schmelze und den Ablauf des Intrusionsvorganges im Verlauf eines bestimmten Magmenzyklus nicht genügend berücksichtigen.

Aus den angeführten Angaben über einiger Gebiete der Sowjetunion wird ersichtlich, daß der Magmatismus in Übereinstimmung mit der geologischen Entwicklung der Mobilzonen gesetzmäßig auftritt und daß in diesen Zonen Gesteinsgruppen vorliegen, die sich in der hier angegebenen Reihenfolge gebildet haben:

1. basische Effusiva;
2. Gabbros;
3. Diorite;
4. Granite;
5. Alaskite.

Die zeitlichen Beziehungen zwischen den Tiefengesteinen und den Eruptivgesteinen der ersten Magmaphase sind häufig unbestimmt. Unabhängig davon, ob sie sich gleichzeitig gebildet haben oder nicht, kristallisieren aus dieser Magmenportion die Gesteine der Gabbrogruppe aus. Das Magma ergießt sich stellenweise auf die Erdoberfläche als Basalt, Porphyrit usw. Wie W. N. Lodotschnikow (1927) richtig sagt, sind diese Basalte und die ihnen ähnlichen Gesteine sehr fließfähig. Sie können dadurch große Gebiete der Erdoberfläche bedecken. Der Unterschied in der Zusammensetzung der Ergußgesteine weist auf komplizierte Prozesse hin, die im vulkanischen Herd verlaufen und von denen eigentlich sehr wenig bekannt ist. In Abhängigkeit vom Grad der Assimilation des Fremdgesteins durch das Magma in verschiedenen Bereichen des Förderschlotes sowie von anderen Prozessen gibt es neben der normalen Abfolge der Eruptivgesteine auch Fälle, wo saure Ergußgesteine durch stärker basische Gesteine abgelöst werden. Beispiele hierfür haben aus verschiedenen Gebieten F. J. Lewinson-Lessing, A. N. Sawarizki u. a. beschrieben.

Die Gesteine dieser Phase sind je nach der Art der durchbrochenen Schichten und dem Kontaminationsgrad des Magmas in der Intrusivfazies gleichfalls unterschiedlich zusammengesetzt. Hierbei tritt folgende Reihe auf: Hornblendite, Gabbros, Gabbronorite, Anorthosite, Pyroxenite, Labradorite, Gabbrodiorite und andere. Am weitesten sind Gabbros verbreitet. Kennzeichnend ist, daß in ihnen Xenolithe verschiedener Gesteine (Schiefer und andere) vorkommen, die noch nicht assimiliert worden sind. Die Gesteine dieser Gruppe sind in den mittelasiatischen Massiven gewöhnlich schwach entwickelt und als kleine Stöcke (mit einer Grundfläche von einigen Quadratkilometern, häufiger noch weniger) oder getrennten Schollen und Xenolithen in stärker sauren Gesteinen der nächsten Phase eingelagert, wodurch sie an den Rändern metamorph verändert wurden. Sie stellen abgetrennte Teile eines Körpers dar, die sich durch den Druck des erneut eindringenden Magmas gebildet haben.

Alle Besonderheiten dieser Gesteinsgruppe zeugen davon, daß der Bildungsbeginn einer magmenführenden Tiefenbruchzone sowie das Aufsteigen der Schmelze auf diesem Bruch die Assimilation begünstigen, da die Hauptmasse der im Tiefenbruch entstandenen Bruckstücke vom vorderen Teil des eindringenden Magmas erfaßt wird, das mit den verschiedenartigen Nebengesteinsserien infolge der erheblichen Unterschiede in der Zusammensetzung in intensiver Wechselwirkung steht. Im oberen Teil der Bruchzone ist das Magma infolge der angegebenen Ursachen stärker basisch. Je höher es aufsteigen kann, um so rascher kühlt es ab und kristallisiert aus. Während oben die Schmelze schon in festen Zustand übergeht, bleibt sie weiter unten immer noch flüssig.

Die nachfolgende Aktivierung des Magmenherdes und das Eindringen der Schmelze erfolgt schon unter anderen geologischen Verhältnissen. Zu diesem Zeitpunkt existiert ein Förderschlot, der mit Magma von einer leicht veränderten chemischen Zusammensetzung angefüllt ist, das nach oben hin allmählich in festes Gestein von stärker basischer Zusammensetzung übergeht. Deshalb wird fast die gesamte Energie der Schmelze für die weitere Verbreiterung des Bruches verbraucht, und zwar in der oberen Strukturstufe, d. h. im Niveau der Gesteine der ersten Phase oder etwas darüber (falls sich die Schmelze auf die Erdoberfläche ergießt). Das aus dem Herd kommende Magma zerspaltet nicht nur die Gesteine der vorangegangenen Phase in einzelne Teile, sondern erfaßt, assimiliert und trennt sie auch bei seiner Bewegung und seiner endgültigen Platznahme. In dieser Periode sind die Bedingungen für Assimilationsprozesse gleichfalls günstig, so z. B. die weitere Verbreiterung der Tiefenbruchzone, die Bildung von Bruchschollen, der schwache Metamorphosegrad des Nebengesteins und anderes. Aus einem solchen Magma entstehen dioritische Gesteine. Außer den stärker verbreiteten Dioriten kommen aber auch Gabbros, Quarzdiorite, Tonalite, Granodiorite und andere vor. Sie bilden im Vergleich zu der vorangegangenen Gabbrogruppe größere Bereiche komplizierter Intrusivkörper oder selbständige, vorwiegend kleinere Intrusive.

Das Magma der dritten Intrusivphase ist gewöhnlich verhältnismäßig sauer, da es durch einen fertigen Tiefenbruch aufsteigt, der weitgehend von Bruchstücken gereinigt ist. Auch die Randassimilation ist infolge der starken Metamorphose des Nebengesteins unter dem Einfluß des sauren Magmas der vorangegangenen Intrusionsabschnitte erschwert. Deshalb verändert sich in den meisten Fällen dieses Magma bis zur granitischen Zusammensetzung. Zu dieser Gruppe gehören außerdem Granodiorite, Quarzdiorite und andere Gesteine.

Infolge der immer weiter fortschreitenden Entwicklung sowohl des Magmenherdes als auch des Tiefenbruches, durch den die Schmelze aufsteigt, ist das Volumen der Schmelze in dieser Periode gewöhnlich am größten, und es bilden sich die großen Granit- und Granodioritbatholithe. Die folgende und abschließende Phase der intrusiven Tätigkeit tritt nur untergeordnet auf. Auf Grund der oben angeführten Ursachen entstehen fast nicht kontaminierte saure Gesteine vom Typ der Alaskite.

Die hier betrachtete Reihenfolge der Granitoidgesteine ist offensichtlich wenig vom Alter des Magmatismus abhängig.

In der erwähnten Kuraminsker Subzone wiederholt sie sich zweimal, wobei nach noch unvollständigen Angaben vor jedem Abschnitt der Granitbildung Porphyrite aufdrangen. Eine solche Wiederholung kann auf die Anlage eines neuen Tiefenbruches neben dem alten zurückgehen.[1] Ein derartiger normaler zeitlicher Gesteinswechsel kommt nicht nur in Gebieten des paläozoischen, sondern auch des älteren (archäischen) Magmatismus vor.

Infolge dieser spezifischen Entwicklung des Tiefenmagmatismus sind Erosionsanschnitte von Graniten und Granodioriten viel häufiger als solche von Gabbros und von Dioriten. Die Zusammensetzung der aus verschieden stark kontaminierten Magmen entstandenen Gesteine sagt demzufolge wenig über die primäre Schmelze aus. Die unter den Forschern vorherrschende Meinung über die Existenz eines Granitmagmas, die sich auf die weite Verbreitung derartiger Gesteine auf der Erdoberfläche gründet, entspricht deshalb nicht der Wirklichkeit. Die Zusammensetzung des periodisch im Innern der Erdrinde entstehenden primären Magmas liegt näher zu den Alaskiten und nicht zu den Graniten.

Im Jahre 1948 haben wir bei der Untersuchung der Intrusivkörper des westlichen Usbekistans festgestellt, daß die Granitoidmassive aus einem ursprünglich alaskitischen Magma entstehen, dessen Zusammensetzung sich durch Assimilation verschiedener Gesteine ändert. Später sind durch ihre Studien an Intrusivmassiven Grusiniens und Zentralkasachstans auch G. M. Saridse (s. dieses Heft, S. 9. Die wiss. Red.) und W. S. Koptew-Dwornikow (1955) zu ähnlichen Ergebnissen gekommen. Die Intrusion einer reinen alaskitischen Schmelze in der letzten Phase des Magmatismus ist ein Beweis gerade für die magmatische Entstehung der Granitoide, da ihr Auftreten vom Standpunkt der Transformisten nicht erklärt werden kann. Bekanntlich unterscheiden sich die Alaskite wenig von den Graniten. Die Existenz eines Magmas, das noch saurer ist als das der Granite, hat jedoch eine grundsätzliche Bedeutung. Ein solches Magma läßt nämlich darauf schließen, daß die Granite hybridisierte Gesteine sind.

Die Vielfalt der Gesteine in der erwähnten Reihe steht demzufolge im Zusammenhang mit der abnehmenden Rolle der Assimilation am Ende eines Magmenzyklus. Das kann erklärt werden: a) durch unterschiedliche geologische Bedingungen zum Zeitpunkt der Intrusion der einzelnen Magmenportionen (stärkere Kontamination des Magmas in den ersten Intrusionsphasen zusammen mit der Entwicklung des Tiefenbruches und allmähliche Reinigung des Tiefenbruches von den Bruchschollen am Ende des Zyklus); b) durch die Glasierung der Wände in den unteren Teilen des Bruches und oben durch das Eindringen des Magmas in die Gesteine der vorangegangenen Phase; c) durch die stärkere Metamorphose des Nebengesteins gegen Ende des Zyklus, wodurch das Nebengestein von den folgenden aufsteigenden Magmenschüben immer weniger assimiliert wird.

[1] In diesem Gebiet ist das Alter der magmatischen Gesteine noch unbekannt. Bei genauerer Altersbestimmung werden sich möglicherweise alle Granitoidmassive als gleichaltrig erweisen.

Wir haben versucht, die Ergebnisse der Untersuchung der Kristallisationsprodukte eines sauren Magmas auszuwerten; sie beweisen die große Rolle der Assimilation bei der Bildung der Eruptivgesteine. Zweifellos kann in Abhängigkeit von den jeweiligen Bedingungen auch eine Granitisierung, eine magmatische oder Kristallisationsdifferentiation u. a. vorliegen. Jedoch verdanken die von uns betrachteten Gesteine ihre Herkunft nicht der Differentiation eines sauren Magmas, sondern seiner Kontamination. Sie haben sich sowohl auf dem Intrusionsweg des Magmas, als auch am Ort seiner Verfestigung gebildet.

D. S. KORSHINSKI

Azidität-Alkalität als wichtigster Faktor magmatischer und postmagmatischer Prozesse

Materialy k II. Wsesojusnomu petrografitscheskomu soweschtschaniju, str. 22—35, Taschkent 1958

INHALT

1. Azidität-Alkalität magmatogener Lösungen

Geologische Beobachtungen lassen bemerkenswerte Gesetzmäßigkeiten erkennen, die eine Vorstellung über die chemische Aktivität der Magmenkomponenten und der magmatogenen Lösungen — und zwar nicht nur über ihre Konzentration, sondern auch über die allgemeine Azidität-Alkalität des Mediums — geben. Erhöht man die Azidität einer Lösung, so wird die Aktivität aller Basen gesenkt und die aller Säuren gesteigert. Dieser Effekt ist um so ausgeprägter, je stärker die Base oder die Säure (Dissoziationsgrad) ist. Deshalb kann eine aus mehreren Komponenten bestehende Lösung mit dem Nebengestein reagieren, wenn sie saurer wird. Stärkere Basen aus den Mineralen und Gesteinen werden durch schwächere und schwächere Säuren durch stärkere ersetzt. In umgekehrter Richtung verlaufen die Reaktionen bei Senkung der Azidität.

Die wichtigsten Fälle einer Änderung der Azidität magmatogener Lösungen sind:

1. Bei der Kristallisation von Granitoidmassiven steigt stets die Azidität postmagmatischer Lösungen stark an, was zu einer aziden Auslaugung führt. Sie wird offenbar durch die Anreicherung der magmatogenen Restlösung mit sauren Komponenten hervorgerufen und dann vermutlich beim Übergang der Lösungen aus dem dampfförmigen in den überkritischen Zustand verstärkt (KORSHINSKI 1957b). So ein azides Stadium tritt in alkalischen und basischen Magmatiten auf, in denen es einige Besonderheiten hat (KORSHINSKI 1957b).

2. Die Alkalität der Lösung erhöht sich, wenn sie aus weniger basischen in stärker basische Gesteine infiltriert wird, z. B. aus Gesteinen mit granitoidischer

Zusammensetzung in karbonatische oder gabbroide Gesteine. Bemerkenswert ist, daß hierbei nicht nur das basische Gestein selbst erhöht alkalisch ist, sondern auch das Nebengestein. Vermutlich diffundieren also die mobileren Alkalimetalle (Kalium, Natrium) aus den basischen Gesteinen, wo sich ihr chemisches Potential bei der Infiltration erhöht hat, ins Nebengestein (Korshinski 1957). Es entsteht ein „Diffusionshof reflektierter Alkalität", wie er für Gesteine sehr typisch ist, die an Skarne angrenzen.

3. Eine entscheidende Bedeutung für die Bildung postmagmatischer Minerallagerstätten, und zwar sowohl hochtemperierter, als auch niedrigtemperierter telethermaler Lagerstätten, hat die „Aziditätswelle" (Korshinski 1957). Es erweist sich, daß das Stadium der ansteigenden Azidität postmagmatischer Lösungen, das vom Stadium der absinkenden Azidität abgelöst wird, auf beliebigen Entfernungen von den aktiven Massiven sowohl bei unter hohen Temperaturen verlaufenden Kontakt- und Endokontaktprozessen als auch bei unter niedrigen Temperaturen vor sich gehenden telethermalen Prozessen auftritt. Das Entstehen einer solchen „durchgehenden Aziditätswelle" kann durch den „Aziditäts-Filtrationseffekt" erklärt werden, d. h. durch eine schnellere Filtration der bei der Kristallisation magmatischer Körper freigewordenen sauren Komponenten im Vergleich zu den übrigen Komponenten der Lösung.

Ein Unterscheidungsmerkmal der postmagmatischen Prozesse, das mit dem Durchgang der Aziditätswelle im Zusammenhang steht, ist die Ablagerung der ausgelaugten Komponenten auf Klüften. Während bei ansteigender Azidität die postmagmatischen Lösungen leicht durch die Gesteinsschichten sickern und erhebliche Volumina auslaugen, ist das Ausfällen der Minerale aus den Lösungen bei sinkender Azidität an das Kluftnetz gebunden. Steigt die Azidität, so überwiegt eine Auflösung der Gesteine, und die Poren in den Gesteinen erweitern sich. Sie sind dann für die Lösung gut durchdringbar. Sinkt die Azidität, so wird mehr ausgefällt als aufgelöst. Die feinen Gesteinsporen verstopfen sich leicht. Der Druck in den Lösungen muß sich hierbei erhöhen und sie beginnen vorwiegend in den Klüften, aufzusteigen. Diese Erscheinung kann man „hydrothermale Differentiation, verbunden mit der Aziditäts-Alkalitätswelle" oder „azid-alkalische hydrothermale Differentiation" nennen.

Die ausgelaugten Basen werden natürlich etwas oberhalb des eigentlichen Auslaugungsbereiches und bei etwas niedrigeren Temperaturen ausgefällt. Die Entfernung vom Auslaugungs- zum Ausfällungshorizont ist jedoch offenbar sehr gering. Dadurch entsteht häufig der Eindruck, als würden die Minerale durch das Auslaugen des Nebengesteins auf den Klüften auskristallisieren. Das Temperaturgefälle zwischen beiden Horizonten ist meistens gleichfalls gering, da auf den Klüften nur die Minerale stabil sein können, die im Nebengestein als Relikte beim Auflösen verblieben sind. Die Bildung solcher Ausfällungsgänge ist eng mit der aziden Auslaugung verknüpft und setzt sie unmittelbar fort. Hieraus ist ersichtlich, daß der wesentliche Unterschied zwischen azider Auslaugung und der Erzablagerung auf den Klüften keine genügende Begründung dafür geben kann, sie zeitlich zu trennen und verschiedenen tektonischen Bedingungen zuzuschreiben, wie es häufig getan wird. Natürlich überlagern sich auch Prozesse mit verschiedenem Ursprung. Es ist jedoch zu beachten, daß nach jeder aziden Auslaugung die Bildung von Ausfällungsgängen folgen muß, die gewöhnlich das ausgelaugte Gestein selbst durchsetzen.

Zur Zusammensetzung der Gang- und Erzminerale, die im Stadium der sinkenden Azidität ausgefällt werden, gehören sowohl die aus dem Nebengestein ausgelaugten als auch die aus dem Magma stammenden Komponenten. Der Zusammenhang zwischen der Zusammensetzung von Gangfüllung und Nebengestein ist stets sehr deutlich.

Gute Beispiele für hydrothermale azid-alkalische Differentiation geben Massive sekundärer Quarzite, in denen die ausgelaugten und teilweise verquarzten Gesteine stets von einem dichten Netz von Ausfällungsgängen durchsetzt sind. Sekundäre Quarzite, die aus Lipariten und deren Tuffen hervorgegangen sind, enthalten tonerdereiche Gänge sowie Korund-Andalusit-Kaolinit-, Alunit-Serizit- und andere Gänge. In stärker basischen z. B. in Spilit-Keratophyr-Serien enthalten die sekundären Quarzite häufig Gänge mit Schwefelkies, Chlorit, Kalzit und Baryt. Greisen enthalten Gänge mit Glimmer, Topas, Orthoklas und mit sehr viel Kassiterit, Wolframit und Sulfiden. In hydrothermalen Gängen füllen die Erzminerale in Begleitung von Karbonaten, Baryt und anderen Mineralen gewöhnlich die Risse und Klüfte im Gangquarz und in verquarzten Gesteinen aus. In Pegmatiten drückt sich das azide Stadium in der Plagioklasierung, Muskovitisierung und Albitisierung des Kalifeldspates und in seiner teilweisen Verquarzung aus. Danach erfolgt längs der Klüfte, manchmal sogar in den Quarzzonen, das Ausfällen von Glimmer, Spodumen, Beryll, Mineralen der seltenen Metalle, Granat, Pyrrhotin und anderen. Bei der Propylitisierung von Effusiven und Tuffen andesitischer Zusammensetzung werden die Gesteine in einzelnen Zonen teilweise ausgelaugt. Nachfolgend bilden sich Gänge und Adern mit Epidot und Adular. In allen diesen Fällen sind die Gänge mit Basen (Tonerde, Eisen, Kalziumoxyd, Magnesiumoxyd, Alkalimetallen) angereichert, die vorher aus dem Nebengestein herausgelöst wurden.

Da im Stadium des aziden Auslaugens die aufsteigenden Lösungen leicht durch die Gesteinsporen sickern und erhebliche Massen dieser Gesteine auslaugen, stellen die Erzkomponenten des Nebengesteins zweifellos eine wesentliche Quelle der nachfolgenden Erzablagerung auf den Klüften dar. Besonders gilt das für das Eisen in Kieslagerstätten, die in den oberen Horizonten vieler ausgelaugter und an Eisen stark verarmter Gesteine entstehen. Den gleichen Ursprung hat offenbar auch das Kupfer in sulfidischen Gängen, die gewöhnlich an die Serien basischer Effusiva gebunden sind. Metalle wie Zinn, Wolfram und andere sind zweifellos endogener Herkunft.

Bei der Bildung von Erzlagerstätten spielt also das Verhältnis Azidität-Alkalität der Lösungen eine entscheidende Rolle.

2. Die Alkalität des Magmas und ihr Einfluß auf die Kristallisation

Man darf wohl annehmen, daß eine Wechselwirkung der Basen, d. h. die Abhängigkeit ihrer Aktivität von der allgemeinen Azidität, auch in den Magmen vorliegt. Natürliche Magmen enthalten eine erhebliche Menge Wasser, zweifellos in dissoziiertem Zustand, so daß die Konzentration der Wasserstoffionen auch hier eine bestimmte Rolle spielen muß. Doch hat man sogar in Gläsern, die überhaupt kein Wasser enthalten, noch eine elektrische Leitfähigkeit festgestellt, d. h. eine Ionisierung der Verbindungen vom Typ der Alkalisilikate (Eitel 1954). Von einem weiteren Standpunkt aus kann die azid-basische Wechselwirkung auch beim Fehlen von Wasserstoffionen vor sich gehen (Ussinowitsch 1953), sofern eine Ionisation vorliegt. Es kann gesagt werden, daß Komponenten mit der Fähigkeit zur Bildung von Kationen Basen sind, während Komponenten, die leicht Anionen bilden, Säuren darstellen. Gerade in diesem Sinne, wie es sich seit langem in der Mineralogie und Petrographie eingebürgert hat, wird das Oxyd des Siliziums als Kieselsäure, die Oxyde der Alkalimetalle als Alkalien und die Oxyde der Erdalkalien als Basen („basische und ultrabasische Gesteine") bezeichnet.

Ähnlich wie in wäßrigen Lösungen bei der Ionisation von Basen das Hydroxylion (OH^-) frei und bei der Ionisation von Säuren gebunden wird, so ist das Sauerstoffion (O^{--}) in Oxydschmelzen bei der Ionisation von Basen frei und bei der Ionisation von Säuren gebunden:

$$CaO = Ca^{++} + O^{--} \qquad SiO_2 + O^{--} = SiO_3^{--}$$

$$CO_2 + O^{--} = CO_3^{--}$$

$$2HCl + O^{--} = H_2O + 2\,Cl^-.$$

Als Kennwert für die Basizität dient in wäßrigen Lösungen die Konzentration von (OH^-) und in Oxydschmelzen die Konzentration von (O^{--}). Diese Konzentration ist um so höher, je mehr Basen in der Schmelze vorkommen und je stärker diese Basen sind, d. h. je größer die Tendenz zum Freiwerden des Ions (O^{--}) ist. Eine Erhöhung der Konzentration an Säuren, die mit Aufnahme des Ions (O^{--}) ionisieren, führt zur Senkung der Konzentration dieses Ions, d. h. zur Senkung der Basizität der Lösung. Ausgehend von dem Massenwirkungsgesetz kann leicht festgestellt werden, daß eine Erhöhung der Basizität der Schmelze, d. h. eine Erhöhung an (O^{--}) die Ionisation der Basen verhindern und eine Ionisation der Säuren begünstigen wird. Bei der gegebenen Gesamtkonzentration der Basen im ionisierten und nichtionisierten Zustand wird deshalb eine Erhöhung der Basizität der Schmelze die Konzentration des ionisierten Teils senken und die Konzentration der nichtionisierten Basen und demzufolge auch ihre Aktivität erhöhen. Eine Steigerung der Azidität der Schmelze muß wiederum wie auch in wäßrigen Lösungen, den Ionisationsgrad der Basen vergrößern. Dabei vermindert sich aber die Konzentration und damit auch die Aktivität ihres nichtionisierten Anteiles. Aus diesen schematischen Überlegungen ist ersichtlich, daß in Schmelzen, in denen eine Ionisation vor sich geht, qualitativ die gleiche Wechselwirkung von Basen und Säuren vorliegen muß, wie auch in wäßrigen Lösungen.

Zum Verständnis der magmatischen Prozesse muß man die differenzierte Mobilität der Komponenten berücksichtigen. Gerade das kristallisierende Magma ist gewöhnlich ein geschlossenes System für stärker indifferente Komponenten, wie z. B. für SiO_2, TiO_2, Al_2O_3, Fe_2O_3, FeO, MgO, CaO. Es ist jedoch ein offenes System für mobilere Komponenten, zu denen Na_2O, K_2O, H_2O sowie eine Reihe anderer gehören, die nicht zur Zusammensetzung granitoider Gesteine zählen und die bei Magmenkristallisation in den Restlösungen weggeführt werden. Gewöhnlich kommen Fälle vor, in denen die chemischen Aktivitäten der hochmobilen Komponenten bei der Magmenkristallisation auf gleichem Niveau bleiben, da ein Strom von transmagmatischen Lösungen fließt oder da diese Komponenten diffundieren.

Infolge der Trennung der Komponenten des Magmas in diese beiden Gruppen ist seine Azidität–Alkalität durch zwei selbständige, oblgeich in Wechselwirkung stehende Faktoren bestimmt. Einerseits ist sie von den hochmobilen Komponenten abhängig, zu denen sowohl die stärksten Basen (Kalium- und Natriumoxyd) als auch die stärksten Säuren gehören (Salzsäure, Schwefelsäure, Kohlensäure u. a.). In dieser Hinsicht teilt man die Gesteine in „normale", „subalkalische" und „alkalische" ein. Sie unterscheiden sich hauptsächlich durch die Aktivität des Kalium- und des Natriumoxyds voneinander. Andererseits verändert sich bei einer gegebenen Alkalität des Magmas seine Basizität im Verlaufe der Kristallisation, da gewöhnlich zuerst Minerale auskristallisieren, die an solchen starken Basen wie Kalzium und Magnesium reich sind, während der Rest mit Kieselsäure angereichert wird. An zweiwertigen Basen reiche Gesteine werden in der Petrographie als basische, und die mit Kieselsäure gesättigten Gesteine als saure bezeichnet, obgleich es besser wäre, sie „kieselsaure Gesteine" zu benennen, um so widersprechende Namen zu vermeiden, wie z. B. „alkalische saure Gesteine". Sowohl basische als auch kieselsaure Gesteine können also gleichzeitig alkalisch oder normal oder von geringer Alkalität sein. Zu der alkalisch normalen Reihe werden die am weitesten in Geosynklinalgebieten verbreiteten magmatischen Gesteine der Serie Gabbro-Quarzdiorit — Granodiorit — Granit gezählt.

Welches sind nun die Ursachen für die verschiedene Alkalität der Magmen? In Geosynklinalgebieten bilden die alkalischen Gesteine vorwiegend die Randfazies von Massiven aus normalen magmatischen Gesteinen, die an Gesteine basischer Zusammensetzung, wie an Dolomite und Hyperbasite, in selteneren Fällen an Kalke, Gabbros oder Diabase grenzen. Die Erhöhung der Alkalität kann man hier nicht mit einer Diffusionsassimilation der basischen Gesteine erklären. Vielmehr handelt es sich um eine Infiltration von alkalischen Lösungen, die aus der Verdrängung der basischen Gesteine durch das Magma herrühren (Korshinski 1955a, b). Dringen nämlich transmagmatische Lösungen eines normalen Granitmagmas in das basische Nebengestein ein, so muß ihre Alkalität zunehmen. Um die verdrängten basischen Gesteine kann hierbei ein Diffusionshof

„reflektierter“ erhöhter Alkalität mit Bildung alkalischer Gesteine entstehen, die sowohl reich, als auch arm an zweiwertigen Basen sein können.

Während sich jedoch bei der Infiltration aus sauren Granitoiden in Gesteine basischer Zusammensetzung die Alkalität der transmagmatischen Lösungen erhöht und sie sich aus „normalen“ in „alkalische“ Gesteine umwandeln, müssen bei der Infiltration in umgekehrter Richtung die alkalischen Lösungen „normal“ in ihrer Alkalität werden. Wenn deshalb angenommen wird, daß bei normaler Granitisierung die transmagmatischen Lösungen in den geosynklinalen Sedimentserien aus den tiefen Schichten basischer und ultrabasischer Zusammensetzung kommen, so ist es klar, daß ursprünglich diese Lösungen und die Serien basischer Zusammensetzung, aus denen sie kommen, alkalisch und nicht „normal“ in ihrer Alkalität sein müssen. Demzufolge müssen die basischen und ultrabasischen Magmen und Lösungen aus großen Tiefen alkalisch sein.

Eine unterschiedliche Alkalität der basischen und der kieselsauren Magmen entsteht nur bei ihrer Infiltrationswechselwirkung, während die Diffusionsprozesse zu einem Ausgleich der Alkalität basischer und kieselsaurer Magmen führen müssen, denn die Alkalimetalle diffundieren schneller als die zweiwertigen Basen und andere indifferente Komponenten der Magmen. Die Diffusion führt also zu einem Ausgleich der Aktivität der Komponenten und vor allem der Alkalien. Deshalb müssen bei längerer Diffusionswechselwirkung mit dem Granitmagma oder mit kieselsauren Sedimentgesteinen die alkalischen, basischen und ultrabasischen Magmen zu normalen Magmen werden. Hiermit kann man erklären, daß in geosynklinalen Serien die basischen und ultrabasischen Gesteine zur normalen und nicht zur alkalischen Reihe gehören. Eine erhöhte Alkalität basischer und ultrabasischer Gesteine tritt jedoch bekanntlich auf Inseln in zentralen Teilen der Ozeane auf, auf denen Sedimentgesteine fehlen oder eine geringe Mächtigkeit aufweisen, und auch längs der Tiefenbrüche der Tafeln (z. B. an den großen Brüchen in Ostafrika), wo ein schneller Aufstieg der alkalisch-basischen Tiefenmagmen möglich war.

Interessant ist, daß die Granite der ältesten archäischen Komplexe aller Kontinente im Vergleich zu den jüngeren Graniten etwas höher alkalisch sind. Hier überwiegen rosafarbene alaskitische Granite, die an den Kontakten mit basischen Gesteinen häufig in subalkalische Varietäten und manchmal auch in richtige alkalische Gesteine übergehen (Nephelinsyenite der archäischen Greenville-Serie in Kanada). Die erhöhte Alkalität dieser Granite dokumentiert sich auch in der weitgehenden Entwicklung der Hypersthengneise und der äußerst seltenen Muskovitisierung von Graniten, von Pegmatiten oder vom Nebengestein. Die vergleichsweise niedrigere Alkalität jüngerer Granite kann man mit einer weiteren Ansammlung sialischer Sedimentserien in Zusammenhang bringen.

Betrachten wir jetzt, wie die Kristallisationsprozesse des Magmas ablaufen müssen, wenn seine Alkalität erhöht wird. Das kann z. B. durch Veränderung der Zusammensetzung der transmagmatischen Lösungen bei konstantem Gehalt des Magmas an indifferenten Komponenten geschehen.

Vor allem muß eine Erhöhung der Aktivität des Kalium- und des Natriumoxyds die paragenetischen Beziehungen der Minerale verändern. Das Kaliumoxyd entzieht hierbei den anderen Mineralen Tonerde. Es entsteht Kalifeldspat. Er ist stabil in Paragenesen mit stärker basischen Plagioklasen und mit an Kalzium und Magnesium reicheren Mineralen, so in Paragenesen mit Hornblende, Klinopyroxen und Orthopyroxen.

Eine Erhöhung der Alkalität des Magmas steigert auch die Aktivität aller Basen, besonders der stärkeren, und senkt die Aktivität der Säuren. Die Kristallisation von basischen Mineralen wird so begünstigt und von sauren Mineralen verzögert. Anders gesagt, es wird bei einem gegebenen Gehalt des Magmas an indifferenten Komponenten die Anfangstemperatur der Kristallisation für Minerale, die Basen (besonders stärkere Basen) enthalten, erhöht und für saure Minerale gesenkt sein. Bei Mineralen mit wechselnder Zusammensetzung führt das dazu, daß bei der früheren Temperatur aus dem Magma Minerale auszuscheiden beginnen, die an starken Basen arm und mit schwächeren Basen angereichert sind. In der Tat wird eine solche Gesetzmäßigkeit am Beispiel der Eisen-Magnesium-Mineralserien einwandfrei bestätigt. Das Magnesium stellt zweifellos eine stärkere Base dar als das Eisenoxydul und besonders das Eisenoxyd. Deshalb müssen bei der gleichen Temperatur aus alkalischen Magmen Olivin, Pyroxen, Amphibole und Biotite auskristallisieren, die im Vergleich zu den Gesteinen der normalen Reihe mit Eisen angereichert und an Magnesium arm sind. Der hohe Eisengehalt (d. h. der niedrigere Magnesiumgehalt) der femischen Minerale stellt eine bekannte Besonderheit der alkalischen Magmengesteine im Vergleich zu den normalen Gesteinen dar. Der Zusammenhang zwischen der Alkalität des Magmas und dem Eisengehalt der Eisen-Magnesium-Minerale ist so deutlich ausgeprägt, daß er an und für sich die Wechselwirkung der Basen im Magma vorzüglich bestätigt, d. h., ihre Aktivität ist von der allgemeinen Alkalität des Magmas abhängig. Die Eisenhaltigkeit femischer Minerale kann demzufolge weitgehend die Alkalität bestimmter kotektischer Serien magmatischer Gesteine beurteilen helfen. Allein schon an diesem Merkmal ist zu erkennen, daß es sich z. B. bei den Rapakiwi-Graniten im Vergleich zu normalen Graniten um Gesteine mit erhöhter Alkalität handelt.

Je nach seiner Alkalität ändern sich auch die eutektischen Zusammensetzungen und die Kristallisationswege des Magmas. Da eine Erhöhung der Alkalität die Kristallisationstemperatur der Minerale mit basischen Eigenschaften erhöht und die Kristallisationstemperatur saurer Minerale senkt, müssen sich die eutektischen Punkte und kotektischen Linien in Richtung der sauren Minerale verschieben, so daß sich das Kristallisationsfeld der an Basen reichen Minerale, besonders solcher mit einem Gehalt an stärkeren Basen, erweitert. Genauer haben wir diesen Verschiebungseffekt in einer früheren Arbeit (Korshinski 1955) behandelt, in der wir allerdings nur auf die Erhöhung der Aktivität für Kalium und Natrium und noch nicht auf die Wechselwirkung der Basen im Magma eingegangen sind. Wir kamen seinerzeit zu dem Ergebnis, daß die Erhöhung der Aktivität des Kaliums und des Natriums die Kristallisation des

Quarzes verzögert und die kotektische Linie in Richtung der dunkelfarbigen Minerale verschiebt. Die eutektischen Alkaligranite müssen sich von den normalen Graniten durch reichen Gehalt an Quarz und an farbigen Mineralen auf Kosten der Feldspate unterscheiden. Jetzt sind diese Vorstellungen zu ergänzen, und es ist die Abhängigkeit auch der Aktivität indifferenter Basen von der Alkalität des Magmas zu berücksichtigen. Eine solche Beziehung hat erstmalig A. A. Marakuschew vermutet. Er weist darauf hin, daß sich beim Übergang von den normalen Alaskiten des Aldan-Massivs zu subalkalischen Diopsidgraniten die Kristallisationsfelder nicht nur des Orthoklases, sondern auch des Diopsids erweitern (unveröffentlichte Dissertation).

Das interessante Problem der Beziehung zwischen den Kristallisationswegen des Magmas und seiner Alkalität erfordert besondere petrographische, experimentelle und theoretische Untersuchungen.

3. Angesäuerte und alkalisierte Magmen

Petrologische Beobachtungen haben ergeben, daß Magmen, mit Ausnahme von Fällen einer Oberflächenoxydation, nicht wesentlich überhitzt sind. Ihre Zusammensetzung muß deshalb nahe der eutektischen oder kotektischen liegen. Hiermit stimmt auch überein, daß der Mineralgehalt von ihrer Alkalität nach verwandten magmatischen Gesteinen stabil ist. Wie schon I. Voigt (1903—1908) festgestellt hat, sind die Haupttypen der Magmengesteine anchieutektisch zusammengesetzt.

Es sind aber auch Fälle durchaus möglich, in denen sich im Verlauf der Abkühlung eines anchieutektischen Magmas dessen Alkalität verändert und das Magma damit nicht mehr eutektisch ist. Solche Magmen kann man als apoeutektisch, alkalisiert oder angesäuert bezeichnen.

Am wahrscheinlichsten ist der Fall angesäuerter Restmagmen. Im Verlauf der Magmenkristallisation müssen die im Magma aufgelösten und nicht zur Zusammensetzung der Minerale der hohen Temperaturbereiche gehörenden sauren Komponenten frei werden, so z. B. HCl, HF, SO_2, H_2S, CO_2, B_2O_3. Sie können sich in den oberen Teilen der Magmenkörper oder in den zuletzt eingedrungenen Resten ansammeln. Das Restmagma ist nun nicht mehr eutektisch, da die neue eutektische Zusammensetzung entsprechend den obigen Darlegungen reicher an Basen sein muß. Das angesäuerte apoeutektische Magma wird mit Quarz übersättigt sein, der als erster aus dem Magma ausscheidet. Da die postmagmatische Lösung des angesäuerten Magmas noch stärker mit sauren Komponenten angereichert ist, kann sie mehr basische, unter anderem auch femische, Komponenten des Magmas mit sich fortführen als die Restlösung des nicht angesäuerten Magmas. Deshalb wird das entstehende Gestein weniger basisch und mehr leukokrat sein als das normale eutektische Gestein. Auf diese Weise kann man also vor allem die Bildung der granitisch-aplitischen Gesteine erklären. Sie unterscheiden sich von den normalen Graniten durch die weniger basische und stärker leukokrate Zusammensetzung. Für sie sind die „granulitischen" Gefüge sehr typisch. Sie führen idiomorphen Quarz, der als Frühkristallisat gilt. Ein Zusammenhang mit angesäuerten Restmagmen wird natürlich auch bei aplitischen Gangvarietäten auch anderer Gesteine bestehen, so der Syenite, der Diorite und der Gabbros. Die Ansammlung saurer Komponenten im Restmagma mit Bildung aplitischer Gesteine muß mit den Erscheinungen des postmagmatischen sauren Auslaugens verknüpft sein. Deshalb sind die aplitischen Varietäten für Granitmassive mit intensiver Vergreisung besonders typisch.

In ihrem interessanten Bericht führen W. S. Koptew-Dwornikow und seine Mitarbeiter (1957, siehe auch Dmitrijew 1956) aus, daß in Biotitgraniten die Ausscheidung des Biotits und der akzessorischen Minerale im letzten Kristallisationsstadium des Magmas vor sich geht, wodurch sich mit dem Fortgang der Kristallisation der magmatische Rest mit Magnesium und Eisen anreichert. Für Biotitgranite im ganzen kann diese Schlußfolgerung nicht akzeptiert werden. Es ist z. B. bekannt, daß in Granitporphyrvarietäten unter den Einsprenglingen, welche die ersten Ausscheidungen darstellen, neben den Feldspaten und dem Quarz stets auch farbiges Mineral vorliegt, u. a. auch Biotit. Überhaupt ist die Grundmasse der granitporphyrischen Gesteine in der Regel ärmer an femischen Komponenten als das Gestein im ganzen. Möglich sind natürlich Sonderfälle von Magmen mit einem Gehalt an femischen Mineralen unterhalb der eutektischen Grenze. Andererseits bilden sich Biotite in Magmengesteinen häufig autometasomatisch besonders durch Reaktionen des Magnetits mit Feldspäten bei Zufuhr von Magnesium. Ein solcher Biotit kann leicht als spätmagmatisch gelten. Vermutlich haben die erwähnten Autoren vorwiegend Biotitgranite aus den Gebieten der Greisen-Lagerstätten und der Lagerstätten seltener Metalle untersucht, wo sie es mit angesäuerten apoeutektischen Graniten zu tun hatten, in denen der Biotit entsprechend den obigen Darlegungen wirklich eine spätmagmatische Ausscheidung darstellt.

Theoretisch möglich ist ein Fall, in dem die Welle der aziden Komponenten das Magma vor seiner endgültigen Erstarrung verläßt. Dieses wäre gleichwertig mit einer Rückalkalisation des Restmagmas, mit Ausfällung der basischen Komponenten und mit Verarmung des Restmagmas an Kieselsäure, deren Löslichkeit in alkalisierten postmagmatischen Lösungen ansteigen muß. Die Beobachtungen W. S. Koptew-Dwornikows (1957) und seiner Mitarbeiter kann man zugunsten dieser Annahme deuten. Ein solcher Verlauf des Prozesses ist jedoch wenig wahrscheinlich, da die Kristallisation des Granitmagmas bis zu ihrer Beendigung eine Anreicherung des Restes mit sauren Komponenten begünstigt. Viel eher möglich ist das Abwandern der sauren Komponenten schon aus postmagmatischen Fluiden nach der vollständigen Auskristallisation des Magmas. Dieses kann zu autometasomatischen Reaktionen mit einer teilweisen Erhöhung der Basizität des Gesteins führen. Anfangs jedoch erfolgt offenbar stets ein Anwachsen der Azidität des postmagmatischen Fluidums, was in Graniten zur Substitution des Kalifeldspats durch Myrmekit oder Albit, zur teilweisen Verquarzung der Minerale usw. führt. Erst nachher geht der Rückprozeß einer unwesentlichen Alkalisation mit Ablagerung der gleichen Minerale vor sich, die im Stadium der absinkenden Azidität die Gänge in den Pegmatiten bilden (d. h. Feldspat, Glimmer, Minerale seltener Erden und seltener Metalle u. a.).

Sehr intensiv ist die autometasomatische Alkalisation in den Massiven der Nephelinsyenite entwickelt. Die Pegmatite der Nephelinsyenite entstanden in ihrem primär-magmatischen Teil offenbar aus einem etwas angesäuerten Magma, da sie sich von dem aus Nephelinsyeniten bestehenden Nebengestein durch geringeren Nephelingehalt im Vergleich zum Kalifeldspat (Borodin 1957), d. h. durch einen erhöhten Kieselsäuregehalt unterscheiden. Nach der Kristallisation des Pegmatitmagmas beginnt in den Pegmatiten eine metasomatische Alkalisation mit Bildung von Ansammlungen an Ägirin, Lamprophyllit und anderen alkalischen, vorwiegend dunkelfarbigen Mineralen. Die gleichen Minerale entwickeln sich längs der Klüfte in Nephelinsyeniten (die „epigenetischen Gänge" nach L. S. Borodin).

Es kommt zu einer Vergröberung des Korn im substituierten Nebengestein. Deshalb hat man solche Zonen der alkalischen Metasomatose früher als Pegmatite magmatischen Ursprungs betrachtet. Bei der Entstehung dieser Gänge wird der Ilmenit des Nebengesteins durch Sphen und dann durch Lamprophyllit ersetzt. Die Verdrängung des Arfvedsonits durch Ägirin beweist die ansteigende Alkalität der Lösungen.

Bei den Gesteinen, die sich aus alkalisierten apoeutektischen Magmen gebildet haben, handelt es sich um Lamprophyllite verschiedener Typen. Die für sie übliche Assoziation von Alkalifeldspäten (Orthoklas, saurer Plagioklas) mit Hornblende und Klinopyroxen weist auf ihre erhöhte Alkalität im Vergleich zu den Gesteinen der normalen Reihe hin (Quarzgabbrodiorit — Granodiorit — Biotitgranit), mit denen die Lamprophyre gewöhnlich verknüpft sind (Korshinski 1948). Da nun farbige Minerale früher als Feldspäte auskristallisieren, was deutlich in den porphyrischen Varietäten der Lamprophyre zu sehen ist, so können sie eigentlich nur aus alkalisierten apoeutektischen Magmen stammen. Gänge normaler, nicht alkalisierter Gesteine vom Typ der Diabase und Mikrodiorite sind gewöhnlich gemeinsam mit den Lamprophyren anwesend und mit diesen durch die verschiedensten Übergänge verbunden. W. S. Sobolew (1952) hat auf die Verwandtschaft der Lamprophyre mit den normalen basischen Gesteinen hingewiesen. Das betrifft sowohl den Gehalt an indifferenten Komponenten als auch das Verhältnis von Magnesium und Eisen in ihren farbigen Mineralen (die farbigen Minerale in Lamprophyren sind stärker magnesiumhaltig als in normalen Gesteinen, die nach der Zusammensetzung ihrer Feldspate den Lamprophyren entsprechen (Sobolew 1952). Weiter oben wurde erwähnt, daß für eutektische Gesteine mit erhöhter Alkalität eine stärker eisenhaltige Zusammensetzung der femischen Minerale typisch ist. Man darf das jedoch nicht auf alkalisierte Magmen erweitern, da bei der Alkalisierung das Verhältnis zwischen Magnesium und Eisen, wie der inerten Komponenten, gewöhnlich nicht verändert wird.

Über die Ursachen der Alkalisierung eines normalen basischen Magmas mit Bildung von Lamprophyren ist gegenwärtig nichts Bestimmtes bekannt. Die Alkalisierung kann durch eine Infiltration normaler transmagmatischer oder postmagmatischer Granitlösungen in das basische Magma der Gänge hervorgerufen sein (KORSHINSKI 1955a, b, SOBOLEW 1952). Die Alkalisierung in den unteren Horizonten des erstarrenden Magmenherdes mit Bildung eines lamprophyrischen Magmas ist möglicherweise mit der Abwanderung einiger saurer Komponenten in seinen oberen Teil verbunden. Dabei entstehen aplitische Gesteine, und es tritt eine azide Autometasomatose auf. In einem solchen Falle zeichnen sich interessante Analogien zwischen der gewöhnlichen Ablösung der postmagmatischen Auslaugung durch die Ablagerung von Basen einerseits und der Ablösung angesäuerter aplitischer Gänge durch alkalisierte Lamprophyrgänge andererseits ab. Im Zusammenhang mit der Bildung tieferer Klüfte in dem erstarrenden Granitoidmassiv ist schließlich die Möglichkeit des Eintritts transmagmatischer Lösungen aus größeren Tiefen mit der ihr eigenen erhöhten Alkalität nicht ausgeschlossen.

4. Schlußfolgerungen

Diese Ausführungen führen uns zu folgenden Schlußfolgerungen:

1. Bei der Bildung postmagmatischer mineralogischer Lagerstätten hat die „azid-alkalische hydrothermale Differentiation“ eine große Bedeutung. Sie ist mit einer durchgehenden Welle saurer Komponenten verbunden und führt zu einem räumlichen Auslaugen der Gesteine mit nachfolgender teilweiser Ausfällung der ausgelaugten Basen längs der Klüfte.

2. Die azid-basische Wechselwirkung der Komponenten spielt nicht nur in magmatogenen wäßrigen Lösungen die Hauptrolle, sondern auch in den Magmen. Die Azidität—Alkalität des Magmas ist im Gegensatz zur Kieselsäurehaltigkeit und Basizität von den hochmobilen Komponenten abhängig. Eine erhöhte Alkalität des Magmas ruft eine verstärkte Aktivität sämtlicher Basen im Magma hervor, besonders der starken Basen, was sich in den gesetzmäßigen Veränderungen der paragenetischen Beziehungen der Minerale, den kotektischen und eutektischen Zusammensetzungen, der Aufeinanderfolge der Kristallisation und der Zusammensetzung der veränderlichen Minerale ausdrückt.

3. Neben den Magmen eutektischer und kotektischer Zusammensetzung gibt es auch apoeutektische Magmen, und zwar angesäuerte (aplitische) und alkalisierte (lamprophyrische).

4. Die transmagmatischen Lösungen und die aus großen Tiefen kommenden Magmen sind zuerst alkalisch. Die Bildung von Magmen normaler Alkalität steht mit der niedrigeren Alkalität der sedimentären Schichten im Zusammenhang.

W. A. Masslenikow

Physikalisch-chemische Charakteristik der Kristallisation von Graniten

(Am Beispiel der proterozoischen Granitoide der Halbinsel Kola)

Materialy k II. Wsesojusnomu petrografitscheskomy soweschtschaniju, str. 36—39, Taschkent 1958

Die proterozoischen intrusiven Granitoide im nordöstlichen Teil der Halbinsel Kola, die das Laboratorium für Geologie des Präkambriums der Akademie der Wissenschaften der UdSSR untersucht, bilden einige kleine diskordante Spaltenmassive. Sie schneiden die Hauptstrukturrichtung des Nebengesteins, das aus Gneis-Migmatitserien besteht. Die Intrusionen sind nach der Faltung, also postkinematisch, erfolgt. Ihre innere Struktur ist zur Kontaktfläche konform.

Nach Zusammensetzung und Gefüge bestehen die Massive aus unterschiedlichen granitoiden Gesteinen. Sie bilden im Verlauf der Stabilisierung der Intrusionen eine natürliche Reihe: vorwiegend Plagioklas-Biotitgranodiorit, Plagioklas-Mikroklin-Biotitgranit, vorwiegend Mikroklin-Biotitgranit, vergreister Zweiglimmer-Plagioklas-Mikroklingranit (mit Turmalin, Apatit und Topas). Diese natürliche Reihe ist 1. bedingt durch Assimilation und durch das Abwandern von Elementen in die Endokontakte, 2. durch Aufeinanderfolge der Kristallisation der Gesteine von den kontaktnahen zu den inneren Teilen der Massive und 3. durch autometamorphe Veränderungen der Granite (Vergreisung). Der erste und dritte der erwähnten Prozesse wirken sich lokal aus. Ihre Bedeutung ist durch die geologischen Lagerungsbedingungen der Intrusivmassive bedingt, so z. B. durch ihre Lagerungstiefe und durch die Zusammensetzung des Nebengesteins, das von Amphiboliten bis zu Granat-Biotitgneisen variiert.

Die physikalisch-chemische Charakteristik des Bildungsverlaufs dieser natürlichen Reihe läßt sich bei der Untersuchung des Diagramms des trinären Systems „saurer Plagioklas — Kalifeldspat — Quarz“ klären, das die Phasenverhältnisse im Kristallisationsverlauf des sialischen Teiles der Granitoide wiedergibt. Es zeigte sich, daß sich die Zusammensetzungen der Granite und Aplite, die in den letzten Abschnitten der Evolution einiger natürlicher Reihen magmatischer Gesteine entstanden sind, um die kotektische Linie „Quarz — Feldspat“ gruppieren.

Durch experimentelle Arbeiten der letzten Jahre ist die Lage des Temperaturminimums im Gebiet der eutektischen Zusammensetzungen zwischen Plagioklas,

Kalifeldspat und Quarz in Anwesenheit von Wasserdämpfen genauer festgelegt worden, d. h. unter Bedingungen, die das Experiment an die natürlichen Prozesse annähern. Man hat gefunden, daß bei Zusatz von Anorthit zum Albit sich das Temperaturminimum längs der kotektischen Linie in Richtung des Quarz–Orthoklas-Eutektikums verschiebt. Dieses Diagramm haben wir für die physikalisch-chemische Analyse konkreter natürlicher Bildungen am Beispiel der proterozoischen Granitoide der Halbinsel Kola wie folgt angewandt:

Zuerst rechnet man die chemischen Analysen der verschiedenen Granitoide als Glieder der festgestellten natürlichen Reihe auf mineralogische Zusammensetzung um. Danach sind die Mengen an Feldspat und an Quarz zu berechnen, bezogen auf 100%. Die für jedes Gestein gewonnenen Werte werden in das Dreiecksdiagramm „Plagioklas — Kalifeldspat — Quarz“ eingetragen. Hier sind schon die kotektischen Linien „Albit — Orthoklas — Quarz“ und „Oligoklas — Orthoklas — Quarz“ vorgezeichnet, welche das Gebiet der eutektischen Zusammensetzungen des Systems begrenzen. Es zeigte sich, daß die Punkte für die Zusammensetzung des kontaktnahen Plagioklasgranites im Plagioklasfeld in einer gewissen Entfernung von den kotektischen Linien lagen. Die figürlichen Punkte des Plagioklas-Mikroklin- und des Mikroklingranites sanken zwischen die kotektischen Linien in das Gebiet der eutektischen Zusammensetzungen ab. Dort lagen sie in verschiedenen Bezirken, je nachdem welcher Feldspat mengenmäßig überwiegt. Die Punkte des Plagioklas-Mikroklingranites, der autometamorphe Veränderungen (Vergreisung und Verquarzung) durchgemacht hat, sind in das Quarzfeld abgesunken und entfernten sich erneut vom Gebiet der eutektischen Zusammensetzungen.

Die erhaltene Kette der Punkte für die nacheinander entstandenen Gesteine ermöglicht eine physikalisch-chemische Klärung des sialischen Teiles der hier betrachteten natürlichen Granitoidreihe. Es wurde festgestellt: 1. eine Frühausscheidung der übereutektischen Komponenten (im vorliegenden Falle des Plagioklases, dessen Überschuß durch Assimilation bedingt ist); 2. ein Hauptstadium der Granitkristallisation im Gebiet der eutektischen Zusammensetzung mit längs der kotektischen Linien veränderlicher quantitativer Beziehung zwischen Plagioklas und Kalifeldspat; 3. ein spätes Stadium der pneumatolytischen und hydrothermalen autometamorphen Prozesse, die zur Bildung von Gesteinen führen, deren Punkte sich erneut von den eutektischen Zusammensetzungen entfernen (zur Spitze des Dreiecks, die vom Quarz eingenommen wird).

Die Lage des Punktes im Diagramm gibt also den Kristallisationsablauf dieses Gesteins wieder. So weist sie einmal die Notwendigkeit einer Ausscheidung (bei Beginn der Kristallisation) der überschüssigen übereutektischen Komponenten nach (nicht immer des Plagioklases, wie im hier betrachteten Fall, sondern auch des Kalifeldspates, z. B. in Rapakiwi-Graniten. Die Lage des Punktes zeigt aber auch die eutektische Kristallisation der drei Hauptbestandteile des Granits (Plagioklas, Kalifeldspat und Quarz) an, wobei die Feldspäte in ihren Mengen variicren. Je nach der Zusammensetzung des Magmas überwiegt ein Feldspat. Und schließlich zeigt die Lage des Punktes auch den Einfluß postmagmatischer

Überlagerungsprozesse an, welche die ursprünglich eutektischen Beziehungen stören.

Mit dem hier behandelten Fall sind die Anwendungsmöglichkeiten dieses Diagramms nicht erschöpft. Es kann z. B. für anschauliche graphische Darstellungen der mineralogischen Zusammensetzung sowohl der Granite als auch der gesamten Gruppe der Granitoide und der mit ihnen verwandten Gesteine dienen. A. A. Polkanow ergänzte das Diagramm durch Vektoren. Ihre Länge und ihr Neigungswinkel sind Maße für Menge und Zusammensetzung des Plagioklases. Das ist ein wichtiges Kennzeichen des Gesteins in einem bestimmten physikalisch-chemischen und genetischen Sinn. Durch Vektoren, die aus jedem Punkt zu fällen sind, kann man den prozentualen Gehalt an farbigen Komponenten angeben (durch die Länge des Vektors, wenn z. B. die Seite des Dreiecks mit 100% angesetzt wird).

Außerdem kann das Diagramm für die Klassifizierung benutzt werden. Bekanntlich war man in den letzten Jahren bestrebt, den Inhalt des Terminus „Granit" möglichst genau zu definieren. Dabei hält man es einerseits für notwendig, die Genese des Gesteins zu berücksichtigen und, ausgehend von geologischen und physikalisch-chemischen Unterlagen, den Begriff „Granit" für ein Gestein magmatischer Herkunft zu benutzen. Andererseits wurden Versuche unternommen, genaue quantitativ-mineralogische Kriterien für die Zusammensetzung der Granite (richtiger der gesamten Gruppe der Granitoide) abzuleiten und eine Klassifikation dieser Gesteine auszuarbeiten, die man zeichnerisch leicht darstellen kann.

Die für diesen Zweck vorgeschlagenen Diagramme stellen in den meisten Fällen die gleichen Dreiecke „Plagioklas — Kalifeldspat — Quarz" dar, nur wird der physikalisch-chemische Gehalt des durch diese Diagramme dargestellten Phasensystems nicht betont. Dabei können gerade die physikalisch-chemischen Angaben eine wesentliche Hilfe zur Begründung der quantitativ-mineralogischen Klassifizierung darstellen.

Der wichtigste Umstand, der durch die dargelegten Ergebnisse der Untersuchung an den Granitoiden der Halbinsel Kola gezeigt wird, besteht darin, daß sich die Zusammensetzungen der Gesteine aus der Granitfamilie längs der kotektischen Linie ordnen. Sie nehmen im Diagramm das Gebiet der eutektischen Zusammensetzungen je nach den veränderlichen Mengen von Plagioklas und Kalifeldspat ein. Sie gruppieren sich also nicht um einen bestimmten eutektischen Punkt. Hiermit kann man u. a. erklären, daß es in der Natur „eutektoide" und „ideale" Granite (nach der Terminologie von P. Eskola) gibt. Sie unterscheiden sich durch den relativen Gehalt an Natrium und Kalium voneinander, weshalb die Punkte ihrer Zusammensetzungen auf verschiedenen Abschnitten der kotektischen Linien liegen.

LITERATUR

Абдуллаев, Х. М.: Генетическая связь оруденения с интрузиями. — Изд. Акад. наук Узб. ССР, Ташкент 1950а.

ABDULLAJEW, CH. M.: Der genetische Zusammenhang zwischen Vererzung und Intrusionen. — Verlag der Akademie der Wissenschaften der Usbekischen SSR, Taschkent 1950a.

Абдуллаев, Х. М.: Влияние состава вмещающих пород на формирование постмагматических месторождений. — Юбил. сб. „25 лет Узбекистана". Изд. Акад. наук Узб. ССР, Ташкент 1950б.

ABDULLAJEW, CH. M.: Einfluß der Zusammensetzung des Nebengesteins auf die Bildung postmagmatischer Lagerstätten. — Jubiläumsband „25 Jahre Usbekistan". Verlag der Akademie der Wissenschaften der Usbekischen SSR, Taschkent 1950b.

Азизбеков, Ш. А.: Геология и петрография северо-западной части Малого Кавказа. — Изд. Акад. наук Азерб. ССР, Баку 1947.

ASISBEKOW, S. A.: Geologie und Petrographie des nordwestlichen Kleinen Kaukasus. — Verlag der Akademie der Wissenschaften der Aserbaidshanischen SSR, Baku 1947.

Афанасьев, Г. Д.: О древних интрузивных циклах северо-западного Кавказа. — Докл. Акад. Наук СССР, 4, № 5, Москва 1946.

AFANASSJEW, G. D.: Über die alten intrusiven Zyklen des Nordwestkaukasus. — Berichte der Akademie der Wissenschaften der UdSSR, 4, Nr. 5, Moskau 1946.

Афанасьев, Г. Д.: Опыт сопоставления интрузивных комплексов некоторых областей СССР. — Изв. Акад. Наук СССР, сер. геол., № 4, Москва 1949.

AFANASSJEW, G. D.: Versuch einer Parallelisierung intrusiver Komplexe aus verschiedenen Gebieten der UdSSR. — Nachrichten der Akademie der Wissenschaften der UdSSR, Geologische Serie, Nr. 4, Moskau 1949.

Афанасьев, Г. Д.: Гранитоиды древних интрузивных комплексов Северо-Западного Кавказа. — Тр. Инст. геол. наук Акад. Наук СССР, вып. 69, Москва 1950.

AFANASSJEW, G. D.: Die Granitoide der alten Intrusivkomplexe des Nordwestkaukasus. — Arbeiten des Instituts für Geologie der Akademie der Wissenschaften der UdSSR, Bd. 69, Moskau 1950.

Афанасьев, Г. Д.: О роли гранитизации в формировании гранитоидных массивов некоторых складчатых областей. — Изв. АН СССР, сер. геол., № 4, Москва 1951а.

AFANASSJEW, G. D.: Über die Rolle der Granitisierung und die Bildung von Granitoidmassiven einiger Faltungsgebiete. — Nachrichten der Akademie der Wissenschaften der UdSSR, Serie Geologie, Nr. 4, Moskau 1951a.

Белоусов, В. В.: Миграция радиоэлементов и развитие структуры Земли I—II. — Изв. АН СССР, сер. геогр. и геоф., 1942, № 6, 1943, № 3.

BELOUSSOW, W. W.: Die Migration radioaktiver Elemente und die Entwicklung der Erdstruktur. I—II. — Nachrichten der Akademie der Wissenschaften der UdSSR, geogr. und geophysik. Serie, 1942, Nr. 6, 1943, Nr. 3.

Белянкин, Д. С.: К интерпретации Ильменского петрографического комплекса. — Геол. вестн., № 1—3, Москва 1926.

BELJANKIN, D. S.: Zur Interpretation des petrographischen Komplexes im Gebiet von Ilmen. — Geologische Nachrichten, Nr. 1 bis 3, Moskau 1926.

Белянкин, Д. С.: Петрогенетическое значение контактных явлений. — Тезисы докладов XVII сессии Междунар. геол. конгр., ОНТИ, Москва-Ленинград 1937.

BELJANKIN, D. S.: Die petrogenetische Bedeutung der Kontakterscheinungen. — Thesen der Berichte der XVII. Tagung des Internationalen Geologenkongresses. Vereinigter wissenschaftlich-technischer Verlag „ONTI", Moskau — Leningrad 1937.

Белянкин, Д. С.: Некоторые важнейшие вопросы современной петрографии. — Изв. Акад. Наук СССР, сер. геол., № 6, Москва, 1944.

BELJANKIN, D. S.: Einige der wichtigsten Fragen der modernen Petrographie. — Nachrichten der Akademie der Wissenschaften der UdSSR, Geologische Serie, Nr. 6, Moskau 1944.

Белянкин, Д. С.: К вопросу о современном состоянии и перспективах учения о магмах и магматических горных породах. — Изв. Акад. Наук СССР, сер. геол., № 5, Москва 1947.

BELJANKIN, D. S.: Über den gegenwärtigen Stand und die Aussichten der Lehre von den Magmen und magmatischen Gesteinen. — Nachrichten der Akademie der Wissenschaften der UdSSR, Geologische Serie, Nr. 5, Moskau 1947.

Белянкин, Д. С. и Турцев, А. А.: К изучению гранито-диабазовых контактов на восточном побережье и островах Онежского озера.—Изв. Политехн. инст., 29, 1925.

BELJANKIN, D. S. & A. A. TURZEW: Zur Untersuchung der Granit-Diabaskontakte am Ostufer und auf den Inseln des Onega-Sees. — Nachrichten des Polytechnischen Instituts, 29, 1925.

Бородин, Л. С.: Основные особенности строения и состава жильных образований Хибинского массива (пегматитов) в связи с вопросами их строения и классификации. — Сборник „Вопросы минералогии, геохимии и генезиса месторождений редких элементов", Труды ИМГРЭ, вып. I, 1957.

BORODIN, L. S.: Die wichtigsten Besonderheiten des Aufbaus und der Zusammensetzung der Gangbildungen (Pegmatite) des Chibinen-Massivs im Zusammenhang mit Fragen ihres Aufbaus und ihrer Klassifikation. — In: Sammelband „Fragen der Mineralogie, der Geochemie und der Genese von Lagerstätten seltener Elemente", Arbeiten des Instituts „IMGRE", Band 1, 1957.

Бутакова, Е. Л.: Малые интрузии гранодиоритов и гранодиорит-порфиров северо-восточного Могол-Тау. — Зап. Минер. общ., № 1, 1948.

BUTAKOWA, E. L.: Die kleinen Intrusionen der Granodiorite und Granodiorit-Porphyre des nordöstlichen Mogol-Tau. — Schriften der Mineralogischen Gesellschaft, Nr. 1, 1948.

Варданянц, Л. А.: Характеристика неоинтрузий Главного Хребта Кавказа. — Пробл. сов. геол. 1937, № 7.

WARDANJANZ, L. A.: Charakteristik der Neointrusionen des Kaukasus-Hauptzuges. — Probleme der sowjetischen Geologie, 1937, Nr. 7.

Герасимов А. П.: Тешениты с р. Иоры. — Тр. Главн. геол.-разв. упр., вып. 29, 1931.

GERASSIMOW, A. P.: Teschenite vom Fluß Iora. — Arbeiten der Hauptverwaltung für geologische Erkundung, Lieferung 29, 1931.

Гинзберг, А. С.: Об уральском раппакивиобразном граните. — Изв. СПб. политехн. инст., 15, 1911.

GINSBERG, A. S.: Über den Rapakiwi-Granit des Ural. — Nachrichten des Petersburger Polytechnischen Instituts, 15, 1911.

Глазковская, А. В. и П. Н. Кропоткин: Граниты среднего течения р. Селеты. — Изв. Акад. Наук СССР, № 2, Москва 1940.

GLASKOWSKAJA, A. W. & P. N. KROPOTKIN: Die Granite am Mittellauf des Flusses Selety. — Nachrichten der Akademie der Wissenschaften der UdSSR, Nr. 2, Moskau 1940.

Гоньшакова, В. И.: Гранитоиды Крык-Кудукского массива. — Тр. Инст. геол. наук Акад. Наук СССР, вып. 107, Москва 1950.

GONSCHAKOWA, W. I.: Die Granitoide des Krykkuduk-Massivs. — Arbeiten des Instituts für Geologie der Akademie der Wissenschaften der UdSSR, Heft 107, Moskau 1950.

Демин, А. М.: Геологические соотношения интрузивных пород бассейна р. Хазныгон (Северный Кавказ). — Изв. АН СССР, сер. геол., № 8, 1957.

DEMIN, A. M.: Die geologischen Verhältnisse der Intrusivgesteine im Flußgebiet des Chasnygon (Nordkaukasus). — Nachrichten der Akademie der Wissenschaften der UdSSR, geol. Serie, Nr. 8, 1957.

Дмитриев, Л. В.: Химические особенности кристаллизации гранитов главной интрузивной фазы Каибского массива. — Геохимия, № 3, Москва 1956.

DMITRIJEW, L. W.: Chemische Besonderheiten bei der Kristallisation der Granite der intrusiven Hauptphase des Kaibsker Massivs. — Zeitschrift „Geochemie", Nr. 3, Moskau 1956.

Додин, А. Л., И. Н. Ситковский и В. Г. Грушевой: Интрузивы Закавказья. — Тр. Груз. геол. упр., вып. 2, 1941.

DODIN, A. L., I. N. SITKOWSKI & W. G. GRUSCHEWOI: Die Intrusivkörper Transkaukasiens. — Arbeiten der Grusinischen Geologischen Verwaltung, Heft 2, 1941.

Елисеев, Н. А.: Петрография Рудного Алтая и Калбы. — Петрография СССР, сер. Региональн. петр., вып. 6., Изд. Акад. Наук СССР, Москва 1938.

JELISSEJEW, N. A.: Petrographie des Erz-Altai und des Gebiets von Kalba. — Petrographie der UdSSR, Serie Regionale Petrographie, Heft 6, Verlag der Akademie der Wissenschaften der UdSSR, Moskau 1938.

Еремеев, В. П.: Интрузии центральной части Тувы и связанные с ними контактные процессы. — Тр. Инст. геол. наук Акад. Наук СССР, вып. 107, Москва 1950.

JEREMEJEW, W. P.: Die Intrusionen in Zentral-Tuwa und die mit ihnen verbundenen Kontaktprozesse. — Arbeiten des Instituts für Geologie der Akademie der Wissenschaften der UdSSR, Heft 107, Moskau 1950.

Заварицкий, А. Н.: Физико-химические основы петрографии изверженных горных пород. — Научн. хим.-техн. изд., Ленинград 1926.

SAWARIZKI, A. N.: Physikalisch-chemische Grundlagen der Petrographie der Eruptivgesteine. — Wissenschaftlicher Verlag für chemisch-technische Literatur, Leningrad 1926.

Заварицкий, А. Н.: Петрография Бердяюшского плутона. — Тр. ЦНИГРИ, вып. 96, 1937.

SAWARIZKI, A. N.: Petrographie des Berdjausch-Plutons. — Arbeiten des Zentralen Forschungsinstituts für geologische Erkundung „ZNIGRI", Heft 96, 1937.

Заварицкий, А. Н.: Пересчет химических анализов изверженных горных пород и определение их химических типов. — Изд. Акад. Наук СССР, Москва 1941.

SAWARIZKI, A. N.: Umrechnung der chemischen Analysen von Eruptivgesteinen und Bestimmung ihrer chemischen Typen. — Verlag der Akademie der Wissenschaften der UdSSR, Moskau 1941.

Зверев, В. Н.: Предварительный отчет о геологических исследованиях в долине р. Алдана. — Изв. Геол. ком., т. XXXII, вып. 4, 1913.

SWEREW, W. N.: Vorbericht über geologische Untersuchungen im Aldan-Flußtal. — Nachrichten des Geologischen Komitees, Band XXXII, Lieferung 4, 1913.

Зверев, В. Н.: Материалы к характеристике Томмотского золотоносного района. — Тр. Гл. горн.-геол. упр., вып. 26, 1931.

SWEREW, W. N.: Material zur Charakteristik der Tommot-Goldfelder. — Arbeiten der Hauptverwaltung für Bergbau und Geologie, Lieferung 26, 1931.

Квятковский, Р. Э.: Геологическое описание Селето-Степнякского района. — Мат. по геол. и полезн. ископ. Казахстана, 1941, вып. 23.

KWJATKOWSKI, R. E.: Geologische Beschreibung des Raumes Selety-Stepnjak. — Material über Geologie und mineralische Rohstoffe Kasachstans, Heft 23, 1941.

Коптев-Дворников, В. С.: История вулканизма Центрального Казахстана в палеозое. — Материалы по геологии Казахстана. Изд. Акад. Наук СССР, Москва 1940.

KOPTEW-DWORNIKOW, W. S.: Geschichte des Vulkanismus im Paläozoikum Zentralkasachstans. — Material zur Geologie Kasachstans. Verlag der Akademie der Wissenschaften der UdSSR, Moskau 1940.

Коптев-Дворников, В. С.: К вопросу о некоторых закономерностях формирования интрузивных комплексов гранитоидов (на примере Центрального Казахстана). — Изв. Акад. Наук СССР, сер. геол., № 4, Москва 1952.

KOPTEW-DWORNIKOW, W. S.: Über einige Gesetzmäßigkeiten bei der Bildung intrusiver Granitoidkomplexe (am Beispiel Zentralkasachstans). — Nachrichten der Akademie der Wissenschaften der UdSSR, Geologische Serie, Nr. 4, Moskau 1952.

Коптев-Дворников, В. С.: Проблема магматической петрографии в связи с формированием гидротермальных месторождений. — Сб. „Магматизм и связь с ним полезных ископаемых". АН СССР, Москва 1955.

KOPTEW-DWORNIKOW, W. S.: Das Problem der magmatischen Petrographie im Zusammenhang mit der Entstehung hydrothermaler Lagerstätten. — In: Sammelband „Der Magmatismus und sein Zusammenhang mit mineralischen Rohstoffen". Akademie der Wissenschaften der UdSSR, Moskau 1955.

Коптев-Дворников, В. С., Руб, М. Г., Негрей, Е. В., Дмитриев, Л. В.: Закономерности формирования интрузивных комплексов. — Тезисы докладов к симпозиуму по геохимии редких элементов в связи с проблемой петрогенезиса, АН СССР, Москва 1957.

KOPTEW-DWORNIKOW, W. S., M. G. RUB, E. W. NEGREI, & L. W. DMITRIJEW: Die Gesetzmäßigkeiten bei der Bildung von Intrusivkomplexen. — Thesen der Berichte zum Symposium über die Geochemie seltener Elemente im Zusammenhang mit dem Problem der Petrogenese, Akademie der Wissenschaften der UdSSR, Moskau 1957.

Коржинский, Д. С.: Закономерности ассоциации минералов в породах архея Восточной Сибири. — Тр. Ин-та геол. наук АН СССР, вып. 61, петр. сер. (№ 21), Москва 1945.

KORSHINSKI, D. S.: Gesetzmäßigkeiten von Mineralassoziationen in Gesteinen des Archäikums in Ostsibirien. — Arbeiten des Instituts für Geologie der Akademie der Wissenschaften der UdSSR, Lfg. 61, Petrographische Serie (Nr. 21), Moskau 1945.

Коржинский, Д. С.: Принцип подвижности щелочей при магматических явлениях. — Сб. „Академику Д. С. Белянкину к 70-летию со дня рождения и 45-летию научной деятельности", Изд. Акад. Наук СССР, Москва 1946.

KORSHINSKI, D. S.: Das Beweglichkeitsprinzip der Alkalien bei magmatischen Vorgängen. — Sammelband „Akademiemitglied D. S. Beljankin zu seinem 70. Geburtstag und zu 45 Jahren wissenschaftlicher Tätigkeit", Verlag der Akademie der Wissenschaften der UdSSR, Moskau 1946.

Коржинский, Д. С.: Биметасоматические флогопитовые и лазуритовые месторождения архея Прибайкалья. — Тр. Инст. геол. наук Акад. Наук СССР, вып. 29, петр. сер., № 10, Москва 1947.

KORSHINSKI, D. S.: Bimetasomatische Phlogopit- und Lasuritlagerstätten im Archäikum des Baikalgebiets. — Arbeiten des Instituts für Geologie der Akademie der Wissenschaften der UdSSR, Lieferung 29, Petrographische Serie, Nr. 10, Moskau 1947.

Коржинский, Д. С.: Петрология Турьинских скарновых месторождений меди. — Труды Института геологических наук АН СССР, 1948.

KORSHINSKI, D. S.: Petrologie der Skarn-Kupferlagerstätten von Turjinsk. — Arbeiten des Instituts für Geologie der Akademie der Wissenschaften der UdSSR, Moskau 1948.

Коржинский, Д. С.: Факторы равновесия при метасоматозе. — Изв. Акад. Наук СССР, сер. геол., № 3, Москва 1950.

KORSHINSKI, D. S.: Gleichgewichtsfaktoren bei der Metasomatose. — Nachrichten der Akademie der Wissenschaften der UdSSR, Geologische Serie, Nr. 3, Moskau 1950.

Коржинский, Д. С.: Проблемы петрографии магматических пород, связанные с сквозьмагматическими растворами и гранитизацией. — Сборник „Магматизм и связь с ним полезных ископаемых", Труды I Всесоюзного петрографического совещания, АН СССР, 1955а.

KORSHINSKI, D. S.: Probleme der Petrographie magmatischer Gesteine im Zusammenhang mit transmagmatischen Lösungen und Granitisierung. — In: Sammelband „Magmatismus und sein Zusammenhang mit mineralischen Rohstoffen", Arbeiten der 1. Petrographischen Tagung der UdSSR, Akademie der Wissenschaften der UdSSR, 1955a.

Коржинский, Д. С.: Очерк метасоматических процессов. — Сборник „Основные проблемы в учении о магматогенных рудных месторождениях", АН СССР, Москва 1955б.

KORSHINSKI, D. S.: Beschreibung der metasomatischen Prozesse. — In: Sammelband „Die Hauptprobleme in der Lehre der magmatogenen Erzlagerstätten", Akademie der Wissenschaften der UdSSR, 1955b.

Коржинский, Д. С.: Зависимость активности компонентов от кислотности растворов и последовательность реакций при послемагматических процессах. — Геохимия, № 7, Москва 1956.

KORSHINSKI, D. S.: Die Abhängigkeit der Aktivität der Komponenten von der Azidität der Lösungen und die Reaktionsfolge bei postmagmatischen Prozessen. — Zeitschrift „Geochemie", Nr. 7, Moskau 1956.

Коржинский, Д. С.: Физико-химические основы анализа парагенезисов минералов. — АН СССР, Москва 1957а.

KORSHINSKI, D. S.: Die physikalisch-chemischen Grundlagen zur Analyse von Mineralparagenesen. — Akademie der Wissenschaften der UdSSR, Moskau 1957a.

Коржинский, Д. С.: Режим кислотности послемагматических растворов. — Изв. АН СССР, сер. геол., № 12, Москва 1957б.

Korshinski, D. S.: Die Azidität postmagmatischer Lösungen. — Nachrichten der Akademie der Wissenschaften der UdSSR, Geologische Serie, Nr. 12, Moskau 1957b.

Кропоткин, П. Н.: Значение тектонических процессов для образования кислых магм. — Тр. Инст. геол. наук Академии Наук СССР, вып. 47, Москва 1941.

Kropotkin, P. N.: Bedeutung der tektonischen Prozesse für die Bildung saurer Magmen. — Arbeiten des Instituts für Geologie der Akademie der Wissenschaften der UdSSR, Heft 47, Moskau 1941.

Кропоткин, П. Н.: Тектоника, стратиграфия и металлогения Сев. Казахстана. — Тектоника СССР, т. 1, Изд. Акад. Наук СССР, Москва 1948.

Kropotkin, P. N.: Tektonik, Stratigraphie und Metallogenie Nordkasachstans. — In: Die Tektonik der UdSSR, Band 1, Verlag der Akademie der Wissenschaften der UdSSR, Moskau 1948.

Кузнецов, Ю. А.: Произхождение магматических пород. — Сб. „Магматизм и связь с ним полезных ископаемых“, Москва 1955.

Kusnezow, I. A.: Die Entstehung der magmatischen Gesteine. — In: Sammelband „Der Magmatismus und sein Zusammenhang mit mineralischen Rohstoffen.“ Moskau 1955.

Куплетский, Б. М.: Очередные проблемы петрографии Туркестанского хребта. — Тр. Тадж. Пам. эксп., вып. 51, 1936.

Kupletski, B. M.: Die aktuellen Probleme der Petrographie des Turkestanischen Gebirgszuges. — In: Arbeiten der Tadshikistan-Pamir-Expedition, Heft 51, 1936.

Куплетский, Б. М.: Обзор современных взглядов на происхождение гранитов. — Изв. Акад. Наук СССР, сер. геол., № 3, Москва 1942.

Kupletski, B. M.: Betrachtung der gegenwärtigen Ansichten über die Granitgenese. — Nachrichten der Akademie der Wissenschaften der UdSSR, Geologische Serie, Nr. 3, Moskau 1942.

Куплетский, Б. М.: Гранитные интрузии восточного склона Среднего урала и их редкометальное оруденение. — Инст. геол. наук Акад. Наук СССР, вып. 83, Москва 1947.

Kupletski, B. M.: Die Granitintrusionen der Ostseite des Mittelurals und ihre seltenen Metallerze. — Institut für Geologie der Akademie der Wissenschaften der UdSSR, Heft 83, Moskau 1947.

Лебедев, А. П.: Геолого-петрографические исследования в Прикатунском районе (Северный Алтай). — Мат. по петрогр. и геохим. Кузнецкого Алатау и Алтая, Изд. Акад. Наук СССР, Москва 1937.

Lebedew, A. P.: Geologisch-petrographische Untersuchungen im Raum Katun (Nördlicher Altai). — Material zur Petrographie und Geochemie des Kusnezker Alatau und des Altai, Verlag der Akademie der Wissenschaften der UdSSR, Moskau 1937.

Лебедев, А. П.: О кварцево-кальцитовых включениях в лабрадоритах. — Сб. „Академику Д. С. Белянкину к 70-летию со дня рождения и 45-летию научной деятельности“, Изд. Акад. Наук СССР, Москва 1946.

Lebedew, A. P.: Über Quarz-Kalzit-Einschlüsse in Labradoriten. — Sammelband „Akademiemitglied D. S. Beljankin zum 70. Geburtstag und zu 45 Jahren wissenschaftlicher Tätigkeit“, Verlag der Akademie der Wissenschaften der UdSSR, Moskau 1946.

Лебедев, П. И.: Геолого-петрографический очерк Карачая в связи с его полезными ископаемыми и минеральными источникамн. — Тр. Сев.-Кавк. научно-иссл. инст., № 75, 1930.

Lebedew, P. I.: Geologisch-petrographischer Abriß des Karatschai-Gebietes in Zusammenhang mit nutzbaren Bodenschätzen und Mineralquellen. — Arbeiten des nordkaukasischen wiss. Forschungsinstitutes, Nr. 75, 1930.

Лебедев, П. И.: Вопросы химизма, связанные с происхождением гранитов (концепции первой половины XIX столетия). — Сб. „Академику Д. С. Белянкину к 70-летию со дня рождения и 45-летию научной деятельности". Изд. Акад. Наук СССР, Москва 1946.

Lebedew, P. I.: Fragen des Chemismus im Zusammenhang mit der Granitgenese (Konzeption der ersten Hälfte des 19. Jahrhunderts). — In: Sammelband „Akademiemitglied D. S. Beljankin zu seinem siebzigsten Geburtstag und zu 45 Jahren wissenschaftlicher Tätigkeit". Verlag der Akademie der Wissenschaften der UdSSR, Moskau 1946.

Лебедев, П. И.: Академик Ф. Ю. Левинсон-Лессинг как теоретик петрографии. — Изд. Акад. Наук СССР, Москва 1947.

Lebedew, P. I.: Akademiemitglied F. J. Lewinson-Lessing als Theoretiker der Petrographie. — Verlag der Akademie der Wissenschaften der UdSSR, Moskau 1947.

Левинсон-Лессинг, Ф. Ю.: Об основных проблемах петрогенезиса. — Изв. СПб. политехн. инст., отд. техн., ест. и матем., 14, вып. 1, 1910.

Lewinson-Lessing, F. J.: Über die Grundprobleme der Petrogenese. — Nachrichten des Sankt-Petersburger Polytechnischen Instituts, Abteilung Technik, Naturwissenschaften und Mathematik, 1910, 14, Lfg. 1, St.-Petersburg 1910.

Левинсон-Лессинг, Ф. Ю.: 1. Введение в геологию. — Научн. хим. техн. изд., Петроград 1923а.

Lewinson-Lessing, F. J.: Einführung in die Geologie. — Wissenschaftlich chemisch-technischer Verlag, Petrograd 1923a.

Левинсон-Лессинг, Ф. Ю.: 2. Успехи петрографии в России. — Изд. Геол. ком., Петроград 1923б.

Lewinson-Lessing, F. J.: 2. Fortschritte der Petrographie in Rußland. — Verlag des Geologischen Komitees, Petrograd 1923b.

Левинсон-Лессинг, Ф. Ю.: Проблемы магмы. Статья 1-я. — Учен. зап. Лен. гос. унив., 3, № 17, Ленинград 1937.

Lewinson-Lessing, F. J.: Probleme des Magmas. 1. Teil. — Wissenschaftliche Schriften der Leningrader Staatlichen Universität, 3, Nr. 17, Leningrad 1937.

Левинсон-Лессинг, Ф. Ю.: Спорные вопросы систематики и номенклатуры изверженных пород. — Докл. Акад. Наук СССР, нов. сер., 21., № 3, Москва 1938.

Lewinson-Lessing, F. J.: Streitfragen der Systematik und der Nomenklatur der Eruptivgesteine. — Berichte der Akademie der Wissenschaften der UdSSR, Neue Serie, 21, Nr. 3, Moskau 1938.

Левинсон-Лессинг, Ф. Ю.: Проблемы магмы. Статья 2-я. — Изв. Акад. Наук СССР, сер. геол., Москва 1939, № 1; Избр. труды, т. 1. М.-Л., Изд. Акад. Наук СССР, Москва-Ленинград 1939.

Lewinson-Lessing, F. J.: Probleme des Magmas. 2. Teil. — Nachrichten der Akademie der Wissenschaften der UdSSR, Geologische Serie, Nr. 1, Moskau 1939; Ausgewählte Werke, Bd. 1, Verlag der Akademie der Wissenschaften der UdSSR, Moskau—Leningrad 1939.

Левинсон-Лессинг, Ф. Ю.: Успехи петрографии в России. — Избр. труды, т. II, Изд-во АН СССР, Москва 1950.

LEWINSON-LESSING, F. J.: Fortschritte der Petrographie in Rußland. — In: Ausgewählte Werke, Band II. Verlag der Akademie der Wissenschaften der UdSSR, Moskau 1950.

Лодочников, В. Н.: К петрологии Воронежской кристаллической глыбы Русской платформы. — Мат. общ. и прикл. геол., вып. 69, 1927.

LODOTSCHNIKOW, W. N.: Zur Petrologie der Woronesher kristallinen Scholle der Russischen Tafel. — Material der allgemeinen und angewandten Geologie, Heft 69, 1927.

Лодочников, В. Н.: Дополнения к кн.: Г. Розенбуш — Описательная петрография, — 1934.

LODOTSCHNIKOW, W. N.: Nachträge zum Buch: G. Rosenbusch — Beschreibende Petrographie 1934.

Лучицкий, В. И.: Ассимиляция и гибридизм на территории Украинского кристаллического массива. — Тр. Инст. геол. наук Акад. наук СССР, вып. 107, Москва 1950.

LUTSCHIZKI, W. I.: Assimilation und Hybridisation im Gebiet des Ukrainischen Kristallinmassivs. — Arbeiten des Instituts für Geologie der Akademie der Wissenschaften der UdSSR, Heft 107, Moskau 1950.

Морковкина. В. Ф.: Гранитоиды Центрального Кавказа (Осетия). — Тр. Инст. геол. наук Акад. Наук СССР, вып. 107, Москва 1950.

MORKOWKINA, W. F.: Die Granitoide des Zentralkaukasus (Ossetien). — Arbeiten des Instituts für Geologie der Akademie der Wissenschaften der UdSSR, Heft 107, Moskau 1950.

Обручев, В. А.: Докембрий Сибири. Стратиграфия СССР, т. I, Докембрий СССР. — Изд-во АН СССР, Москва 1939.

OBRUTSCHEW, W. A.: Das Präkambrium Sibiriens. Stratigraphie der UdSSR, Band I: Das Präkambrium der UdSSR. — Verlag der Akademie der Wissenschaften der UdSSR, Moskau 1939.

Ожегов, П.: Контакт гранита с известняками около ст. Бердяуш Самаро-Златоустовской ж. д. — Тр. Общ. естествоисп. Казанск. унив., прилож. к проток., № 175, Казань 1899.

OSHEGOW, P.: Der Kontakt von Granit und Kalk bei der Station Berdjausch der Samara-Slatoust-Eisenbahn. — Arbeiten des Naturforschervereins an der Universität zu Kasan, Anlage zum Protokoll, Nr. 175, Kasan 1899.

Павловский, Е. В.: Докембрий Восточной Сибири. — Тезисы докладов конференции по изучению производительных сил Иркутской области. Сов. по изуч. произв. сил АН СССР, Москва 1947.

PAWLOWSKI, E. W.: Das Präkambrium Ostsibiriens. — Thesen der Vorträge auf der Konferenz zur Erforschung der Produktivkräfte des Bezirks Irkutsk. Rat zur Erforschung der Produktivkräfte bei der Akademie der Wissenschaften der UdSSR, Moskau 1947.

Павловский, Е. В. и Н. А. Флоренсов: Краткий очерк истории геологического развития Восточной Сибири. — Тр. Иркутск. гос. ун-та, т. V, вып. 2, серия геол., Иркутск 1951.

PAWLOWSKI, E. W. & N. A. FLORENSOW: Kurzer Abriß der geologischen Entwicklungsgeschichte Ostsibiriens. — Arbeiten der Staatlichen Universität zu Irkutsk, Band V, Lieferung 2, Serie Geologie, Irkutsk 1951.

Павловский, Е. В. и А. И. Цветков: Геолого-петрографический очерк западного побережья Малого моря (Западное Прибайкалье). — Тр. Инст геол. наук Акад. Наук СССР, вып. 9. Очерки по геологии Сибири, № 7, Изд. Акад. Наук СССР, Москва 1938.

PAWLOWSKI, E. W. & A. I. ZWETKOW: Geologisch-petrographische Beschreibung der Westküste des Kleinen Meeres (Westliches Baikalgebiet). — Arbeiten des Instituts für

Geologie der Akademie der Wissenschaften der UdSSR, Lieferung 9. Arbeiten über die Geologie Sibiriens, Nr. 7, Verlag der Akademie der Wissenschaften der UdSSR, Moskau 1938.

Полквой, О. С.: Процессы контаминации в аксоранской гранитной интрузии. — Изв. Акад. Наук СССР, сер. геол., № 6, Москва 1941.

Polkwoi, O. S.: Kontaminationsprozesse in der Aksoransk-Granitintrusion. — Nachrichten der Akademie der Wissenschaften der UdSSR, Geologische Serie, Nr. 6, Moskau 1941.

Полквой, О. С.: Образование жильных пород кислых интрузий Центрального Казахстана. — Тр. Инст. геол. наук Акад. Наук СССР, вып. 107, Москва 1950.

Polkwoi, O. S.: Bildung der Ganggesteine der sauren Intrusionen in Zentralkasachstan. — Arbeiten des Instituts für Geologie der Akademie der Wissenschaften der UdSSR, Heft 107, Moskau 1950.

Попов, В. И.: Некоторые основные положения ядерной теории развития земной коры. — Записки Узбекского отделения ВМО, вып. VII, 1955.

Popow, W. I.: Einige grundlegende Formulierungen zur Kerntheorie der Entwicklung der Erdrinde. — Schriften der Usbekischen Abteilung der Mineralogischen Gesellschaft der UdSSR, Bd. VII, 1955.

Соболев, В. С.: Петрология восточной части сложного коростеньского плутона. — Учен. зап. Львовск. гос. унив., 6, Львов, 1947.

Sobolew, W. S.: Petrologie des östlichen Teiles des Korosten-Plutons. — Wissenschaftliche Schriften der Staatlichen Universität zu Lwow, 6, Lwow 1947.

Соболев, В. С.: Важная особенность фемических минералов лампрофиров в связи с вопросами происхождения. — Минералогический сборник, № 6, Львовское геологическое общество, Львов 1952.

Sobolew, W. S.: Eine wichtige Besonderheit der femischen Minerale der Lamprophyre im Zusammenhang mit Fragen der Genese. — Mineralogischer Sammelband, Nr. 6, Geologische Gesellschaft zu Lwow, 1952.

Соколов, Г. А.: Гибридный гранито-габбровый Шигир-Тараташский массив на западном склоне Среднего Урала. — Тр. Петрогр. инст. Акад. Наук СССР, вып. 5, Москва 1935.

Sokolow, G. A.: Das hybride Granit-Gabbromassiv von Schigir-Taratasch am Westhang des Mittelurals. — Arbeiten des Petrographischen Instituts der Akademie der Wissenschaften der UdSSR, Heft 5, Moskau 1935.

Судовиков, Н. Г.: Метасоматические граниты. — Вестн. Лен. гос. унив. № 10, Ленинград 1950.

Sudowikow, N. G.: Die metasomatischen Granite. — Nachrichten der Leningrader Staatlichen Universität, Nr. 10, Leningrad 1950.

Сущинский, П. П.: Материалы по изучению контактов глубинных горных пород с известняками в юго-западной Финляндии. — Петербург 1912.

Suschtschinski, P. P.: Material zur Untersuchung der Kontakte von Tiefengesteinen mit Kalken im südwestlichen Finnland. — Petersburg 1912.

Толмачев, И. П.: Уральский раппакиви и его контакт со среднедевонским известняком. — Зап. Мин. общ., ч. 35., 1935.

Tolmatschew, I. P.: Der Ural-Rapakiwi und sein Kontakt mit mitteldevonischem Kalk. — Schriften der Mineralogischen Gesellschaft, Lieferung 35, 1935.

Усинович, М. И.: Что такое кислоты и основания. — АН КазССР, Алма-Ата 1953.

USSINOWITSCH, M. I.: Was sind Säuren und Basen? — Akademie der Wissenschaften der Kasachischen SSR, Alma-Ata 1953.

Фаворская, М. А.: Неоинтрузии Верхней Сванетии. — Тр. Инст. геол. наук Акад. Наук СССР, вып. 84, Москва 1947.

FAWORSKAJA, M. A.: Die Neointrusionen Oberswanetiens. — Arbeiten des Instituts für Geologie der Akademie der Wissenschaften der UdSSR, Heft 84, Moskau 1947.

Фролова. Н. В.: О наиболее дверних осадочных породах Земли (к проблеме происхождения гранитов). — Природа, № 9, Москва 1950.

FROLOWA, N. W.: Über die ältesten Sedimentgesteine der Erde (Zum Problem der Granitgenese). — Priroda Nr. 9, Moskau 1950.

Фролова, Н. В.: Об условиях осадконакопления в архейской эре. — Тр. Ирк. гос. ун-та, т. V, вып. 2, серия геол., Москва 1951.

FROLOWA, N. W.: Über die Sedimentationsverhältnisse im Archäikum. — Arbeiten der Staatlichen Universität zu Irkutsk, Bd. V, Lfg. 2, Serie Geologie, Moskau 1932.

Шатский, Н. С.: Основные черты тектоники Сибирской платформы. — Бюлл. Моск. об-ва испыт. прир., отд. геол., № 3—4, Москва 1932.

SCHATSKI, N. S.: Grundzüge der Tektonik der Sibirischen Tafel. — Bulletin des Moskauer Vereins der Naturforscher, Abteilung Geologie, Nr. 3—4, Moskau 1932.

Шатский, Н. С., Ю. А. Косыгин и другие: К вопросу о периодичности осадкообразования и о методе актуализма в геологии. — Сб. „К вопросу об осадочных породах. Изд-во АН СССР, Москва 1951.

SCHATSKI, N. S., J. A. KOSSYGIN, u. a.: Zur Frage der Periodizität der Sedimentbildung und der Methode des Aktualismus in der Geologie. — In: Sammelband „Zur Frage der Sedimentgesteine", Verlag der Akademie der Wissenschaften der UdSSR, Moskau 1951.

BACKLUND, H. G.: The granitization problem. — Institutio „Lucas Mallada", Estend. geol., **17**, 71—112, 1953.

BARTH, T. F. W.: Studies in gneiss and granite. — Skr. Norske Vidensk. — Akad. Oslo, I. Mat.-Nat. Kl., Nr. 1, 1—35, 1956.

BERGEAT, A.: Der Granodiorit von Concepción del Oro im Staate Zacatecas (Mexiko) und seine Kontaktbildungen. — N. Jb. Min. etc. BB 28, 421—573, 1909.

BOTT, M. H. P.: A geophysical study of the granite problem. — Quart. J. Geol. Soc., **112**, 45—67, 1956.

BOWEN, N. L.: The granite problem and the method of multiple prejudices. — Geol. Soc. Amer. Memoir, **28**, 79—90, 1948.

BUBNOFF, S. v.: Grundprobleme der Geologie. — Berlin 1931.

BUDDINGTON, A. F.: Origin of granitic rocks of the Northwest Adirondacks. — Geol. Soc. Amer., Mem. 28, 21—43, 1948.

CHADWICK, R. A.: Mechanism of pegmatite replacement. — Bull. Geol. Soc. Amer., **69**, 803—836, 1958.

CLARKE, F. W.: Data of Geochemistry. — 1924.

DALY, F. W.: Igneous rocks and the Depths of the Earth. — New York u. London 1933.

EITEL, W.: The physical chemistry of the silicates. — Chikago 1954.

ERDMANNSDÖRFFER, O. H.: Metasomatische Vorgänge bei der Granitbildung. — Fortschr. Miner., **26**, 61—64, 1947.

ERDMANNSDÖRFFER, O. H.: Magmatische und metasomatische Prozesse in Graniten, insbesondere Zweiglimmergraniten. — Heidelb. Beiträge Min. Petr. **1**, 213—250, Heidelberg 1949.

ERDMANNSDÖRFFER, O. H.: Die Entwicklung und jetzige Stellung des Granitproblems. — Heidelb. Beitr. Min. Petr., 2, 334—377, Heidelberg 1950.

ESKOLA, P.: On contact phenomena between gneiss and limestone in Western Massachusetts. — Journ. Geol. 30, 265—294, Chicago 1922.

ESKOLA, P.: The nature of metasomatism in the processes of granitisation. — Internat. Geol. Congr. III, 1—9, 1948.

ESKOLA, P.: About the granite problem and some masters of the study of granite. — C. R. Soc. géol. Finlande, 28, 117—130, 1955.

GILL, J. E.: Original crust in the Canadian shield area. — Bull. Geol. Soc. Am., 62, part 2, p. 1442, 1951.

GILLULY, J. u. a.: Origin of Granite. — Conf. Meet. Geol. Soc. Amer., 139 S. , Ottawa 1948.

HÄRME, M.: Examples of the granitization of plutonic rocks. — Compt. Rend. Soc. géol. Finnlande, 30, 45—64, 1958.

HOENES, D.: Petrogenese im Grundgebirge des Südschwarzwaldes. — Heidelb. Beitr. Miner. Petr., 1, 121—202, 1948.

KETCHIAN, S. & J. ROGER: Granite et Granitization. Traduction d'Articles Sociétiques. — Ann. du Centre d'Etudes et de Documentation paléontologiques Nr. 3, 1953.

LACROIX, A.: Le granite des Pyrénées et ses phénomènes de contact. (Premier mémoire). Les contacts de la Haute-Ariège. — Bull. Serv. carte géol. France Nr. 64, 241—308, Paris 1898.

LAPADU-HARGUES, P.: Sur l'existence et la nature de l'apport chimique dans certaines séries cristallophylliennes. — Bull. Soc. géol. France, 5, 255—310, 1945.

MEHNERT, K. R.: Zur Frage des Stoffhaushalts anatektischer Gesteine. — N. Jb. Miner., Abh., 82, 155—198, 1951.

MICHEL-LEVY, A.: Contribution à l'étude du granite de Flamanville. — Bull. Serv. Carte géol. France, 5, 317—332, 1894.

NIGGLI, P.: Das Magma und seine Produkte. — Leipzig 1937.

PERRIN, R.: Granitization, Metamorphism and Volcanism. — Amer. J. Sci., 252, 449—465, 1954.

RAGUIN, E.: Géologie du Granite. — Paris 1957.

PERRIN, R. & M. ROUBAULT: Les réactions à l'état solide et la géologie. — Bull. Serv. Carte géol. Algérie, 5e sér, Nr. 1, 1937.

RASTALL, R. H.: The significance of variation in granites. — Geol. Mag., 84, 29—32, 1947.

READ, H. H.: Granites and granites. — Geol. Soc. Amer., Mem. 28, 1—19, 1948.

READ, H. H.: Metamorphism and granitization. — Trans. Geol. Soc. South Africa, 1—17, 1951.

READ, H. H.: The granite controversy. — London 1955.

REYNOLDS, D. L.: The granite controversy. — Geol. Mag., 84, 209—223, 1947.

SARMA, N. L. & Y. K. AGRAWAL: A note on the rapakivi structure in the epidiorite and injection gneiss of Dhanbad area. — Quart. Journ. of the Geol., Min. a. Met. Soc. of India, 22, Nr. 1, 1950.

SAWARIZKI, A. N.: Einführung in die Petrochemie der Eruptivgesteine. — 445 S., 108 Abb., Berlin 1954.

SEDERHOLM, J. J.: Om bärggrunden i södra Finlande. (Mit deutscher Zusammenfassung.) — Fennia 8, 3, Helsingfors 1893.

BERICHTIGUNG

Auf Seite 111 fehlen in der oberen Zahlenkolonne vor den Flächenindizes (010) und (001) die Senkrechtzeichen: ⊥

2089/3 Granitproblem